本研究得到中国国家留学基金（学号：201808320046）、中国博士后科学基金面上项目（项目号：2016M590459）、江苏高校品牌专业建设工程项目（项目号：PPZY2015A063）、江苏省博士后科研资助计划资助项目（项目号：1601251C）以及南京林业大学青年科技创新基金项目（项目号：CX2016003）资助

城市海绵绿地规划设计理论与实践

徐海顺　著

·南京·

内容提要

海绵城市是当前城市人居环境学科的研究热点和前沿问题，城市绿地作为海绵城市建设的重要载体和有效途径，是城市生态系统中重要的绿色雨水基础设施（绿地海绵体）。全书包括背景篇、理论篇、实证篇三个篇章，在海绵城市建设背景下，以绿色雨水基础设施为核心理论，将城市绿地与海绵城市建设有机耦合，围绕绿地海绵体的雨洪管理生态服务功能与价值，系统地提出城市海绵绿地规划设计的理论、方法与技术，并结合相关实践案例进行了实证研究，形成理论与实践相结合的循环加速研究机制，旨在为"灰绿结合、蓝绿交融"的城市景观生态海绵绿地建设提供指导与借鉴。

图书在版编目(CIP)数据

城市海绵绿地规划设计理论与实践/徐海顺著.—南京：东南大学出版社，2021.10

ISBN 978-7-5641-8167-3

Ⅰ.①城… Ⅱ.①徐… Ⅲ.①生态城市-城市规划-绿化规划-研究 Ⅳ.①TU985.2

中国版本图书馆 CIP 数据核字(2018)第 282338 号

城市海绵绿地规划设计理论与实践

Chengshi Haimian Lüdi Guihua Sheji Lilun Yu Shijian

著　　者：徐海顺
出版发行：东南大学出版社
社　　址：南京市四牌楼 2 号　　**邮编**：210096
出 版 人：江建中
网　　址：http://www.seupress.com
电子邮箱：press@seupress.com
经　　销：全国各地新华书店
印　　刷：江苏凤凰数码印务有限公司
开　　本：787 mm×1092 mm　1/16
印　　张：12.25
字　　数：291 千字
版　　次：2021 年 10 月第 1 版
印　　次：2021 年 10 月第 1 次印刷
书　　号：ISBN 978-7-5641-8167-3
定　　价：78.00 元

前　言

当前，海绵城市建设已经上升为城市人居环境领域的国家战略。到2030年，我国城市建成区80%以上的面积必须达到"小雨不积水、大雨不内涝、水体不黑臭、热岛有缓解"的"全域海绵"建设目标。

城市绿地是城市自然生态用地的最主要组成部分之一，是城市的重要生命支持系统和基础自然生态空间。长期以来，城市绿地的雨洪管理生态功能，较景观、生态、游憩、文化等功能相对滞后，没有得到充分发挥。海绵绿地是城市绿地中发挥雨洪管理调控功能的那部分绿地组分，它们是城市绿色雨水基础设施的重要组成部分。2015年10月，国务院办公厅颁布《关于推进海绵城市建设的指导意见》，文件明确指出推广海绵型公园和绿地，增强公园和绿地系统的"海绵体"功能。以城市绿地"海绵体"为重要载体，构建海绵城市蓝绿体系，为海绵城市建设提供了一条近自然、低成本的生态景观途径，对于有效提升城市人居生态环境建设的水平与品质，让城市"弹性适应"环境变化与自然灾害具有战略意义。

笔者自博士阶段，十余年一直从事海绵型绿地系统的结构、功能及其规划设计原理和方法，绿色雨水基础设施与城市生态雨洪管理领域的教学、科研和社会实践工作。有幸主持或参与海绵城市研究领域的国家级、省部级课题数项，并承担了多项海绵型绿地规划设计实践项目，积累了一定的研究基础与研究成果。现将这些初步的研究成果，通过本书的形式呈现，旨在抛砖引玉，为促进我国海绵绿地规划设计理论与方法的研究，更好地科学指导城市海绵绿地的建设实践，尽自己的绵薄之力。

感谢南京林业大学风景园林学院的领导与同事们一直以来的帮助与支持，感谢研究生秦雪、郭艳萍、钟彤昕、杨林山、张云飞、巩丰维等人在书稿资料收集与写作过程中提供的辅助工作，感谢东南大学出版社编辑们的辛勤劳动。

海绵绿地规划设计的本土化和地域性研究与实践，目前仍属于新兴研究领域，笔者才疏学浅，虽尽力而为，却仍感多有缺漏和不足，未尽之处，恳请读者批评指正！

徐海顺

于南京林业大学南山楼

目　　录

背　景　篇

理　论　篇

实 证 篇

背景篇

第 1 章

海绵城市建设背景

1.1　城市雨洪管理问题

快速城乡一体化进程伴随着一系列积极作用，如：城乡人口转化、产业结构调整、科技进步及其成果转化等，然而随着城乡建设用地的不断扩张，高强度的土地开发活动强烈干扰着城市原有的自然生态系统，打破了城市发展与自然生态进程的均衡态势。城市中原有的耕地、林地、湿地等自然透水性下垫面大量被硬化不透水表面所取代，建筑物密度增加，绿地面积减少且规划形式过于集中，导致了地表地理过程以及下垫面景观结构的强烈变化，显著改变了原有的自然生态水文过程，造成暴雨径流流量增加、汇流速度加快，径流污染物负荷剧增，热岛效应加剧，引发了一系列的城市雨洪管理问题与危机，集中表现为：内涝频发、河流水质和生态功能退化以及水资源严重短缺等。

1.1.1　水安全问题

近年来，全球气候变化造成极端降雨等情形出现频率大增，加之城市规模快速扩张影响了城市微气候与水文微循环，城市雨洪灾害呈现多发趋势，城市地表径流大幅升高，增加了城市排涝系统的负担。暴雨引起的内涝问题日益突出，严重影响了人们的出行安全和正常生活秩序的运转。

高密度城市建筑街区由砖石、水泥等现代不透水材料铺设而成的墙面和路面反射率小，加上墙面与墙面之间、路面与墙面之间的多次反射和吸收，因而，城市较郊区而言吸收了更多的太阳辐射能。同时，城市下垫面的建筑物和构筑物材料的比热容大，导热率高，日落后与郊区相比降温更慢，形成城市热岛效应。

由于城区排放了大量污染气体，固体颗粒物多，使凝结效应明显，加上城市高层建筑阻碍了空气的正常流动，使凝结降雨的概率大大增加。

2012 年 7 月 21 日发生在北京的“7.21”特大暴雨事件，其雨量历史罕见。暴雨引发山洪、泥石流，使全市道路、桥梁大面积受损，房屋倒塌，受灾人口达 190 万人，经济损失近百亿元；2013 年 7 月 9 日晚开始，四川省境内遭遇连续强降雨，部分地区大到暴雨，成都、绵阳、雅安等地区受灾严重，全省受灾人口达 154.3 万人，直接经济损失 53.7 亿元；2015 年 8 月 24 日，上海因受 15 号台风“天鹅”外围风圈的影响遭受到特大暴雨的袭击，早高峰路面积水严重，嘉定、闵行、青浦等多个区交通瘫痪，市区道路街道变河道，近百辆汽车抛锚，暴雨造成上海虹桥被淹，机场变成了码头港口。

1.1.2 水环境问题

良好的水环境承载力是区域社会经济发展的前提之一，经济结构优化调整和协调发展都需要建立在良好的水资源承载力基础上。由于过去人类水资源利用的不合理，目前我国水环境已经恶化到了极其严重的地步，全国大中型城市的湖泊很多遭受中度以上污染，其中富营养化问题尤为突出。另外，城市河道干涸、堵塞、污水横流现象严重。城市地下水的过度开采利用以及无意识的污染排放导致地下水水质也在不断恶化，居民饮水安全缺乏保障。我国面临的主要是水体污染、水资源短缺和旱涝灾害等水环境问题，水体污染加剧了水资源短缺，水环境破坏促使洪涝灾害频发。

随着经济社会的快速发展，城市化进程加快，加重了局部地区的生态环境负荷，城市水质恶化等生态环境问题日益突出。降雨冲刷城市地表，携带了地表沉积物中的大量污染物质，雨水径流污染没有得到足够的沉淀或进行去除杂质的处理，被直接排入江河，对城市周边的受纳水体造成污染，形成城市面源污染。由面源污染引起的水环境问题已经严重制约城市经济和社会的可持续发展，有相当比例的湖泊和河道处于富营养化水平、劣Ⅴ类水质甚至黑臭状况。此外，城市地区下垫面的强烈变化，还深刻影响着地表水和地下水的相互转化过程，硬化地表阻断了雨水的自然渗透及补给地下水的有效通道。由于地表水遭受越来越严重的污染，面对日益增多的工业、生活用水需求，人类转而对地下水进行无节制地开采。渗透量的减少与地下水的过度开采，使得城市地下水水位不断下降，导致了诸如“地下漏斗”等的一系列环境负效应。

1.1.3 水生态问题

由于人们缩河造地，盲目围垦湖泊、湿地和河漫滩等行为，导致全国湖泊面积减少了约15%，陆域湿地面积减少了约28%，其中围垦面积占据80%以上，使河道行洪、蓄洪能力下降，湿地植被及分布格局发生变化，导致湿地退化、生物栖息地面积萎缩，破坏了湿地生态系统的稳定性，水生态问题严重。

在城镇化的发展洪流中，各地城市政府由于缺乏对城市水系生态化、景观化所带来的价值的认识，在以经济利益为先导的驱动下，大量实施对城市水系的“改造运动”，直接导致自然河流萎缩、改道甚至消亡。众人皆知“小桥流水人家”的苏州，自中华人民共和国成立以后填掉20余条城内河道，总长约16.3 km。20世纪80年代为发展城市建设，古城外围的河流或被填埋，或被断流。90年代大运河苏州段的改道及防汛泵站闸门的建设，造成古城内外水道隔断，水流不畅。而素有“千湖之省”之称的湖北地区自80年代后期经济高速发展，城市化进程加快，造成污染增加和生活污水与工业废水的直排散排，使得湖泊数量及面积急剧下降，江(河)湖阻隔日趋严重，水系日益破碎，湖泊湿地萎缩、消失，湖泊水体自净能力下降，生物多样性衰退。

另外，全国农村约有1.5亿人口饮用水微生物含量超标，且各种地方性疾病与地下水水质密切相关，如在我国北方丘陵地区分布着与克山病、大骨节病、氟中毒、甲状腺肿大等地方性病有关的高氟水、高砷水、低钾水和高铁锰水。水生态环境急剧恶化，生物生存水环境遭到严重破坏，不仅导致人类的各种疾病频发，也导致愈来愈多的野生动物死亡，对于我国的野生动植物资源有巨大的破坏。

1.1.4 水资源问题

从人均水资源占有量角度而言，我国实际上是一个缺水的国家。据统计，我国600多个城市中有400多个城市存在资源型或水质型缺水，100多个城市严重缺水，其中西北、华北地区的水资源短缺已严重制约当地社会、经济的发展。

森林、湖泊、湿地是天然水库，具有涵养水源、蓄洪防涝、净化水质和空气的功能。然而，全国面积大于10 km^2的湖泊已有200多个发生萎缩；全国因围垦消失的天然湖泊有近1 000个；全国每年约1.6万亿 m^3的降水直接入海，无法利用。2014年2月26日，习近平总书记在专题听取京津冀协同发展工作汇报时指出，我国北方地区特别是西北和华北地区，水资源匮乏的现象十分严重，如果再不重视保护好涵养水源的森林、湖泊、湿地等生态空间，再继续超采地下水，自然报复的力度会更大。

1.1.5 水景观问题

盲目的城建开发往往忽视城市景观视线，摒弃水域空间景观赖以发展的条件，不仅导致众多城市“千城一面”，丧失城市景观特色，而且使得水域景观趋同化现象较严重，破坏传统水域空间城市风貌，水系景观建设忽略城市地域特点、缺乏个性化特征和文化底蕴。不同城市因其自然地貌、文化底蕴、功能有所不同，水域的形态和面貌也存在不同，盲目参照其他城市水域景观建设模式是当前建设的主要问题。

除此以外，水系规划也未能全面理解水系与城市景观系统关系、梳理水系景观与现代城市开敞空间存在的因果关系，致使很多极具生态价值、历史文化价值的滨水区空间被工业用地、生产用地等占据，城市河流的自然属性与人文属性被掩盖，未能充分展现其景观价值。

1.1.6 水文化问题

水文化是人在从事水事活动中创造物质财富的能力及其成果的总和，是民族文化中以水为轴的文化的集合体。老子《道德经》中说：“天地相合，以降甘露，民莫之令而自均。始制有名，名亦既有，夫亦将知止，知止可以不殆。譬道之在天下，犹川谷之于江海。”在这里，老子讲了“水”的三种形态：“甘露”即天上之水；“川谷”即地下水；“江海”即联系天地之间的循环中介水。水的运动规律就是“三水”转化、循环规律，显然，老子在这里紧紧抓住“水”，就把握住了天地之间的联系，因为只有水这种介质才能在天地之间上行下达。

水文化的本质是人与水的关系。这种关系表现为人们从事水事活动。人是水文化的主体,水是水文化的客体,一方面人类对水的伟大实践包括饮水、用水、治水、管水、节水、护水、观赏水、表现水等重要的事件活动,即水事活动;另一方面是水对人类的伟大贡献,包括水与人的生命健康和生产方式的重要联系和对其的伟大贡献。正是这两方面的关系形成了丰富多彩、博大精深的水文化。

人们只有在水事活动中,才能创造出有水个性的文化。水事活动是人类社会实践的重要内容,包含物质形态和精神形态两大类活动,是水文化形成和发展的基础。

我国地域广阔,不同地域有各自的水文化,对于水文化的保护各地采取的措施以及行动力度各不相同,当前保留较好的有西南地区的水文化节、东北地区的冰雪文化节、东南地区的水街和水乡等。水文化作为人类适应环境而改变生产生活方式以及精神世界所形成的智慧,当前发掘出的仍占少数,众多的水文化仍面临传承以及保护的问题。

1.2 传统雨洪管理模式的弊端

面对我国城市水文情况总体呈现汇流加速、洪峰值高、污染物负荷重等的情况,传统城市建设模式在应对内涝洪灾和水安全问题的能力存在明显不足,不科学的工程性措施导致水系统功能整体退化,无法有效缓解和改善城市水生态问题,使之呈日趋恶化之态。这主要归咎于传统城市工程管道式灰色基础设施、防洪规划和排水工程规划落后以及雨水资源合理利用意识薄弱。

我国现行的城市雨洪管理模式与体制体系,应对暴雨的指导思想均是传统的"快速排水,末端集中"的排洪泄洪理念,采取灰色基础设施"硬排水"模式,通过城市雨水管网系统将雨水收集、排放至受纳水体,较少考虑雨洪调蓄、水质保护、资源化利用等措施和技术。这种单纯依赖人工工程设施的雨洪管理理念和排水模式,缺少相应的自然生态雨洪调控设施,已不能满足现代城市功能的需要,使得由城市下垫面硬化带来的短时雨水管网排放压力剧增,加之管网规划设计不合理、排水设施不健全、雨污混流、建设标准较低以及维护管理不力等因素,往往造成暴雨径流短时高峰无法及时排放,加剧了城市暴雨内涝的发生频率。此外,大量未经处理的地表径流,尤其是初期降雨径流,通过不可渗透表面直接进入城市雨水管道,排入城市的河流与湖泊,尽管有些也设置有大型的储水设施,但真正的作用和效果都不明显,因而给受纳水体带来了极大的生态环境压力,造成城市地区水生态环境的进一步恶化,导致水资源短缺的局面。也导致即使不断加粗地下雨水管道,但当遇到集中暴雨时,因地表水与地下水连通中断,依然无法避免因洪涝灾害等导致城市功能瘫痪的窘境。

自然水文循环有着自身的规律,在原生态的土地上,雨水会分成几个部分,有的顺着地表径流排入江河湖泊,有的直接通过下渗补给地下水,还有的蒸腾到空气中变为水蒸气。传统的雨洪管理模式与体制导致雨水下渗大量减少,使得地下水资源没有得到补充,同时还引发江河的水量过剩,造成大量的雨水资源浪费。从相关规划编制来看,我国城市普遍缺少雨洪控制利用相关专项规划,仅在排水规划、防洪规划、环境保护规划等中有所涉及;

在进行城市排水规划时，也没有确立雨水是资源以及要先合理利用再排放的指导思想。由此可见，我国城市的雨水资源利用意识薄弱，对天然雨水资源的利用率较低，大量雨水资源被直接排走，白白浪费，与我国水资源紧缺形成突出的矛盾面。因此，反思城市雨洪规划建设和管理模式，转变防洪减灾思路，与洪水为友，变废为宝，从过去的单一控制转向综合管理洪水的生态型雨洪管理刻不容缓。

1.3　海绵城市的提出和发展

海绵城市的发展大体可以分为探索阶段、正式提出、战略发展三个阶段(图 1.1)。

1) 探索阶段: 2003—2012 年

随着我国城市水问题日益凸显，越来越多的学者与行业人员开始理论与实践相结合地探寻解决城市雨水可持续发展问题的方法。理论研究领域，许多学者在学习借鉴国外先进理念和技术的同时，努力探讨适应于我国城市雨洪问题的理论和方法创新，大力推动了我国海绵城市概念的发展。在市政领域，以董淑秋和韩志刚等为代表，于 2011 年首次在论文《首钢工业区改造规划》中，结合首钢工业区改造规划的实践明确提出了建构“生态海绵城市”的规划概念，主要针对规划区的雨水利用问题，对于解决城市区域的雨水资源回收和再利用有重要意义；北京建筑大学车伍、李俊奇团队也围绕雨洪控制利用，开展了卓有成效的先驱探索研究。在风景园林领域，海绵城市的雏形概念，最早可追溯到 2003 年，北京大学俞孔坚和李迪华教授共同出版的《城市景观之路：与市长们交流》一书，指出“海绵”的概念类似于自然湿地、河流等对城市旱涝灾害的调蓄能力，把维护和恢复河道及滨水地带的自然形态作为建立城市生态基础设施的十大关键战略，指出“河流两侧的自然湿地如同海绵，调节河水之丰俭，缓解旱涝灾害”。俞孔坚教授在 2012 年北京遭遇“7·21”特大暴雨灾害后，致信北京市委书记，提出“建立‘绿色海绵’，解决北京雨洪灾害”的建议。

此外，还有一些相关行业人员和研究学者也提出了海绵城市的建设思路。2011 年十一届全国人大四次会议，湖南省常德市的全国人大代表刘波提交《关于建设海绵体城市，提升城市生态还原能力》的提案，提出像建筑屋顶一样，将城市停车场和道路两旁改装成下凹式绿地，并把绿化带路面改造为坡度形的，以利于水流入绿化带旁设置的缺口中。有关专家还提出，要建立雨水收集和利用系统，开发、改造城市社区建筑物、道路、绿化带、停车场、广场、公园等公共设施的蓄留雨水的生态功能，尽可能恢复城市原有河道、水塘、沟渠，减弱城市热岛效应，提高雨水渗透率。2011 年十一届全国人大四次会议和 2013 年十二届全国人大一次会议，刘波分别通过九三学社和湖南代表团罗祖亮向会议提交了两份关于科学利用和管理城市水资源的提案和建议，均提到“建设海绵体城市”的建议。

在此实践探索阶段，俞孔坚教授及其土人景观规划设计团队成果突出，一系列以海绵城市为理念的生态基础设施在各个地区得以实践。在台州、威海、菏泽、北京等一系列城市，广泛使用适应当地气候、土壤和水环境特征的生态技术设施的理念。从 2008 年的天津桥园公园到 2010 年的哈尔滨群力雨洪公园，创造了许多雨洪管理实践的成功范例。与此同

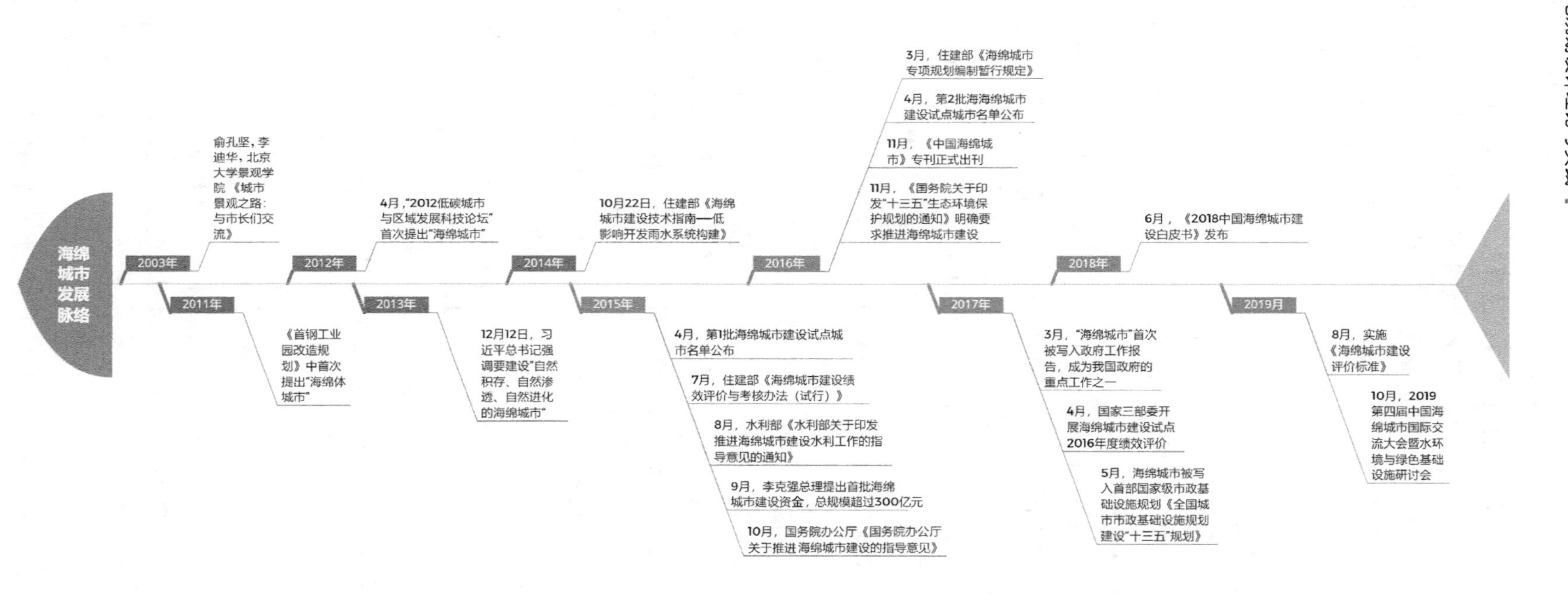

图 1.1　海绵城市发展脉络图

（图片来源：作者自绘）

时深圳市在2004年开始率先引进LID理念，不断探索适应该地区的应用模式，并推动创建光明新区成为全国低影响开发雨水综合利用示范区。这些实践进一步推动着我国城市雨洪管理相关理论方面的深入研究和发展。

2）正式提出：2012—2014年

海绵城市这一概念在2012年4月的“低碳城市与区域发展科技论坛”首次被正式提出。海绵城市将城市比喻成海绵，具有海绵的特性，对环境的适应力比较强，抵御自然灾害的弹性比较大。当遇到雨季时，海绵城市可以充分发挥海绵的作用，将雨水吸收，使降雨产生的大量水资源迅速渗入到地下进行保存，在需要的时候再释放出来。在对海绵城市雨洪基础设施进行规划建设时，必须坚守生态保护的原则，理清自然降水与地表水以及地下水之间的关系，系统地部署建设规划，严格管控规划的各个环节的内容，最终提升海绵城市的发展水平。

海绵城市在提出时，参考借鉴了最佳管理措施（BMPs）、低影响开发（LID）和绿色基础设施（GI）等国外雨洪管理理论。20世纪70年代，美国提出最佳管理措施（BMPs），最初主要用于控制城市和农村的面源污染，而后逐渐发展成为控制降雨径流水量和水质的生态可持续的综合性措施。在BMPs的基础上，20世纪90年代末期，美国东部马里兰州的乔治王子县（Prince George's County）和西北地区的西雅图（Seattle）、波特兰市（Portland）共同提出了低影响开发理念。LID的初始原理是通过分散的、小规模的源头控制机制和设计技术，来达到对暴雨所产生的径流和污染的控制，减少开发行为活动对场地水文状况的冲击，是一种发展的、以生态系统为基础的、从径流源头开始的雨洪管理方法。1999年，美国可持续发展委员会提出绿色基础设施GI理念，即空间上由网络中心、连接廊道和小型场地组成，维护与强化城市自然生态过程的天然与人工化绿色空间网络系统。

由此，“海绵城市”相关概念成为我国行业内热门话题和前沿思想，而中央政府的进一步关注和推动则促进了该理念的正式形成。习近平总书记在2013年12月召开的中央城镇化工作会议上发表讲话时强调：“提升城市排水系统时要优先考虑把有限的雨水留下来，优先考虑更多利用自然力量排水，建设自然存积、自然渗透、自然净化的海绵城市”，海绵城市上升到国家战略。

3）战略发展：2014年至今

国务院办公厅、住房和城乡建设部、水利部和财政部等部门，逐步通过顶层政策设计，要求地方加强城市雨洪管理、改善城市排水能力和构建有中国特色的海绵城市体。2014年2月，《住房和城乡建设部城市建设司2014年工作要点》中明确：“督促各地加快雨污分流改造，提高城市排水防涝水平，大力推行低影响开发建设模式，加快研究建设海绵型城市的政策措施”，明确提出海绵型城市设想；同年3月，习近平总书记在中央财经领导小组第五次会议上提出新时期的治水思路“节水优先、空间均衡、系统治理、两手发力”，同时再次强调“建设海绵家园、海绵城市”。4月，习总书记又在关于保障水安全的重要讲话中指出，要根据资源环境承载能力构建科学合理的城镇化布局；尽可能减少对自然的干扰和损害，节约集约利用土地、水、能源资源；解决城市缺水问题，必须顺应自然，建设自然积存、自然渗透、自然净化的“海绵城市”。“海绵城市”是习近平“绿水青山就是金山银山”、构建山水林田湖生命共同体系统理念的重要组成部分。

2014 年 11 月，住房和城乡建设部贯彻习近平总书记讲话及中央城镇化工作会议精神，正式发布《关于印发海绵城市建设技术指南——低影响开发雨水系统构建（试行）的通知》（建城函〔2014〕275 号），对于强化地方开展海绵建设的工程技术能力起到关键性作用。

同年 12 月，财政部、住房和城乡建设部、水利部联合印发了《关于开展中央财政支持海绵城市建设试点工作的通知》（财建〔2014〕838 号），组织开展海绵城市建设试点示范工作，并于 2015 年、2016 年分两批确定了 16 个（第一批）和 14 个（第二批）国家级海绵城市试点，各省市区也相继展开了多批次省市级海绵城市试点建设工程，至此我国的海绵城市建设试点工作全面铺开，“海绵城市”概念一时风起云涌，成了我国继园林城市、智慧城市、生态城市、低碳城市等一系列政策引导的城市理念后出现的城市建设新概念。

据估算，中央财政资金补贴累计总额将超过 300 亿元（三年）。2015 年 8 月，海绵城市绩效评价方法的出台，明晰了对中央财政资金的使用要求，并对试点示范城市的建设成效提出了指引，加强对政府投资项目的绩效监管，规范使用财政资金和有效引导市场参与，构建科学的绩效评价方法，有效实现可追踪、可查询、可监督和可问责，逐步优化和统筹中央财政投资项目的流程和实现有效监管，并为构建起国家、省和市三级政府投资项目平台提供有效经验，兼具有效防控地方债务等问题。同期城建系统推进综合管廊的试点示范（资助力度与海绵城市相当）和智慧城市单项试点（与科技部等部委协同）工作，财政系统推进 PPP（公私合营伙伴关系）系统建设，为地方城市开展海绵城市示范建设提供了有效的政策依据、财政支持和融资创新。

2016 年 2 月颁布《国务院关于深入推进新型城镇化建设的若干意见》明确要求推荐海绵城市的建设，同月财政部发布《财政部　住房和城乡建设部　水利部关于开展中央财政支持海绵城市建设试点工作的通知》，财政部、住房和城乡建设部、水利部决定启动 2016 年中央财政支持海绵城市建设试点工作；同时印发《2016 年海绵城市建设试点城市申报指南》，指出试点通过省级推荐、资格审核、竞争性评审选出。

2016 年 3 月，住房和城乡建设部印发《海绵城市专项规划编制暂行规定》，要求各地抓紧编制海绵城市专项规划，于 2016 年 10 月底前完成设市城市海绵城市专项规划草案，按程序报批。规定指出，海绵城市专项规划的主要任务是：研究提出需要保护的自然生态空间格局；明确雨水年径流总量控制率等目标并进行分解；确定海绵城市近期建设的重点。财政部、住房和城乡建设部发布实施《城市管网专项资金绩效评价暂行办法》，并公布了地下综合管廊试点绩效评价指标体系、海绵城市建设试点绩效评价指标体系。

2016 年 11 月，《国务院关于印发“十三五”生态环境保护规划的通知》发布，明确要求推进海绵城市建设。转变城市规划建设理念，保护和恢复城市生态。老城区以问题为导向，以解决城市内涝、雨水收集利用、黑臭水体治理为突破口，推进区域整体治理，避免大拆大建。城市新区以目标为导向，优先保护生态环境，合理控制开发强度。综合采取“渗、滞、蓄、净、用、排”等措施，加强海绵型建筑与小区、海绵型道路与广场、海绵型公园和绿地、雨水调蓄与排水防涝设施等建设。

2017年3月，住房和城乡建设部印发了《关于加强生态修复城市修补工作的指导意见》，安排部署在全国全面开展生态修复、城市修补工作，明确了指导思想、基本原则、主要任务目标，提出了具体工作要求。指导意见要求编制城市生态修复专项规划，统筹协调城市绿地系统、水系统、海绵城市等专项规划；开展水体治理和修复。全面落实海绵城市建设理念，系统开展江河、湖泊、湿地等水体生态修复，“海绵城市”首次被写入政府工作报告，成为我国政府的重点工作之一。4月，国家三部委开展海绵城市建设试点2016年度绩效评价。

2017年5月，海绵城市被写入首部国家级市政基础设施规划，同月由住房和城乡建设部、国家发展改革委组织编制的《全国城市市政基础设施规划建设“十三五”规划》(以下简称《规划》)正式发布实施。这是首次编制国家级、综合性的市政基础设施规划。《规划》明确了“十三五”时期的12项任务，其中关于“海绵城市”建设中提到：全面整治城市黑臭水体，强化水污染全过程控制；建立排水防涝工程体系，破解“城市看海”难题；加快推进海绵城市建设，实现城市建设模式转型。

2017年12月，全国住房和城乡建设工作会议提出，全面推进海绵城市建设，完善标准体系，编制实施海绵城市建设专项规划。进一步加大城市黑臭水体整治力度，推进城市排水防涝补短板三年行动，因地制宜推进城市地下综合管廊建设，大力加强城镇污水和垃圾处理设施建设，全面推动城市生活垃圾分类工作，在部分城市开展老旧小区改造试点。切实抓好城市生态建设，建立城市生态建设评估考核标准和机制，提高生态建设水平。

2018年6月，《2018中国海绵城市建设白皮书》发布，全面解析中国海绵城市的最新进展，分析目前典型城市的成功案例，为其他地区建设海绵城市提供更多参考和借鉴，并指出海绵城市建设可以更好地通过创新性、适应性、包容性的思路从而达到发展的新高度。

2019年8月，《海绵城市建设评价标准》(GB/T 51345—2018)开始实施，规范海绵城市建设效果的评价标准，并对海绵城市建设的评价内容、评价方法等做了规定。同年10月，召开第四届中国海绵城市国际交流大会暨水环境与绿色基础设施研讨会，本届大会的成功召开，对于全面总结海绵城市建设经验做法，认清海绵城市建设效果与困难，解决我国海绵城市建设在项目目标、技术路线、管理手段、建设实施等领域棘手难题具有重要的意义。

1.4 海绵城市建设的意义

城市绿地系统作为城市规划的重要组成部分，其对城市的作用和影响不可忽视，积极有效地利用城市绿地系统改善人居环境已是民众普遍渴望与追求的。传统的城市绿地规划往往把重点放在绿地的景观效果表现上，而忽略了其内在对水源的涵养和雨洪管理价值，使城市绿地系统空有其表，内在价值却未被开发。目前，政府积极倡导建设海绵城市并已进入实施阶段，其宗旨是通过对“水”的治理，改善城市雨涝环境和解决城市用水问题，确保在城市经济安全平稳运行的环境下，将城市中多余的水源及时蓄排。因此，城市绿地系统的“海绵”设计在城市雨洪基础设施建设中变得越来越重要，可以有效降低或者是避免洪水灾害对城市的危害，确保市民生命资产安全，对建设现代城市具有举足轻重的意义。

1.4.1 海绵城市建设可以减少城市内涝的发生

海绵城市建设强调保障城市开发前后对城市自然水文的最小干扰，通过海绵城市建设理念与技术将“渗、滞、蓄、净、用、排”等措施有机结合，能够极大地减轻城市防洪排涝的压力，有效减少城市洪涝灾害发生频率和损失，维护城市居民安定的生活环境。水文特征的转变可以通过源头削减、过程控制和末端处理来实现。具体表现为：径流量总量和峰值流量保持不变，在渗透、调节、储存等诸方面的作用下，径流峰值的出现时间也可以基本保持不变。

传统的市政模式认为，雨水排得越多、越快、越通畅越好，这种“快排式”的模式没有考虑水的循环利用。海绵城市遵循“渗、滞、蓄、净、用、排”的六字方针，把雨水的渗透、滞留、集蓄、净化、循环使用和排水密切结合，统筹考虑内涝防治、径流污染控制、雨水资源化利用和水生态修复等多个目标。具体技术方面有很多成熟的工艺手段，可通过城市基础设施规划、设计及其空间布局来实现。总之，只要能够把上述六字方针落到实处，城市地表水的年径流量就会大幅下降。经验表明，在正常的气候条件下，典型海绵城市可以截流 80%以上的雨水。

而海绵城市建设理念在城市发展过程中的应用，起初就是从解决城市雨洪问题出发，发挥雨洪调蓄、雨水资源收集利用与地下水涵养等作用，完善城市雨水管理体系。海绵城市的建设，改变了以往单纯使用市政地下排水管道和泵站的现状，侧重于依靠城市自然生态系统来吸收、存储、排放降水，综合利用自然生态调节和人为调节措施来缓解城市内涝问题。

在城市开发建设过程中，原有生态环境的保护和维持已成为城市开发合理性的重要参考标准，即城市资源应被最低限度地开发，城市环境应被最低程度地改变，合理控制开发强度，保持城市原有的湖泊和河流，尽可能地维持城市中的绿地景观资源，保障城市生态水环境系统的流畅运行与安全循环，减少对城市原有水生态环境的破坏。在留足生态用地的条件下，协调城市蓝绿基础设施系统网络建设，有条件的可以适当开挖河湖沟渠，增加蓝色水域面积。此外，从建筑和道路设计开始，全面采用屋顶绿化、可渗透路面、人工湿地等促进雨水积存净化，并在新建的城市绿地中运用下凹绿地，促进水资源的收集、净化和循环利用。据美国波特兰大学“无限绿色屋顶小组”(Green Roofs Unlimited)对波特兰商业区的分析，若近三分之一的商业区修建成绿色屋顶，就可截留 60%的降雨，可以减少溢流量 11%～15%。

1.4.2 海绵城市建设有助于城市人居生态环境的改善与提升

“我们追求的是人与自然的和谐、经济与社会的和谐”“我们决不能以牺牲生态环境为代价换取经济的一时发展。”习主席在一次演讲中强调我们要与自然和谐相处的理念，而海绵城市的提出正是为了解决生态环境尤其是生态水环境的问题，构成了经济发展和生态平衡之间的和谐共生。其在技术层面上解决了雨洪控制和利用的问题，同时完善了经济社会发展考核评价体系，着重强调将生态建设的指标加入经济社会发展的评价体系中，尤其针对经济发展过程中资源的消耗、环境的污染以及本身的生态效益评估等内容提出更加明确的要求，起到引导和管理经济发展的重要作用。

海绵城市建设顺应了"低碳生态"的城市规划建设理念，对于提高我国城镇化质量和生态文明建设水平具有重要作用。海绵城市建设的宗旨就是维护城市水平衡，实现城市生态循环系统的良性运转。海绵城市建设不仅可以利用城市绿地系统留住宝贵的雨水资源，使其循环再利用，同时还可以改善水环境并重新作用于绿地，使绿地更长久的存在，保护生物栖息地，恢复自然景观状态，继而打造绿色城市、宜居城市，实现人与自然和谐共存，造福人类。

海绵城市的建设为解决城市内涝问题、调节地下水、净化水中污染物质、维护自然生态环境的多样性、美化城市环境等发挥了巨大功效。通过海绵城市理念中的雨洪管理规划，构建出适应当地地理和气候特征的生态雨水基础设施景观设计策略，尤其是把景观与雨洪管理相结合，增加设施的美学和使用价值，就可以将废弃的场地与不断污染、逐渐消失的湿地景观重新带入人们的视野中，通过建造湿地公园、改造城市硬质化河道的形式，建立城市健康的水环境体系，同时也为城市在面对暴雨和洪涝灾害时提供一个可以调节和蓄水的场地，从而保障城市的生态环境稳定；通过不同尺度的生态雨水基础设施建设达到层层净化水质的效果，恢复城市的生态净化系统；结合多种综合设施的合理规划和布局营造一个多样化的生物栖息地。

该模式使整个城市遭遇水灾后能够快速恢复，让城市弹性适应环境变化和自然灾害，并且不危及其中长期发展。这不仅有利于修复城市水生态环境，还能为综合生态环境带来效益。我国官方文件明确提出"海绵城市"的概念，代表着生态雨洪管理思想和技术从学界层面走向社会管理和经济应用层面，并将在城建实践中得到更有力的推广，从而利于提升城市生态系统功能，减少城市洪涝灾害的发生。由此可见，海绵城市的建设主要包括四方面内容：

1）保护城市水生态系统

通过数据收集和科学规划合理划定城市的"蓝线""绿线"等开发边界和保护区域，最大限度地保护原有河流、湖泊、湿地、坑塘、沟渠、树林、公园草地等生态体系和自然资源，尽量维持城市建设开发前的自然状态和自然水文特征。

不可否认，城市水土保持是实现涵养水源、防风固沙、提供动植物栖息地等的关键，而海绵城市的建设，能够给城市水土保持工作的雨水控制环节提供便利。在建设海绵城市的过程中，应秉持开发前后水文特征基本不变，始终坚持 LID 的原则，发挥城市雨水控制的最大效用。

比如，海绵城市试点城市重庆市，因为地处高原，山地较多，因此在海绵城市建设中建立了完整的防水控制体系，同时发展了绿化工程，让绿色植被对城市的水土进行保持，雨水较多季节植被能够吸收水分、保持水源，有效控制城市雨水径流。而且，绿色植被与重庆市人文特征相符，这也是海绵城市与人文气息相得益彰之处。

2）修复水生态结构

原有的城市开发建设模式下，场地原始的水生态系统被不可避免地破坏了，海绵城市模式要综合运用物理、生物和生态等技术手段，使水文循环特征和生态功能逐步得到恢复，并维持一定比例的城市生态空间，全面提升城市的生态环境状态，促进并保障城市的生态环境多样性和综合性发展。我国很多地方在点源污水治理的同时推行“河长制”，治理水污染，改善水生态，起到了很好的效果。

我国的地表水资源污染形势严峻，面源污染是主要来源之一。面源污染自20世纪70年代被提出和证实以来在水污染中所占比重呈上升趋势，城市面源污染是除了农业面源污染的第二大面源污染类型。城市面源污染主要由降雨径流的淋浴和冲刷作用产生，特别是在暴雨初期，降雨径流将地表的或沉积在下水管网的污染物，在短时间内，突发性冲刷汇入受纳水体，而引起水体污染。据观测，在暴雨初期（降雨前20 min）污染物浓度一般都超过平时污水浓度。海绵城市建设六字方针中的“净”，是通过人工湿地、生态滤池等措施过滤和降解汇流雨水中的污染物，达到净化水体、控制面源污染、保护城市水环境的目的。同时，通过“渗”“滞”过程也能对雨水中的大颗粒污染物达到截留和初步净化的目的。

福建省南平市武夷新区践行“海绵城市”取得了非常成功的效果，主要体现在以下几个方面：一是注重对森林生态的修复工作，闽北地区原生态的森林在被人为地乱砍滥伐之后正呈现急剧下降的趋势，政府正鼓励当地林农还林于山，加大对林业种植的补贴力度；二是在一些贴近地面的建筑如广场、硬地、建筑等工程的材料选择上采用通气、透水性较好的；三是恢复和修复自然生态环境，保持生物物种的多样性，扩大生态用地的面积，净化水资源，减少暴雨对城市的影响。

建设海绵城市有利于城市生态环境的改善。海绵城市强调增加绿地，降低城市地面的硬化比例。有研究表明，城市地面硬化直接阻断了雨水补给地下水的途径，使地下水水位难以回升。海绵城市的建设，可以增加城市绿色空间，收集并处理雨洪水，这些被处理过的水可以用于生产和生活、作为景观用水、补给地下水等，从而改善城市生态环境。可以说，海绵城市的建设实施为构建绿色美好家园做出了突出的贡献。

3）降低城市建设成本

海绵城市建设有利于降低城市建设成本。海绵城市建设非常注重对天然水系的保护利用，城市肌体中既有的园林、绿地、湿地及景观水体往往与水利调蓄设施结合起来共同构筑城市的防排水体系，减少给排水管道混凝土的工程量，降低城市市政建设、运营、维护费用。此外，建设海绵城市可减少城市水灾，降低水灾经济损失及治理水环境污染的费用，经济效益显著。

4）提升城市景观环境

海绵城市建设顺应了“低碳—生态”的城市规划建设理念，对于提高我国城镇化质量和生态文明建设水平具有重要作用。习总书记在2013年中央城镇化工作会议上明确提出，解决城市缺水问题，必须顺应自然，要优先考虑把有限的雨水留下来，优先考虑更多利用自然力量排水，建设自然积存、自然渗透、自然净化的海绵城市。国家已出台了相关的政策和鼓励措施，不断加大推进的力度，已将之上升到了国家战略层面。海绵城市建设目前处在起步阶段，技术不断更新，管理机制日趋完善，将会取得长足的发展。

大中型城市中老旧城区占的面积比较大，与新城区相比，老旧城区的洪涝灾害、雨水径流污染、水资源匮乏等问题更为严重，且老旧城区改造还面临空间条件有限、难度大等问题。相比建设大型地下调蓄池、大规模改造雨水管线等方案，改造设置一些城市"海绵体"是一个更加可行的思路。在整个设计过程中，可使用老旧建筑雨水管断接技术，将雨水管线接入周边公园、水体、集中绿地等，集中贮存雨水，也可以利用小区内部的花坛、绿地等建筑设施空间布置雨水花园、下沉式绿地；城市道路可结合道路绿化带、树池等绿化空间，对居住区和城市道路进行分割，增大绿地的用地面积；合理修建广场，广场铺装多采用透水式铺装，城市道路人行道也采用透水式铺装的方法，布置生态树池、植草沟等低影响开发(LID)设施，有效地对地表径流加以蓄、滞、渗、排等，增强城市内部的水循环系统。另外，增加了城市内湿地、公园的面积，提供良好的生态环境。海绵城市的建设使旧城更加宜居、环保，在改善城市的人文和自然景观的同时保护生物多样性，提高城市生活质量和环境心理，增加城市地景的美学效果。

1.4.3 海绵城市建设缓解城市水资源短缺的局面

我国水资源匮乏，淡水资源总量为 28 000 亿 m^3，占全球水资源的 6%，人均水资源量不足世界平均水平的 1/4。自 20 世纪 70 年代以来，我国城镇化的速度越来越快，随着城市人口不断增多，城镇化水平不断提高，对水资源需求量不断增加，城市开发建设过度硬化造成降雨形成径流外排，导致地下水补给不足；水体污染降低了水资源的质量和数量，也加重了水资源的紧缺程度，许多城市水资源匮乏的问题日益突出。

缺水制约着经济的发展，应对水资源短缺危机，一方面要治理源头污染、节约用水，另一方面要探寻新的水资源。雨水污染程度轻，处理成本相对较低，是再生水的优质水源。在降雨时，利用自然水体和地下雨水调蓄池收集雨水，实现"蓄"的目的；通过各类净化设施的处理和各级管网的输送，将处理达标的雨水回用于市政浇洒、景观水补充等，不但节省了大量的自来水，而且充分、有效地"用"雨水，实现了水资源的"开源节流"，节约了水资源也减少了污水的排放。海绵城市建设为解决城市水资源供需矛盾提供了新的思路，它优先考虑把有限的雨水留下来，可以实现自然生态雨水的有效利用，在一定程度上缓解了城市水资源短缺状况。

1.4.4 海绵城市建设推动城市生态产业发展

海绵城市建设是在国家政策推动下建立起来的，国家有条件地鼓励在建设海绵城市过程中实施 PPP 模式，即以政府资金为主导，鼓励企业资金投入，共同开发建设工程项目。国家海绵城市建设工程的启动，将带动一大批相关产业转型与发展，提供更多的就业机会。同时，可构建新的产业经济增长链，实现经济的持续健康增长。海绵城市改变了城市传统发展模式，城市的可持续发展性更强，也将变得生态、宜居，环境保护的意识也将更深入人心。

海绵城市建设主要运用的是LID技术，非常注重对天然水系的保护利用，即通过一系列绿色基础设施实现对雨水的源头截污与入渗。对城市中绿地实施LID的改良与设计，减少了排水管道与混凝土水池的工程量与资金投入，调蓄设施又往往与城市既有的绿地、园林、景观水体相结合，“净增成本”比较低，还能大幅减少水环境污染治理费用，也将有效减少城市洪涝灾害带来的巨大经济损失。

参考《海绵城市建设技术指南》并结合城市建设实际经验，海绵城市建设行业体系应包括规划、设计、施工、运营、监理和投资等六个环节。其中规划环节涉及海绵城市规划关键技术的研发和运用、与其他专项规划（城市水系规划、绿地系统规划、排水防涝规划和道路交通规划等）的有效协同、控制性详细规划（海绵分区、地块控制、用地布局、设施选择和技术措施）和修建性详细规划（场地设计、设施选择布局和技术措施等）；设计和建设环节涉及建筑与小区、城市道路、城市绿地与广场、城市水系以及单项技术；建设、运营环节主要涉及透水铺装、屋顶绿化、生物滞留设施、下沉式绿地、渗透塘、渗井、渗管/渠、湿塘、雨水湿地、蓄水池、雨水罐、调节塘、调节池、植草沟、植被缓冲带、初期雨水弃流设施和人工土壤渗滤等；监理环节主要从政府职能和服务出发，由城管、规划、建设、水利、水务、环保和绿化等部门参与，直接、委派甚至委托第三方行使责任，行政性较强；投资环节则包含在规划、设计、施工、运营和监理等全流程中。

海绵城市以城市雨洪风险控制、缓解和雨水综合利用为核心，是对传统排水和中水/再生水等已有一定基础的行业的革新，更加从自然本身力量的应用出发，尊重自然，善待自然，用绿色水设施（仿自然力）来降低灰色水/黑色水设施（强人工力）的承载压力，用人工智慧（规划、设计和设施建设）和自然力量（设施运用）来缓解城市雨洪造成的内涝问题，并实现地表水和地下水的有效补给，构建广义尺度、跨行业部门的人工雨水利用生态系统。

第 2 章

城市绿地与海绵城市建设

2.1 城市绿地与海绵城市建设的关系

2.1.1 城市绿地及城市绿地系统的概念

绿地(Green Space, Green Land 或 Green Belt)一词,在不同的国家有不同的含义,在法律、学术和空间界定上也有不同的范围。西方城市规划中一般不提城市绿地,而多用开敞空间(Open Space)这一概念。虽然各个国家对于“开敞空间”的定义不尽相同,但都强调城市当中的自然空间,即城市当中为保留、修复和建立自然景观而留存的空间。因此,开敞空间在广义上是指: 在城市范围内,人们为了创造公共活动空间而设立的少建筑、多空地和多水域的开敞环境。

在国内外城市规划和城市生态研究中,关于绿地最常见的 4 个专业术语就是城市绿地、城市绿色空间、城市开敞空间和城市绿地系统。我国应用“城市绿地”和“城市绿地系统”居多。我国《城市规划基本术语标准》(GB/T 50280—1998)中规定:绿地是“城市中专门用以改善生态、保护环境、为居民提供游憩场地和美化景观的绿化用地。”

城市绿地系统,是指城市空间范围内,各类绿地联系而成的相互作用的绿色有机体,即城市中不同类型、性质和规模的绿地共同构建而成的一个稳定持久的城市绿色环境体系。因为各国对于绿地的管理和分类不同,导致不同国家、不同区域城市绿地系统存在一定的差异,我国城市绿地系统(Urban Green Space System)是指城市中各种类型和规模的绿化用地组成的整体。

2.1.2 城市绿地系统的功能

城市绿地是城市自然生态系统的重要组成部分,是维持城市景观生态平衡的重要载体,也是改善环境质量最主要的自然元素,在生态、经济、社会等方面均发挥着重要的作用。作为城市自然生产力主体,城市绿地系统以植物光合作用和土地资源的营养、承载力为条件,以转化和固定太阳能为动力,通过植物、动物、真菌和细菌食物链(网),实现城市自然物流和能流循环,因此城市绿地系统的功能是多方面的。

城市绿地系统功能强大,它是城市的有机组成部分,反映了城市的自然属性,是体现促进城市自然特色的主要成分。人类利用城市绿地改善城市环境，塑造城市特色。城市绿地具有界定城市空间、生态使用、美学价值等综合功能。绿地系统的效益是生态、经济、社会三者效益的统一。城市绿地系统作为一个有机整体，各功能相互作用、相互制约(表 2.1)。

表 2.1　城市绿地系统功能

主要功能	具体内容
生态功能	净化空气、水体、土壤，保持水土，提高城市自净能力 改善城市小气候 保护生物多样性，维持城市生态平衡 提升城市景观，改善城市生活质量
社会功能	组织城市空间形态，改变城市景观格局 美化市容，丰富城市景观，增加城市艺术效果 提供休憩、文化、娱乐场所，增加生活乐趣，促进身心健康 科普自然知识，开展生态教育 防灾减灾，提供避难场所
经济功能	直接经济效益：苗木果林产出，城市绿地服务居民，带动相关产业发展，房地产增值 间接经济效益：遮阴防风节约能源，改善环境的生态价值

2.1.3　城市绿地系统在海绵城市体系中承担的角色

海绵城市体系是站在城市整体发展的高度解决城市雨洪问题，处理城市发展与生态环境的平衡关系。城市绿地系统作为城市生态系统的一个组成部分，是城市建设用地的一种类型，其自身具有的雨水渗透、滞留、蓄积和净化功能，与海绵城市的要求不谋而合，作为城市集蓄水的主要场所，通过对绿地占有率的科学规划以及绿地结构的合理设计，形成城市中一种高效的绿地集雨景观格局，将全部或大部分降雨消解和利用，解决雨洪问题，并且产生良好的生态环境效益，对城市雨水径流管理具有极其重要的意义。

海绵城市建设强调城市绿地系统对雨水径流量、峰值流量与径流污染的控制能力，这并不意味着摒弃原有的雨水管渠系统。研究表明，城市绿地系统对雨水的处理能力低于海绵城市体系对城市绿地系统的预期。因此，城市绿地系统在海绵城市体系中承担辅助角色，作为 LID 设施的主要载体，通过渗透利用和储存利用两种途径发挥着“慢排缓释”和“源头分散”的作用。

1）城市绿地在调蓄雨水径流中的功能效益

绿地在减少城区暴雨径流、节省市政排水设施以及净化雨水等方面具有重要作用。城市绿地系统作为 LID 雨水系统的主要载体，在建设中应根据具体情况明确建设方向并合理控制建设强度。Bernatzky 在研究中指出，城市中，受植被覆盖的区域，大部分降水都在经过植物层时被拦截，仅 5%～15%的降水形成地表径流；而没有植被覆盖的区域，大约有 60%的降水以地表径流的形式排入城市下水道；Gill 等人在大曼彻斯特(Greater Manchester)的模拟表明，居住区绿地覆盖率增加 10%可减少 4.9%的地表径流，在此基础上再增加 10%的类似绿地覆盖，地表径流可进一步减少 5.7%；Barrett 等发现高速公路两侧的绿带可减少85%的悬浮物,31%～61%的总磷、总铅和总氮。

城区绿地调蓄雨水径流的生态经济效益主要体现在3个方面:

(1) 绿地拦蓄雨水可增加城市水资源供给途径,缓解城市水资源紧缺状况,减少城市绿地灌溉次数,节约灌溉水量,提高水资源利用率;

(2) 绿地拦蓄雨水可减少城市市政管网排水量及城市路面积水,减轻城市排水压力,减少因向市政管网排放雨水带来的维护费用;

(3) 绿地拦蓄雨水过程中可吸收截留部分污染物,减少因雨水污染而带来的治理水生态环境污染的费用;同时雨水下渗可抬高地下水位,抑制或减缓地下水漏斗区的扩展蔓延,改善城区水文地质环境。

2) 城市绿地要素与水文过程的紧密关系

城市绿地中的雨洪资源的潜力是巨大的。绿地以乔灌草、湿地、河流湖泊等自然要素为表面,是自然界中水渗透、蒸腾、空间转移、净化等循环过程的载体。植被、土壤、水体、地形、绿地界面、绿地地下设施是构建半人工水循环的载体和场所,与雨洪控制利用密切相关,是结合绿地进行可持续雨洪控制利用的基本立足点。

(1) 植被

植被在水循环过程中,发挥着水分蒸腾、吸收、渗透、净化、削减径流、保水等多种作用。植被水分蒸腾对局地小气候有明显的加湿降温作用;植被叶冠可以截留落入绿地内的雨水,根系可以吸收土壤中原有的及枝干传输下来的水分,并储存起来;植被的根系对土壤中的微生物及土壤理化性质有重要影响;地表的落叶保温保湿,还可以对雨水起到截留、过滤、净化作用。本土种、低耗水、低维护、耐淹性能高的种类更有利于雨洪的控制和利用。绿地内土壤含水率明显高于裸土,乔灌草结合的植被配置更有利于土壤保持较高含水率。

(2) 土壤

土壤的相对高渗透性是维持城市生态健康的重要元素。入渗的雨水一部分被植物根系净化吸收,其他主要被保持在土壤中,当蓄滞时间长时,渗透水则继续下降补给地下水。当雨量和雨强超过土壤的渗透滞蓄容量时,就形成地表径流。依地表粗糙度不同,土壤对径流中的悬浮物、颗粒、杂质等也能起到一定的截留、过滤作用。同时,土壤通过滞留雨水中的有害金属、吸收地表污物、减少水中细菌含量,起到净化水质的作用。

健康的土壤是水和空气能维持洁净状态的基础,在水文中扮演着调节水量与控制水质的重要角色。在绿地设计过程中,土壤过度夯实或结构遭到破坏,会在雨洪控制利用中影响土壤的渗透率与保水力,进而增加地表径流;高程设置也会影响土壤含水率,地势越低土壤含水率越高,反之越低。土壤中有机质的流失,会降低土壤的净水效能,破坏营养物质与沉积物的质量,从而加重水污染。

(3) 绿地地形

坡度较大的城市用地,降水径流率高、表面稳定性差,需留作城市绿地,以绿色植被加以稳固。城市的大地形即城市竖向规划,也是城市雨水分区、雨水设施布局的基础。地形是宏观尺度绿色雨水基础设施的基础。

而绿地内的微地形设计，是雨水滞蓄和汇流的主要方式，是局部绿地内雨洪控制利用的基础。应利用地形，改造地形，引导汇流方向，使雨水径流能在雨水分区内靠重力作用在地表转移。通过地形坡度控制径流速度和方向，通过下凹的容积控制雨洪蓄滞量。城市绿地高差形成的地形主要有入渗塘、下凹绿地、植草沟、雨水公园等，在增加雨水入渗率、引导汇流、暂存雨水、错峰等方面有重要作用。

（4）绿地与水体的多样结合

水体在水文过程中的作用主要体现在蓄、滞、调三个环节，主要措施有渗透塘、湿地、雨水公园、人工湖泊等。相关的还有“雨时汇流成河湖，晴时为绿地”的下凹绿地，雨水经蓄滞沉淀后可以存储起来用作绿化灌溉。城市小水体与河网连通成网络，能缓解蓄水和用水的时空差异；降雨前夕如提前把水面降到低水位，增大雨水调蓄空间，能提高城市的防洪安全水平，降低防洪工程的建设投入。

（5）绿地与城市界面

主要包括屋顶花园、绿地中的广场、停车场路面铺装。屋顶花园对于高密度地区的雨洪削峰延时有显著作用。国外垂直绿化墙面已经很常见，这种做法对于减少径流、改善局地小气候、净化水质十分有效，同时营造了自然、生态的城市景观。停车场和路面径流的雨水裹挟的杂质和污染物较多，对下游水体的影响很大，因此应分区块收集，避免混入干净径流中。汇流收集后进行预分级生态处理，再汇入下游生态传输通道。

（6）地下空间

道路防护绿带和各类公园的地下空间是城市基础设施的埋设空间，同样也是雨洪控制利用的重要一环，雨水蓄滞、传输环节中涉及的蓄水设备、雨水管道、弃流装置等设施多位于绿地地下。通过渗井、渗沟等设施将地面径流就地入渗，进而沉淀、净化、存储。在削峰延时的同时，对雨水进行存储和调蓄。

2.2 城市绿地系统与海绵城市的耦合

2.2.1 雨洪管理与绿地系统的耦合

雨洪和绿地原本是两个相对独立的系统，因外力作用两者发生耦合，形成一个共同作用的体系。雨洪与绿地共同改善城市生态环境，两者联合起来使得城市生态资源得以有效的组织，产生 1 + 1>2 的生态效益。两个独立的系统通过视觉上的感应、渗透、对比、咬合使空间的使用者在两者形成的空间中流动，从而实现了两种空间的耦合。

雨洪与绿地的耦合关系是以动物、植物、雨水为传递媒介，通过信息交流、物质运输与能量转换等过程得以实现，这种耦合的最终目标是将一定范围内的绿地联系形成一个功能完善的绿地生态网络，同时结合这些绿地当中的生态元素，在城市范围内形成生态综合体。形成有机网络的绿地是解决城市雨洪问题的途径之一，也是海绵城市体系结构布局的骨架。不同类型、功能的城市绿地改善了城市生态，美化了环境。依据海绵城市各项指标的分解，对各类型绿地的建设方向和建设强度都提出要求，进一步丰富了海绵城市体系。

2.2.2　城市绿地系统与海绵城市体系的耦合

针对目前城市绿地建设中水资源利用率低下、现行城市排水系统难以为继的现状，城市海绵系统必须与城市绿地系统协同作用才能更高效地调蓄城市雨水。

随着国内城市化进程速度的加快，水资源的短缺已成为我国城市问题中最突出的问题之一。我国水资源报告指出，我国有六成的城市以上出现了供水不足的情况，其中，呈现严重缺水的城市达 100 个以上，城市年缺水总量甚至达到了 6 亿 m^3。而随着国内生态城市、园林城市建设的加强，城市绿地建设速度与规模增加，绿地建设中的耗水量也大大增加。此外，由于建成环境中不透水下垫面规模较大，雨水形成地表径流以后被快速排入雨水管网系统，最后进入水体中，从而造成降雨量较少时期地下水位较低、地下贮存水量较少；降雨量较多时期，城市排水管网承载能力有限，进入内涝状态，即水资源短缺和内涝这两个问题一直伴随着城市建设交错发生。

城市绿地系统作为稳定持久的城市绿色有机整体，由不同类型、性质和规模的绿地组成，而不同类型的绿地都是由植被、土壤、水体、地形等类似的要素构成，在自然水循环过程中发挥增加地表水、联系自然降水和地下水环境以及修复自然水循环的作用。在城市绿地系统中开展海绵城市建设，不仅能够应用低影响开发雨水系统的技术措施，同时还可促进低影响开发雨水系统建设目标的达成。在规划阶段，城市绿地系统与海绵城市体系可相互指导，但在结构布局方面，两者存在一定的差异。在规划阶段，因解决问题的出发点不同导致两者处于相互协调的关系。定性、定位与定量各种城市绿地的统筹安排是城市绿地系统的规划内容，绿地系统当中的雨水径流量、峰值流量以及径流污染等方面的问题是海绵城市体系规划的出发点；而城市绿地布局、规模以及建设情况对海绵城市的体系规划存在着一定的作用。城市绿地系统在处理绿地布局方面体现出整体性与均匀性相结合的形式，对各种类型与面积的绿化用地在绿化系统中统筹考虑；海绵城市体系则是站在城市整体发展的高度处理城市雨洪问题，其目标是尽可能利用较少的土地，集中解决问题。在城市规划方面，海绵城市体系空间布局更加全面、多元。

城市绿地系统是城市生态体系的重要组成部分，也是城市用地体系的重要形式。从整体上看，城市绿地空间分布比较广泛，拥有多种不同的类型，可以满足海绵城市体系的多元化。低影响开发雨水系统作用在城市绿地系统上，是整个系统运作的基础，城市绿地系统的雨水径流量控制率大约在 35%左右。为了满足现阶段海绵城市体系的建设工作要求，进行城市绿地空间的拓宽、城市绿地系统的健全是非常必要的。

2.3　海绵城市建设对城市绿地建设的要求

2.3.1　海绵城市建设对城市绿地系统生态的要求

城市绿地系统作为海绵城市体系建设中的重要环节，其需要遵循生态优先的要求。在规划城市绿地系统时，首先要注重生态保护，并将此作为城市绿地系统其他功能设计的最高指导原则。社会、经济和景观功能应以生态保护为基础。在生态保护方面，首先要进行区域生态本底的调查，在分析的基础上，根据区域生态格局和生态保护目标，确定绿地系统布局。

在海绵绿地规划的具体制定过程中，应通过计算分析来确定各类绿地的规划面积。例如，根据对应区域主导风向、平均风速、城市形状面积等要素，规划作为进气通道的绿地布局；根据区域主要生物物种种类和其体态，规划作为生态廊道的绿地布局；根据对城市热岛效应的分析以及区域碳氧平衡的分析，规划市域内的绿地布局等。通过分析这些基本的生态环境，可初步确定城市绿地系统布局。而后将此初步规划与相关规划标准进行比较，并结合绿地其他的功能因素，平衡经济、环境、社会效益，形成生态优先、多功能、复合型的海绵绿地系统。

生态保护的具体措施主要体现在以下三个方面：

（1）尊重表土

表土层是指土壤的最上层，厚度一般为 15～30 cm，含有较多的腐殖质，有机质含量高，是植被生长的基础，同时也是地下水下渗的关键介质。城市绿地系统在进行海绵体建设时，应充分认识到表土的重要作用，对已被破坏的表土层，应合理回填，恢复土壤质地、容重、团聚体、有机质等理化性质，改善土壤的渗透性和蓄水功能。

（2）尊重地形地势

在过去的城市建设过程中，由于人类频繁改造地形地势，例如挖湖填山、变山地为平地、将河道削直或人工硬化自然绿地，人为地改变了原本天然的汇水格局，城区成为汇水区和集水区。在海绵城市建设理念的指导下，城市绿地系统的规划设计应因地制宜，充分尊重地形地势，结合城市日辐射量、气温、降水、风向以及热岛效应状况，分析区域碳氧平衡值，合理布局绿地位置与规模，使其更好地融合于城市“产汇流”机制，避免海绵城市建设对城市下垫面“二次破坏”的现象。

（3）尊重植被

海绵城市建设下的城市绿地系统规划应重视对植被的尊重，尽量选取乡土树种，慎重选择外地物种，以适应当地气候、土壤和微生物条件。针对城区地势的高低平缓，合理选择耐淹、耐旱程度不同的植物，从而实现植物在不同地势环境下对雨水的渗透、净化作用，同时，也有助于植物的良好生长，更好地调节气候，改善环境。

2.3.2 海绵城市建设对城市绿地系统功能的要求

海绵城市建设的出发点在于实现多目标可控的雨水调控系统并恢复自然水文循环，城市绿地系统构建的出发点在于实现人与自然在城市环境中的和谐发展并提升城市宜居品质。两者的共通点在于都不是单一目标导向，针对每个城市的自然基础条件与人文环境特色应该有不同的重点，而最终实现布局均衡、满足多元目标博弈的动态平衡体系。因此，海绵型城市绿地系统的构建最终将以绿地系统为载体，与城市用地环境形成耦合，能够有效承载、调蓄自然水文循环格局，满足休闲游憩等人文活动需要，实现生态综合效益，提升城市景观品质，从而形成功能明确、布局合理、建设途径清晰可实现的空间载体。

海绵城市可以有效地提高城市对自然灾害的容纳和消化能力，减少城市内涝灾害的发生，提升城市的生态系统功能。在建设海绵城市的过程中，重点在于协调人与水、水与绿地的关系，因此如何把绿地系统具有的海绵功能放大化、特色化，将成为城市绿地系统格局构建中的重点。而在城市建成环境中，不同类型、规模、结构的绿地所产生的雨洪问题不一样，有些矛盾不突出，有些矛盾非常突出。同时不同类型、规模、结构的绿地所能够产生的海绵功能也不相同，适用的海绵设施也不相同。

2.3.3　海绵城市建设对城市绿地系统布局的要求

基于海绵城市的绿地系统整合不单指传统绿地规划中绿地系统与其他系统，如道路交通系统、建筑群系统、市政系统等的关系，更强调了绿地系统内部各组成部分之间的关系。

在绿地规划中，要将天然水体、人工水体和使用 LID 技术建设的绿地统筹考虑，再结合城市排水管网设计，将参与雨水管理的各部分结合起来，分析水量和水体流通特性，使其成为一个相互连通的有机整体，使雨水能够顺利地通过多种渠道排放、入渗和贮存利用，减小暴雨对城市造成的灾害，从而实现城市绿地系统的复合性功能。

1）宏观——区域尺度

海绵城市的构建在宏观尺度上重点是研究水系统在区域或流域中的空间格局，即进行水生态安全格局分析，并将水生态安全格局落实在土地利用总体规划和城市总体规划中，成为区域的生态基础设施。在方法上，可借助景观安全格局方法，判别对于水源保护、洪涝调蓄、生物多样性保护、水质管理等功能至关重要的景观要素及其空间位置，围绕生态系统服务构建雨洪景观安全格局。

雨洪景观安全格局（Stormwater Management Landscape Security Pattern）理论通过模拟与分析生态过程中景观的不同形态特征，识别影响整个过程的战略位置和关系，以最少的土地、最低限度的生态结构来维护生态过程的完整性，实现对生态过程的有效控制。雨洪景观安全格局是对和雨水相关的洪涝、径流及其污染、水循环等过程进行限制和管理，进而实现雨水资源化，改善城市生态环境，具体包括三部分：洪涝安全格局、径流污染控制安全格局、雨水资源化安全格局。

（1）洪涝安全格局是在明确水系统现状和存在问题的基础上，对区域洪涝淹没过程进行分析，最终得到研究区的洪水与内涝易淹区的范围与淹没程度，并根据洪涝灾害发生的频率和程度，将关键区域划定为非建设区和限定建设区，加大这些区域排水管网的设计标准，结合地形建设生态雨洪调蓄设施，保障建设用地的安全性与整个区域的洪涝安全性。

（2）构建径流污染控制安全格局，就是通过分析径流路径与污染等级，判别对径流污染控制具有重要作用的区域，以源头控制与传输控制两种形式，因地制宜建设生态雨水设施，达到调蓄净化洪水、阻隔污染物的目的，防止径流污染迁移与扩散，形成一个多层次径流污染控制系统。

（3）雨水资源化安全格局的构建是从规划层面重视水资源的保留与利用，根据研究区土壤和地下水位等情况以及对现状绿地的高程的分析，确定对实现雨水资源化具有重要意义的局部或区域。将城市区域内适合进行雨水收集和下渗的大型自然绿地，作为研究区的主要雨水收集回灌区；区域中其他低洼地带，可通过人工建设雨水塘收集下渗雨水。这些区域可通过景观设计形成多功能的水体开发空间，实现雨水资源化的目标。

洪涝安全格局、径流污染控制安全格局、雨水资源化安全格局共同构成雨洪景观生态安全格局。各个单目标相互叠加、相互配合，形成综合、系统、完整的雨洪景观安全格局，并在进一步规划建设中重点保护、严格限制。

构建雨洪景观安全格局的意义在于：第一，明确现有的水系统中的最重要元素、空间位置和相互关系，通过设立禁建区，保护水系统的关键空间格局来维护水过程的完整性；第二，根据水生态安全格局设置区域的生态用地和城市建设中的限建区，限制建设开发并逐步进行生态恢复，可避免未来的城市建设和土地开发进一步破坏水系统的结构和功能；第三，水系统可以发挥雨洪调蓄、水质净化、栖息地保护和文化休憩功能，即作为区域的生态基础设施，为下一步实体海绵系统的建设奠定空间基础。

在传统数据收集与分析的基础上，海绵型城市绿地系统必须强调对城市降雨特征、各区域土壤分布特征、地表水水文基础条件与水质条件、水体面源污染分布特征、地下水地质基础条件、现状城市排水等灰色市政基础设施条件、城市人工建设区域竖向标高分布条件、现有绿地与植被的水文调蓄功能、城市综合现状汇水分区等一系列相关基础资料进行准确而系统的收集与整理，在此基础上借助 GIS 等计算机辅助程序，通过流程模拟来客观评估城市现状径流流量分布特征、现状径流控制率、现状污染去除率等重要指标，从而针对城市现状需求明确未来构建的重点方向与目标体系。

同时，方案决策阶段需秉持多元目标博弈的决策原则，必须强调对绿地系统的空间布局方案进行海绵调蓄功能的专项统筹，结合城市规划用地布局、规划排水等灰色基础设施、规划竖向体系分布条件、规划地表水环境格局等联动要素进行综合研判。

2）中观——城区尺度

中观尺度主要指城区、乡镇、村域尺度，或者城市新区和功能区块。其规划重点在于研究如何有效利用规划区域内的河道、坑塘，结合集水区、汇水节点分布，合理规划并形成实体的“城镇海绵系统”，并最终落实到土地利用控制性规划甚至是城市设计，综合性解决规划区域内滨水栖息地恢复、水量平衡、雨污净化、文化游憩空间的规划设计和建设。

城区层面的绿地系统类型丰富，是一种具有良好的生态环境，可供公众游览、健身、户外科普开展等活动使用的风景园林空间。根据《城市绿地分类标准》（CJJ/T 85—2017）规定，我国城市绿地可分为五大类，即公园绿地、生产绿地、防护绿地、附属绿地及其他绿地，在海绵体系中，此五种不同类型的城市绿地分别各自承担着相应不同的作用与功能。公园绿地是向公众开放，以游憩为主要功能，兼具生态、美化、防灾等作用的绿地，斑块数量虽然不多，但是其以个体规模形式存在，具有可观的绿地规模和稳定的生态系统，对其周边区域范围内所产生的影响及功能辐射效应相对更为直观和显著，在集中控制雨水径流量、延迟洪峰时间和控制峰值流量等方面承担着重要的角色功能，可满足多种规格的 LID 设施。附属绿地是城市建设用地中绿地之外各类用地中的附属绿化用地，是城市绿地系统中分布最为广泛和零散的一大类。在城市范围内，附属绿地呈散点状分布，其在斑块数量上占有绝对优势，且大部分绿地由于其特殊属性拥有较好的养护水准，可参与构成海绵城市体，渗透到城市布局的各个角落，可在海绵城市体系中作为分散式处理城市中小型区域内雨水径流量控制的主要载体。生产绿地是为城市绿化提供苗木、花草、种子的苗圃、花圃、草圃等圃地；防护绿地是城市中具有卫生、隔离和安全防护功能的绿地，这两种绿地在城市绿地总面积中所占比例较小，功能性较强，观赏性较弱，常处于工厂、城市废弃物等用地与城市居住用地之间及城市建设用地的边缘过渡性区域，因此，在满足其自身功能需求的基础上可辅助公园绿地与附属绿地进行 LID 尝试。其他绿地是对城市生态环境质量、居民休闲生活、城市景观和生物多样性保护有直接影响的绿地，包括风景名胜区、水源保护区、郊野公园、森林公园、自然保护区、风景林地、城市绿化隔离带、野生动植物园、湿地、垃圾填埋场恢复绿地等。通常情况下，其他绿地大面积地分布在城市规划建设用地以外、城市规划区以内的区域，可作为平衡城市内部绿地与城市外围大环境之间关系的有机载体，可合理调控城市内部绿地与城市大环境之间的关系，可尝试对其进行 LID，并结合水源保护区、湿地等水系对城市净化后的雨水径流进行汇集和处理。

在城区层面，仇保兴指出"海绵城市建设必须要借助良好的城市规划作为分层设计来明确要求"，强调对接城市总体规划与城市水系专项规划、绿色建筑设计、城市绿地系统专项规划、城市道路与交通专项规划、地块控制性详细规划等，贯彻 LID 理念及要求进行自然水文条件保护。城市绿地系统作为海绵城市建设在城区尺度需要协调对接的重要组成部分，应"合理地预留空间，并为丰富生物种类创造条件，对绿地自身及周边硬化区域的雨水径流进行渗透、调蓄、净化，并与城市雨水管渠系统、超标雨水径流排放系统相衔接"。除此以外，还需针对休闲游憩、缓解热岛、固碳释氧、防灾避险等专项功能进行综合统筹，以实现绿地系统更为综合多元的价值取向。

依据城区的不同土地功能类型确定海绵绿地布局特点。按功能类型和混合程度可将城市新区分为单一型和综合型，其中，综合型城市新区承担城市发展的多种功能，在规模和作用上与中心城区难分上下，如上海浦东新区。因综合型城市新区类似于完整的城市，雨水利用上需要分成若干片区，每个片区以一个功能为主导，便于进行雨水设施建设。本书着重研究单一功能型城市新区。单一功能型，顾名思义即城市新区以某一个特定功能为主导，主要目的是为了疏解中心城区的产业、人口、交通等问题，或者为了更好地利用某一项资源而就近开辟。按主导功能的不同，单一功能型城市新区可分为居住新区、工业开发新区、科教园区、物流园区和临港（临空）新城、会展新区、旅游休闲新区等。

3）微观——街区尺度

在街区层面，海绵城市建设主要通过以下两个方面进行协调与统筹：一是通过 LID 的控制指标来协调管理新建社区的建设取向，提升海绵功能；二是通过归纳总结提升海绵功能目标导向下分别适宜应用于建筑、场地、道路、水体等载体的工程建设与改造技术，推广海绵城市理念在更广泛的已建设区域中的贯彻与落实。作为建成环境的绿地系统中雨水消纳的最基本单元和向下一个规模级别进行过渡的单元，场地级别的绿地要考虑建设自身条件和现有雨水管网的协同调控，在其中布置合理的海绵设施进行控制。

构建城市绿地系统主要需要关注人口分布特征、需求类型与城市的地域文化脉络，进一步提升绿地功能布局的深度均衡性、综合服务能力以及承载特色景观风貌、塑造城市特色的功能。街区规划建设前应当进行详细的现状评估，作为街区低影响规划设计的基础。应对区域降雨条件、地形地质条件等基础数据进行汇总并建立信息库，掌握区域降雨规律、土壤入渗情况、地表排水特征以及易发生内涝的点，识别街区内需要保留的水体等天然海绵体；根据所在区域位置判定街区在区域中所承担的雨水排放作用和功能，根据街区总体竖向及周边绿地、水体等自然基础状况大致分析街区雨水系统的构建方案。在此基础上，还应结合街区管网设计标准以及控制性详细规划中明确的用地性质和开发强度等，综合判定雨洪控制目标及 LID 措施的选择。对于已建街区，要结合市政规划，分析街区内涝情况，找寻易涝发生点，并根据街区建设情况综合评估开发改造难易程度，分析排水系统的工程性改造手段及 LID 手段的适宜性。

街区 LID 的核心是使开发后的水文状态与开发前保持一致，主要表现在径流指标的一致上。因此街区 LID 指标应以一定的径流控制为标准。国内 LID 指标主要表现在径流总量控制指标和径流水质控制指标上。在水量上控制洪峰流量和外排水量，可以以新区开发建设后两年一遇外排雨水设计流量不大于开发建设前水平为标准，根据现状用地情况以及各类用地的径流系数值测算现状用地综合径流系数，并使新区开发建设后综合径流系数不增大。各街区根据用地性质、开发建设程度等情况综合设定，但保持区域总指标不变；在面源污染控制上则参考国外 LID 雨洪利用的实践经验，综合考虑新区未来产业布局和规划用地状况等因素，如新区建设项目雨水径流污染控制目标设定 TSS 削减 50%，COD 削减 50%，TP 削减 40%（以深圳市为例）。在径流量控制上制定街区指标和宗地指标。街区目标的制定应在区域目标的基础上结合该街区海绵设施建设或改造难度、内涝风险等因素，按照一定的调整规则进行调整。街区内若包含多个宗地，则可根据宗地用地性质、建设阶段等因素，在基准值基础上进行一定的调整，得到各宗地年径流总量控制目标。对于占城市规划区绝大多数的建成区而言，因受到建设条件的限制，具有径流量大、优化改造难的特点，其径流控制指标的制定应结合街区具体建设情况酌情降低。

街区 LID 指标即径流控制指标的实现需要借助一系列分项指标来完成，主要包括下垫面比例和 LID 设施参数。通过控制各类下垫面比例及各下垫面进行 LID 的面积比例可以有效控制地面径流量。参照国内外相关做法，可将街区下垫面整合为绿地、屋面、人行道/停车场/广场和道路四类，并对各类下垫面进行一定比例的 LID 设计，以使加权计算后的综合径流系数满足总体指标要求。LID 设施的参数主要包括调蓄设施参数、渗透设施参数等，通过控制调蓄设施的面积和设计深度等实现街区雨水的定量消纳与存蓄。

2.3.4 海绵城市建设对城市绿地系统建设技术的要求

绿地系统规划的重点之一是丰富绿地功能，海绵城市在此基础上又赋予了管理城市雨洪的责任，如为市政排水管网“排忧解难”、开发城市新型水资源、减小城市内涝的风险，因此，在进行规划时必须遵循径流控制原则，从源头上管理城市雨水。

海绵绿地的径流控制不仅要在规划区整体绿地系统的布局上体现，也要在局部地块的设计上体现，将各种雨洪管理技术与具体土地利用方式相结合，实现技术落地。

在技术的选择上，除了与当地的地质条件、地形条件和土地利用类型结合外，还要从雨量、水质和雨水再利用三方面综合考虑。其中，雨量方面主要目的是通过 LID 技术做到减小径流量，延长雨水汇流时间，加大雨水入渗量，减小市政排水管网的压力；水质方面主要是通过相关技术净化雨水，尤其是初期污染严重的雨水，使雨水达到排放或回用标准，不会对当地环境造成破坏，减小市政污水处理系统的压力；雨水再利用方面，主要考虑将绿地与雨水贮存设施合建，形成景观小品的多功能利用或空间上的垂直分布，以开发城市新型水资源蓄存设施，充分利用蓄存水资源，节约城市土地。

“海绵城市”最后必须要落实到具体的“海绵体”，包括公园、小区等区域和局域集水单元的建设，这些区域灵活地散布于城市建成环境之中。在这一尺度对应的是一系列水生态基础设施建设技术的集成，包括保护自然的最小干预技术、与洪水为友的生态防洪技术、加强型人工湿地净化技术、城市雨洪管理绿色海绵技术、生态系统服务仿生修复技术等，这些技术重点研究如何通过具体的景观设计方法，让水系统的生态功能发挥出来。

第3章

国内外城市海绵绿地建设

3.1 国外城市海绵绿地建设模式与体系

一些发达国家已经形成了相对完善的、适合本国技术法规体系的现代城市海绵绿地建设模式体系，并将其很好地应用于城市景观和基础设施的规划设计与建设中。例如，美国创立了最佳管理措施(Best Management Practices，BMPs)、低影响开发模式(Low Impact Development，LID)、精明增长模式(Smart Growth，SG)；英国推行可持续城市排水系统模式(Sustainable Drainage Systems，SUDS)；澳大利亚提倡水敏感城市设计模式(Water Sensitive Urban Design，WSUD)；新西兰制定了低影响城市设计和开发策略(Low Impact Urban Designand Development，LIUDD)；此外，还有德国的洼地—渗渠系统模式(Mulden Rigolen System，MR)，新加坡的"ABC水计划"(The Active，Beautiful，Clean Waters Programme，ABC)。

3.1.1 美国——"最佳管理措施"BMPs体系(Best Management Practices，BMPs)

美国的城市雨水管理始于20世纪70年代，主要有城市污水径流污染的控制及水资源的调蓄利用，包括城市雨水的收集、储存以及净化。经过30多年的努力，已制定了相应的法律法规，研究开发了各种雨水收集利用的技术措施，形成了较为有效的雨水管理体系。其中最具特色的是城市雨水资源管理和雨水径流污染控制的"最佳管理措施"(Best Management Practices，BMPs)的实施。

1981—1983年，美国环境保护署(EPA)组织实施"全美城市雨水径流项目"(National Urban Runoff)研究，在许多城市大规模地收集分析雨水径流水质数据，研究污染情况及控制对策，历经二十年制定了BMPs管理方案。1987年，美国又修订水污染防治法来有效地依法控制城市雨水径流污染，将全国污染物排放削减体系(National Pollutant Discharge Elimination System，NPDES)扩大到包括对城市雨水径流污染管制在内的非点源污染防治，并于1990年正式发布实施，主要针对10万人口以上的雨水管道系统和11类工业活动，包括大于2万m^2的建筑工地。1999年12月又重新修订发布的NPDES，把管制对象扩充到所有城区雨水管道系统和占地0.4万～2万m^2的建筑工地，并于2003年3月全面实施。同时，制定了更为严格的第二代BMPs体系，对城市雨水污染控制的法令和技术更加严厉和完善。

BMPs(表 3.1)通过工程和非工程措施相结合的方法进行雨水的控制和处理。工程方法是指实施对源的控制、对污染物扩散途径的控制，减少污染物排入地下水或地表水的数量，再通过自然生态技术或人工净化技术，降解带入水体的径流污染物；非工程方法是指各种非技术性的管理措施指导和配合技术性措施。强调源头控制、强调自然与生态措施、强调非工程方法是 BMPs 的主要特点，在美国城市雨水径流管理中发挥着重要的作用。

表 3.1　美国城市雨水径流最佳管理措施

序号	BMPs 体系	
	工程(技术)方法	非工程(技术)方法
1	雨水沉淀、调蓄池	相关法规制定实施
2	植被缓冲带	志愿者清理与监督
3	植被浅沟	土地使用规划管理
4	渗透设施	材料使用限制
5	格栅	地面垃圾和卫生管理
6	过滤设施	废物回收
7	塘、湿地	控制废物倾倒
8	其他特殊设施	控制管道非法连接
9	—	雨水口的维护管理
10	—	对工程方法的检测管理
11	—	公众教育等

表格来源：范群杰.城市绿地系统对雨水径流调蓄及相关污染削减效应研究[D].上海：华东师范大学，2006.

而后屋顶花园、透水路面、雨洪池、雨水渗透池、植草沟等场地措施逐步被人们所接受。随着雨洪控制利用理念逐步被接受和认可，针对不同地区经济和自然条件的很多实施策略被提出来，如低影响开发(LID)、绿色基础设施(GI)、绿色雨水基础设施(GSI)、水敏感城市设计(WSUD)等。

随着 20 世纪 80 年代计算机技术在美国的快速发展及水文、水力学模型的开发，在遥感遥测、GIS 系统技术支持下，可以获得对城市下垫面更精细、高效的描述，使得大尺度上雨洪调控的精细化控制成为可能。目前国外的相关模型有 SWMM、STORM、SUSTAIN、绿色价值计算器等，可以辅助绿地系统规划设计。

3.1.2　美国——低影响开发(Low Impact Development，LID)

低影响开发是从基于微观尺度景观控制的 BMPs 措施发展而来的，LID 理念由美国马里兰州乔治王子县环境资源署于 1996 年首次提出，主要是以分散式小规模措施对雨水径流进行源头控制。LID 也是一项基于综合性措施来管理城市雨水的方法，主要分为五个方面：

1) LID 水文分析

通过水文分析划定流域和微流域面积，确定采用的模型技术，收集开发前的水文条件信息，进一步对开发前的条件和发展基础措施进行评价，同时对场地规划效益做出评价，并与基准进行比较。同时，水文分析还可用于评价综合管理措施（IMPs）和外加措施的必要性。

2）LID 场地规划

定义发展范围，尽可能减少场地的不透水区面积，将不透水区进行分隔，并根据需要修改或增加水流流动距离。

3）LID 公众宣传计划

该计划主要包含四个步骤：确定公众宣传计划的目的，确定目标听众，制定宣传材料，分发宣传材料。

4）LID 侵蚀和沉淀控制

包括规划、控制施工进度、控制土壤腐蚀、控制沉淀和维护五项内容。

5）LID 综合管理措施

针对设计场地确定所需的水文控制措施，评价场地所受限制，筛选出候选的 IMPs，并对其进行评价，选出首选的 IMPs 组合和设计，必要时可采用附加措施。

LID 的核心是通过合理的场地开发方式，模拟自然水文条件并通过综合性措施从源头上降低开发导致的水文条件的显著变化和雨水径流对生态环境的影响。

LID 的首要目标是通过场地适用的技术（如储存、渗透等）来模拟开发前场地的水文条件，主要目标和原则是：

（1）为受纳水体的水环境保护提供改良技术；

（2）为促进环境敏感性的项目开发从经济上提供鼓励（即经济上具有可行性）；

（3）发展全方位的环境敏感性的场地规划与设计；

（4）促进公共教育和鼓励大众参与环境保护；

（5）有助于建立基于环境管理的社区；

（6）减少暴雨基础设施建造和维护成本；

（7）引入新的暴雨管理理念（如微观管理、多功能景观），模拟和复制接近自然的水文功能，维护受纳水体的生态/生物的完整性；

（8）有助于实现规章制度的灵活性，鼓励创新工程和因地制宜的场地规划；

（9）有助于从经济、环境和技术可行性方面对当前雨洪控制利用措施的适用性与合理选择方法展开讨论。

LID 设计通常需要结合多种控制技术来综合处理场地径流，主要分为保护性设计、渗透技术、径流存储、径流输送技术、过滤技术、低影响景观等六部分（表 3.2）。

表 3.2　LID 技术体系分类

项目	技术说明
保护性设计	通过保护开放空间，减少不透水区域的面积，降低径流量
渗透技术	利用渗透减少径流量，处理和控制径流，补充土壤水分和地下水
径流存储	对不透水面的地表径流进行调蓄、利用，包括使之渗透、蒸发等，削减径流排放量和峰值流量，防止侵蚀
径流输送技术	采用生态化的输送系统，降低径流流速，延缓径流峰值时间等

（续表）

项目	技术说明
过滤技术	通过土壤的过滤、吸附、生物等作用，处理径流污染，减少径流量，补充地下水，增加河流的基流，降低温度对受纳水体的影响
低影响景观	将 LID 措施与景观相结合，选择适合场地和土壤条件的植物，以防止土壤流失并去除污染物等，有效减少不透水面积，提高渗透能力，改善生态环境等

表格来源：车伍，吕放放，李俊奇，等.发达国家典型雨洪管理体系及启示[J].中国给水排水，2009，25(20)：12-17.

3.1.3　日本——多功能调蓄设施

日本是一个海岛国家，淡水资源短缺，因此极为重视雨水的收集与利用。早在 1980 年日本建设省就开始推行雨水贮留渗透计划，注重雨水调蓄设施的多功能应用。在政府加大雨水利用补助的诱导下，加之充分发挥规划和社会组织的作用，该计划得到广泛的推广和应用。

日本雨水径流管理在不断的实践过程中，形成了由法律法规、经济、技术等手段构成的管理体系，形成了以多功能调蓄为特色的雨洪处理模式，是提倡实施多功能调蓄最具代表性的国家。

日本的多功能调蓄设施，大致经历了以下发展过程。

准备期：时间主要集中在 20 世纪 70 年代，这段时期主要对多功能调蓄设施进行了一些研究和示范性的应用；

发展期：时间主要集中在 20 世纪 80 年代，这段时期主要是广泛应用多功能调蓄设施，并进行经验的积累和总结；

飞越期：时间主要集中在 20 世纪 90 年代，这段时期多功能调蓄设施得到了广泛的推广运用，在多方面取得了显著的成效。

多功能调蓄设施是在传统的、功能单一的雨水调节池的基础上发展起来的。与一般雨水调节池最明显的区别是暴雨设计标准较高、规模大，且在非雨季或没有大暴雨时，这些设施可以全部或部分地正常发挥城市景观、公园、绿地、停车场、运动场、市民休闲集会和娱乐场所等多功能，实现了土地的有效利用，将天然无用的场所转化为自然生态的场所，将了无生趣的“死景区”转变为多样化充满生机的景区，显著提高了城市雨洪科学化管理与利用的水平和效益/投资比。

多功能雨水调蓄池从功能上主要分为三类，分别为自然景观类、生活设施类及市政设施类。自然景观类调蓄池以低凹地、池塘、湿地、人工池塘等形式呈现，通过池内的水生植物来净化处理雨水，从而保持水体良好的生态景观效果；生活设施类调蓄池包括公园、绿地、停车场、球场、儿童游乐场等市民休闲锻炼场所，这类设施地势较低，底部均采用可渗水材料，平日里可作为一般休闲锻炼设施使用，暴雨时用于贮水，并作为渗透塘。市政设施主要指在地下建设大口径的雨水调蓄管。

3.1.4　德国——雨水利用技术体系，MR 系统(Mulden Rigolen System)

德国是雨水径流管理开展及实施较早的国家之一，经过几十年的发展，德国在雨水径流管理方面已经具备了相应的法律法规、经济等手段，开发了多种多样的雨水利用技术措施，成为世界上雨水管理最为先进的国家之一，取得了较为丰富的实践经验，形成了较为完善的管理框架和技术支撑体系。

德国的雨水利用原则为“高效集水，平衡生态”，鼓励将雨水进行综合利用。

在技术手段方面，德国将工程与非工程措施相结合，促进雨水的综合利用。德国的雨水利用技术从 20 世纪 80 年代至今经历了三次重大的变革。1989 年《雨水利用设施标准》的出台标志着“第一代”雨水利用技术的成熟，经历了 1992 年自控技术的提升后，目前的雨水利用技术正处于设备集成化的“第三代”发展阶段。经过多年的发展，德国的雨水利用技术已进入标准化、产业化阶段，市场上已大量涌现收集、过滤、储存、渗透雨水的产品。

德国城市雨水利用的方式主要有三种：一是屋面雨水集蓄系统，二是雨水截污与渗透系统，三是生态小区雨水利用系统，主要是通过径流收集、径流传输与贮存、径流过滤与处理等技术措施，实现雨水的有效利用。德国的雨水径流利用主要体现在城市水景观构造和人工水面、灌溉绿地、补给地下水、冲洗厕所和洗衣及改善生态环境等方面，其促使雨水多样化、资源化利用。完善的雨水利用技术体系（表 3.3），是雨水资源化利用的基础，因此雨水利用技术的开发和研究也成了德国雨水径流管理工作的重要内容之一。

表 3.3　德国雨水利用技术体系

<table>
<tr><th colspan="2">分类</th><th>措施</th><th>特点/用途</th></tr>
<tr><td colspan="2" rowspan="2">收集技术</td><td>屋顶雨水稍加处理后利用</td><td>冲洗厕所、灌溉绿地、构造水景观</td></tr>
<tr><td>道路雨水处理达标后排放</td><td>排入污水处理厂、回灌地下水</td></tr>
<tr><td rowspan="5">传输与贮存技术</td><td rowspan="2">传输</td><td>地下道</td><td>兼顾雨水传输、暂存以及洪峰的缓解</td></tr>
<tr><td>地表明沟</td><td>兼顾雨水传输以及景观效果</td></tr>
<tr><td rowspan="3">贮存</td><td>预制混凝土或塑料蓄水池</td><td>适用于家庭</td></tr>
<tr><td>人工水景或人工湖</td><td>适用于社会</td></tr>
<tr><td>起伏的地形或人工湿地</td><td>增加雨水入渗</td></tr>
<tr><td rowspan="3">过滤与处理技术</td><td rowspan="2">过滤</td><td>分散式过滤器</td><td>体积较大，分散过滤大于 0.25 mm 的杂质</td></tr>
<tr><td>集中式过滤器</td><td>体积较小，集中过滤大于 0.25 mm 的杂质</td></tr>
<tr><td>处理</td><td>径流控制设备</td><td>控制雨水流量，确保雨水处理效果</td></tr>
<tr><td rowspan="5">利用技术</td><td rowspan="5">利用</td><td rowspan="5">入渗设施（地面、塘洼和回灌井）</td><td>构造城市水景观和人工水面</td></tr>
<tr><td>灌溉绿地</td></tr>
<tr><td>补给地下水</td></tr>
<tr><td>冲洗厕所和洗衣</td></tr>
<tr><td>改善生态环境</td></tr>
</table>

表格来源：范群杰.城市绿地系统对雨水经流调蓄及相关污染削减效应研究[D].上海：华东师范大学，2006.

德国雨水管理中"径流零增长"这一排水系统的新概念，是其最为显著的特色。该概念的目标是"使城市范围内的水量平衡更加接近在这片地区发展起来之前的状况"，强调雨水资源的多重利用与多角度调控，强调通过多种途径进行雨水的收集、处理、利用，减少进入城市合流制排水系统的雨水量，减轻城市排水负担，保持城市水循环的生态平衡。

目前德国流行的 MR 系统是该理念的良好体现，该系统包括各个就地设置的洼地、渗渠等组成部分，这些部分与带有孔洞（带有可调节的溢流阀）的排水管道连接，形成一个分散的雨水处理系统，设在雨水径流形成的"源头"，如靠近屋面、停车场、道路等的地方，通过使雨水在低洼草地中短期储存和在渗渠中长期储存，保证尽可能多的雨水得以下渗，从而实现"径流零增长"的目标。MR 系统不仅可以运用于新开发的地区，也可以作为已建成的城市开发区的一个改良措施，所以其在城市化建设以及旧城改造过程中，可以发挥良好的作用。德国的城市雨水管理与新系统的开发走在世界的前沿，以补充地下水、净化地表径流的可渗性为主的雨水排放新系统的研究与应用，是其今后发展的重点。

3.1.5　新加坡——"ABC 水计划"(The Active, Beautiful, Clean Waters Programme, ABC)

新加坡内阁下设国家发展部（Ministry of National Development），国家发展部下设环境及水源部，环境及水源部下设的公用事业局（Public Utilities Board，PUB）负责调控和监管新加坡供水系统、集水系统，并进行水综合利用，确保可持续而高效的供水。PUB 于 2006 年推出"活跃、美丽和干净的水计划"，又称"ABC 水计划"，在新加坡水体传统的排水、防洪和蓄水功能的基础上整合排水渠、运河、水库以及周边环境，发挥水体潜力，创造美丽和干净的溪流、河流和湖泊以及风景如画的社区空间，从根本上改变由水渠、运河和水库构成的网络，给新加坡一个可持续的未来。

"ABC 水计划"设计特点为环境友好、可持续、绿色；融合了工学、理学、景观设计、城市设计等各类学科，鼓励社区参与，将蓝绿网络和周边土地进行了整合开发；创造社区空间，通过水域内部和周围环境的改善，促进公民形成新的生活方式。

为确保水资源的可持续发展，新加坡不仅保证供水质量，还鼓励公民保护、重视和亲近水体，提高公民生活质量，愿景是把新加坡打造成为一个充满活力的"有花园和水的城市"。

"ABC 水计划"通过生物滞留盆地和生物池塘、雨水花园等系统处理、收集并存储径流雨水，之后用于灌溉或其他方面，减少农业用水。生物滞留盆地、雨水花园周边往往有较好的绿化，也有与景观小品（如步道、观景台、草坪等）结合，同时有项目指示牌向公民进行科普。

3.1.6　英国——可持续城市排水系统(Sustainable Urban Drainage System, SUDS)

英国在 20 世纪 60 年代开始关注雨水排放系统与环境之间的矛盾，于是开始对新型排水理念进行探索，并在美国最佳管理措施（BMPs）的基础上提出了可持续城市排水系统这一理念。英国国家可持续城市排水系统工作组于 2004 年发布了《可持续排水系统的过渡期实践规范》报告，提出了英格兰和威尔士实施可持续城市排水系统的战略方法以及详细的技术导则。SUDS将长期的环境和社会因素纳入城市排水体制及排水系统中，综合考虑径流水质与水量、城市污水与再生水、社区活力与发展需求、野生生物栖息地、景观潜力和生态价值等因素，从维持良性水循环的高度对城市排水系统和区域水系统进行可持续设计与优化，通过综合措施来改善城市整体水循环。

SUDS由四个等级组成，包括管理与预防措施、源头控制、场地控制以及区域控制。首先是利用场地设计和家庭、社区管理，预防径流的产生和污染物的排放；其次是在市政源头或接近源头的地方对径流和污染物进行源头控制；最后是用较大的下游场地和区域控制，对来自不同源头、不同场地的径流统一管理(通常使用湿地和滞留塘)，其中管理与预防措施、源头控制两级处于最高等级。SUDS强调从径流产生到最终排放的整个链带上对径流进行分级削减、控制，而不是用管理链的全部阶段来处置所有的径流。

SUDS的技术措施类似于BMP和LID技术，也可以分为源头控制、过程控制和末端控制三种途径，以及工程性、非工程性两类措施，这些技术和措施相互配合，贯穿整个雨水径流的管理链。目前，英国的英格兰、威尔士、苏格兰等地区以及爱尔兰、瑞典等国家已经广泛推行SUDS体系。

在落实层面上，苏格兰的Glasgow是一个典型的案例。Glasgow在2002年遭遇了百年一遇的暴雨，导致了超过500起由洪水和污水引发的灾害事故。事故后苏格兰水协会和Glasgow地区议会主导规划，于2003年制定了Glasgow排水规划，规划不仅涉及改造排水系统，而且还重视地表水和城市水道的管理。事实上，到2002年底，苏格兰有超过70%的开发区域运用了可持续排水系统理念并结合场地特征布置措施。截至2005年，Glasgow排水计划已完成初步总体规划和污水、排水、废水系统的升级改造过程，以解决河道的洪水和污染问题。排水计划的实施具体有以下四步：向利益相关者提供问题的根源及影响的初步评估；确定、评估战略方案和确定本地单独的解决方案；完成总体规划，并开始由规划转变为项目交付的过程；执行施工阶段。

3.1.7 澳大利亚——水敏感城市设计(Water Sensitive Urban Design, WSUD)

水敏感城市设计是一种起源于澳大利亚的雨水管理模式，针对传统城市排水系统所存在的问题发展而来，是综合水管理的重要构成。WUDS体系的核心观点是把城市水循环作为一个整体，认为水是城市宝贵的资源，将雨水、供水、污水(中心)管理视为水循环中相互联系、相互影响的环节，加以统筹考虑(水循环系统图)。与LID所不同的是，WSUD所涵盖的领域更广，其主要目标是在从城市到场地的不同空间尺度上将城市规划设计与供水、雨水和污水设施结合，最优化城市规划和城市水循环管理。

WSUD使城市愿景、规划、设计和建造发生根本性改变，不再使用传统的单一模式。WSUD认为城市的基础设施和建筑形式应与场地的自然特征一致，通过合理设计、利用具有良好水文功能的景观性设施，让城市环境设计具有“可持续性”，从而减少对结构性措施的需求，减少城市开发对自然水循环的负面影响，此外还将雨水、污水作为一种资源加以利用。其关键性的原则有：①保护现有的自然特征和生态；②维持集水区的自然水文条件；

③保护地表水和地下水水质；④降低供水管网系统的需求；⑤减少排放到自然环境中的污水量；⑥将雨水、污水与景观相结合来提高视觉、社会、文化和生态的价值。

WSUD体系提出了一系列将雨水管理纳入城市规划设计与景观设计的实施途径和措施，旨在改变传统的城市规划设计理念，实现城市雨水管理的多重目标。目前澳大利亚全境尤其是墨尔本流域已经大范围推行WSUD体系，并开发出了城市暴雨管理概念模型软件(Model for Urban Stormwater Improvement Conceptualization，MUSIC)。

3.1.8 新西兰——低影响城市设计和开发(Low Impact Urban Design and Development，LIUDD)

低影响城市设计和开发是由北美的低影响开发(LID)和澳大利亚的水敏感城市设计(WSUD)发展而来的。LIUDD体系试图通过一整套综合的方法避免传统的城市发展所带来的社会、经济、自然的一系列负面影响，保护陆地和水生生态系统的完整性。LIUDD是多种理念的综合：LIUDD = LID(低影响开发，Low Impact Development) + CSD(小区域保护，Conservation Sub-Divisions) + ICM(综合流域管理，Integrated Catchment Management) + SB/GA(可持续建筑/绿色建筑，Sustainable Building/Green Architecture)。LIUDD不仅可应用于城市环境，还可用于城市周边及农村，从而促进低影响农村住宅区设计和开发(Low Impact Rural Residential Design and Development，LIRRDD)体系的发展。LIUDD也是为了避免常规的城市发展模式对生物多样性、理化方面(水质、水量等)、经济、社会、娱乐游憩等方面产生的负面影响，保护水生和陆生生态系统。

LIUDD的关键性原则可分为三个层次，上一层次的原则被融入下一层次原则中，并被细化。首要原则在LIUDD等级层上处于最重要的地位。该原则主要是寻求一种共识，即人类活动要考虑自然循环，最大限度地减少负面效应，优化各类设施。城市设计中ICM非常重要，生态承载力为其考虑的核心。第二原则可以分为三部分：第一是关于场地选择的原则，在城市发展区域中选择最适宜的场地是LIUDD成功的关键，如果没有这一步，即使第三原则应用再好，也难以达到预想的结果；第二是有效地采用基础设施和保护、设计生态设施；第三是减小流域的输出和输入，即最大限度地将资源利用和废物处置本地化。第三原则主要包括利用CSD(分散式)方法来保持开放空间和提高基础设施的效率；利用“三水”的综合管理(Integrated Waters Management，IWM)来减轻污染和保护生态，优化水和营养物的循环。当雨水管理的非工程措施的边际成本显著高于边际效益，不得不采用工程措施时，LIUDD强调采用生态和近自然的工程措施，如下渗、截留和蒸发等。

3.2 国外城市海绵绿地建设案例

3.2.1 丹麦哥本哈根排水防涝规划(Copenhagen Drainage and Waterlogging Prevention Program，Denmark)

1) 案例概况

气候多变的哥本哈根从2010年8月至2011年8月一年间遭受了3次暴雨袭击，主要公路及城市基础设施被淹，造成了大约 10 亿美元的损失，全市要付出巨大的人力、财力、物力来加以应对，城市基础设施以及个人财产因此受到严重损失。

2011 年 7 月 2 日，全市大面积区域遭受严重洪涝灾害侵袭，暴雨侵袭了整个哥本哈根区域，24 小时之内降雨量达 30～90 mm。部分区域的降雨量半小时之内达到 50 mm 以上，暴雨淹没了城市中心区域大部分的城市街道和地下空间。

最初的经济学分析指出，如果不采取任何措施，在未来的一百年间由于气候变化引起天气的剧烈变化造成暴雨事件的破坏力将造成 3 倍的损失。以此事件作为城市创新设计的契机，哥本哈根决定制定综合的气候适应型策略以保护城市，暴雨规划方案由此而生，它在使城市有能力抵御未来的暴雨事件的同时，能够提供更多的蓝绿空间，增加城市之中的生物多样性并为市民提供更多的休闲空间。

该暴雨管理规划计划在未来的 30 年间完成，它充分考虑到气候变化可能带来的极端天气情况，能够保护哥本哈根市抵御百年一遇的暴雨侵袭。该规划可以容纳城市道路 10 cm 雨水高度的提升，且计划分担城市排水系统 30%～40%的雨水泄流，这是针对气候变化导致的极端暴雨预期增加的 40%的降雨量。

多用途的空间设计是具象化规划的关键因素，例如公园和广场在暴雨时可以作为泄洪场地，而在干季则充当市民们的休闲娱乐空间。在人口密集、空间稀缺的都市里，这些多用途的空间在 99%的时间里会作游乐和休闲之用。

为了找到一个既可满足城市规划、交通、水利需求，又可与战略投资相结合的方案，哥本哈根的政府部门和全市人民展开了深入的思考与探讨，最终选择采用地面优先的处理方式来缓解原先基于管道排水系统的暴雨处理方式所带来的压力。

地面处理的主要对象是城市绿地、广场以及街道，对于上述场地的设计基于以下三个原则：

(1) 在高地势地段滞留雨水，以保护低洼地段的安全；

(2) 在低洼区域建立可靠、灵活的雨水径流排放方式；

(3) 在次低洼区域进行雨水径流管理。

2) 设计策略

(1) 绿地泄洪

为了应对暴雨洪涝问题，一处新型的公园将在湖岸区域被设计建造，低洼的地势将导致其在暴雨期间被淹没以用于汇集、滞留、蓄存、消解过量的雨水，而在晴朗天气下又能为市民提供一个散步、慢跑、享受日照以及嬉水的场地。新公园的建造将使汇入湖面的雨水径流水质得到有效的提升，并且能够有效提高生物多样性指数、改善城市环境微气候。

(2) 街道泄洪

腓特烈斯贝林荫道作为哥本哈根景色优美、最具历史意义的林荫路之一，它的美丽景色以及功能的发挥正受到停靠车辆的挑战。为了应对城市雨洪问题，该林荫道下方的地下通道将被重新设计，在遭遇大雨之时，这些通道将作为泄洪场地。

这是一个暴雨街道多功能空间设计案例。现今这是一条典型的中央绿带式的街道，其中央的绿带被略微抬高，除了增加城市之中的绿色空间、提供市民遛狗场地之外，没有更多的功能。在暴雨时节，雨水会从中央绿带流向街道，进而随街道坡度变化流向建筑体，对于建筑底部排水管道排水压力的缓解毫无帮助。

路面改造前，暴雨会根据路面的竖向变化，使水流流向四周的街道。通过改变绿地与道路之间的竖向关系，形成V字形剖面，在道路中央创建大容量的雨水蓄留空间，能够使暴雨期间道路街边的雨水快速疏导至道路中央绿地，而这种低洼绿带能够容纳在暴雨之时产生的每秒3 300 m^3的“城市河流”，同时在常规降雨和干燥季节时，可以作为周边市民们休闲娱乐的场所。

哥本哈根暴雨管理规划展示了在一个多学科团队之中各传统专业跨专业合作的需求。水利工程师与最新的建模专家合作以便管理复杂的水利以及解决工程水利系统之中的技术局限；景观设计和规划师们在项目之中提供全新的蓝绿城市环境设计；而经济学家们则提供决策过程所需要的成本效益评估。哥本哈根暴雨管理规划能够提升城市的可持续性，并为城市提升环境质量、保障居民生活品质、确保城市长期的弹性适应能力和经济增长趋势增添重要的元素。

3.2.2 美国斯坦福德市米尔河公园及生态绿色河道景观（Mill River Park and Greenway）

1）案例概况

米尔河公园和绿道曾经是一个被污染的废弃河岸，现在却变成了一个郁郁葱葱、生机勃勃的城市空间，修复了康涅狄格州斯坦福德市中心周围的生态环境结构。设计团队通过引入数百种新的本地植物来修复河道化的河流边缘，恢复水陆栖息地的活力以及消解部分城市洪水。沿河的一系列步行道重新将社区与这片充满活力的景观联系起来，让人们在一个世纪以来第一次有机会接触到河流的边缘。该设计为主动和被动的娱乐活动提供了所需的公园空间，并为大型活动提供了灵活的“大草坪和鸟瞰台”。作为重新定义活跃的城市生活的典范，公园是住宅、企业和商业增长以及经济可持续发展的辅助。

2）设计策略

以前的池塘已经被重建的优雅蜿蜒的河所取代，河流与蜿蜒的小径并行。当地的植被沿着河堤的等高线，从河堤到中部河堤再到城市高地。春雨过后，河水高高漫上河岸，但不会给周围的城市带来洪水的威胁，同时岩石的精心布局创造了小溪、瀑布和池塘。每个元素都有一个功能：减缓水流，适应水位变化，并为产卵的鱼和两栖动物创造良好的生境，同时也提供休憩和观景的场所。

3.2.3 美国波特兰雨水花园

1）案例概况

美国波特兰雨水花园在设计中融入了LID的理念与技术要求，以极具创意的景观设计在一年几乎有连续九个月雨季的城市中，成功地处理了雨水排放和初步净化问题，并创造了优美的绿地景观，获得了波特兰"2003 年度最佳水资源保护奖"。

波特兰雨水花园位于美国波特兰市西南部，处于俄勒冈州会议中心的扩展地带，项目致力于解决雨水收集净化问题，目的是使降雨在 223 hm^2 的屋顶集中，再经会议中心南面的落水管输送至花园，通过花园对场地生态环境的模拟、重塑实现雨水的收集、存储和净化，尽可能地保持场地扩建前的自然生态环境。这个特殊的雨水花园能够对其中最大的东方银行大厦俄勒冈州会议中心屋顶的雨水进行渗透。此项目不仅巧妙地解决了雨水排放和过滤的问题，而且还创造了优美的景观环境空间。

2）设计策略

波特兰雨水花园对雨水的利用及对景观的设计主要体现在三个方面：

（1）跌水布设，促进污染沉积与景观营造

在雨水花园中设立了长 969 m、宽 18 m 的人造水渠，以此串联沿线的浅滩、瀑布、水池，使得花园中的蓄水池在蓄满水后可顺势溢出，跌入下一个水池中，能够有效减缓暴雨流入地面的速度。这些水池不仅可以起到蓄水的作用，还可以使得雨水有充分的时间渗入地下。低洼水池的设置有利于吸纳会议中心及周边道路上的雨水，使雨水中的沉淀物稳定遗留在水池中。

（2）植物优选，改善环境质量与景观品质

为了营造人工湿地的自然生态环境，在雨水花园的水渠两旁种植了许多水生植物。这些生长在鹅卵石和碎石缝中间的水生植物不仅给雨水花园增添了绿色，使其显得更加生动、活泼和自然，而且植物本身还可以吸收各种有害的污染物，例如周边马路上冲刷下来的油污等。此外，植物的根系还可以将碎石和砂土牢牢地固定住，防止因长时间水流的冲刷而引起水土流失和地基层的松动。

（3）石材堆砌，增加蓄积下渗与景观层次

通过堆砌色彩和质地多样的石材，运用对比手法增加主水渠构图的层次感。水渠底部的青灰色石板，使得雨水能够在上面自由流淌；边缘的鹅卵石又能够使多余的雨水很快地渗入地下，被土壤吸收；水渠墙面粗犷的玄武岩营造出了一种自然的氛围。这些有声有色、有动有静的细节考虑体现了景观设计师对自然法则的理解、敏锐的洞察力和高水平的设计智慧。

3.2.4 美国密尔沃基市灰色骨架绿色纽带

1）项目概况

密尔沃基市是威斯康星州最大的城市。灰色系统包括超过 5 000 km 的排水管网、渠道，储水量达 190 万 m^3 的地下深隧，多座污水处理厂，地上与地下蓄滞设施以及排水泵站等。然而，该市的排水系统不能满足需求，每逢大雨，内涝时有发生。

2003 年以来，该市逐步采取源头和街区 LID 措施"绿色纽带计划"，开始征购未开发的洪涝多发土地——天然"绿色海绵"，将这些土地改建成雨水或湿地公园及林地、草场等自然保护区，发挥自然净化、生态保护、蓄滞洪水、防止下游洪涝、保护自然资源等功能。

2）设计策略

（1）绿色街道和雨水管理计划

以街道为重点的雨水策略，用以改善水质并减少污染的雨水径流。在设计翻修或重建项目的街道时要考虑该计划的策略，以最大限度地提高街道网络的可持续效益。密尔沃基的 HOMEGR/OWN 计划将空置的城市地段重新开发为有用的绿色城市空间，最为杰出的案例冯迪公园（Fondy Park）以前是一个空置的城市地段，现在包含 19 株树和 251 m^2 的生物通道，能够在每次降雨事件中充分发挥调蓄雨水的作用。

（2）绿色基础设施计划

2019 年 6 月，密尔沃基市发布了正式的绿色基础设施计划。该计划指导城市确定实施绿色基础设施的位置的优先级，确定各种绿色基础设施的做法，解决捕获的目标，确定为绿色基础设施提供资金的融资机制，为城市内部的政策变化提出建议，认可城市内部的利益相关者，以及可以共同实现这些目标的私人和非营利性社区。

绿色基础设施计划的主要重点包括学校、街道、图书馆、发展地段和工作地点的绿化。这些项目的实施将包括绿色校园项目、在街道上增加生物通道和可渗透的人行道、图书馆的绿色基础设施（例如中央图书馆中安装的绿色屋顶）以及用绿色基础设施和景观美化的人行道。该市致力于发展一支包容性的员工队伍，它与 Walnut Way 的“蓝天美化”和“密尔沃基地面工程”等组织一起创建和维护这些项目。绿色基础设施计划为密尔沃基成为一个更加绿色、更具韧性的城市奠定了基础。

（3）绿色屋顶

园林业增长最快的项目之一是绿色屋顶。绿色屋顶可以使雨水渗透和蒸发、蒸腾，并通过充当额外的隔热层来提供其他好处，例如栖息地、美观和降低能源成本。密尔沃基的屋顶绿化趋势已经开始。密尔沃基公共艺术博物馆、密尔沃基公共图书馆、罗克韦尔自动化、全球水中心、威斯康星大学淡水科学学院、阿尔维诺学院和西北互助大厦只是密尔沃基的少数建筑物，但其绿色屋顶每年可捕获数百万加仑的水，并且可以防止它进入下水道系统。

3.2.5 德国汉诺威康斯伯格生态住宅小区

1）项目概况

康斯伯格生态住宅小区位于德国萨克森州首府汉诺威市东南。该地由于地理位置优越，从 20 世纪 60 年代开始就被列为城市发展的重点地段，为此，州市政府讨论了许多规划方案，可是直到 2000 年世界博览会在汉诺威召开，才最终促成了紧邻世博会会区的康斯伯格城区规划的真正实施和完成。作为 2000 年汉诺威世界博览会的一部分，这一规划项目是由汉诺威世博会组委会、德国环境基金会和欧盟共同参与的。2000 年在德国举办的世界博览会的主题为人类—自然—技术，展示人类科技的进步以及用来保护环境的先进科技，提倡人与自然的和谐。在这个前提和《21 世纪议程》主旨下建造的康斯伯格生态住宅小区充分体现了生态居住和建造的思想，无论是在规划还是施工阶段，始终将生态化列在第一位，成为欧洲生态化居住的模范区。2001 年，在奥地利的林茨市(Linz)，汉诺威市康斯伯格生态住宅小区的设计从来自 83 个国家的 1 260 个竞争项目中脱颖而出，获得了能源节约奥斯卡大奖第二名。2002 年 11 月，在奥地利圣泼尔腾(St. Ploelten)，为表彰康斯伯格城区在能源节约、环境保护方面做出的模范性作用，规划项目主要负责人之一的汉诺威市环保局局长汉斯莫宁霍夫(Hans Moenning Hoff)获得了欧洲气候联合会颁发的“气候之星 2002 大奖”。康斯伯格的设计方案由 20 多个房产公司以及 40 多名建筑、景观设计师共同策划。生态最佳化(Ecological Optimization)是整个生态小区决定性的设计参数。实现生态最佳化的主要措施包括：贯穿整个建造过程的对生态负责的土方管理、高能效的建筑方案与相应的质量保证监测、节电方案、区域供热系统、废弃物管理理念、半天然雨水系统及饮用水节约的水概念。

2）设计策略

康斯伯格的水概念主要包括以下两个方面：半自然雨水管理系统和饮用水的节约措施。

（1）半自然雨水管理系统

半自然的雨水管理系统的目的就是使建成之后的康斯伯格的有效降水径流尽可能接近未开发时的自然状况。这种效果利用以下几种技术措施得以实现：地表明沟与地下管沟共同协作的传输系统、泄洪通道、蓄水区域、雨水收集池、排水壕沟。

雨水被导入覆盖着植被的地表明沟中并被暂存在那里。地表明沟收集到的雨水经过一层腐殖质渗透进入充斥着砾石的地下管沟中，经过过滤，最后进入排水管道排入地下水中。多余的雨水在速度被最大限度地延缓后，流经一道泄水闸进入泄水渠道，再从那里流入蓄水区域和绿化带。

地表明沟中大面积的水面促进了雨水的蒸发，起到增加空气湿度、改善生态环境的作用，同时也很好地抑制了灰尘的产生。蓄水的区域被布置得如同公园一般，宽达 35 m。这种雨水的处理系统仅少量地增加了下水道口流量和渗透量，并且使得未开发前的状况在很大程度上被保持了下来。

街道两侧的排水沟系统能在最快的时间收集街道上的降雨，公共和私人用地的雨水也同样被收集起来，这些雨水会被作为重要的景观用水再利用，而水景大大提高了环境的居住质量。

（2）饮用水的节约措施

在德国，平均每个人一天要消耗水 142 L，作为供水方，汉诺威市水务局决定将平均每人每天的饮用水用量降至 100 L。这种节约将由全面应用饮用水节水措施来达到。公寓都安装了节水型水龙头、流量限制器和流通监察装置，所有居民可从水表监督其饮用水消费量。

3.2.6 德国柏林波茨坦广场

1）项目概况

柏林是德国第一大城市，位于德国东北部，现有居民约 400 万，气候类型为温带大陆性湿润气候，全年温润多雨。波茨坦广场在历史上最初只是一处位于柏林的十字路口。后来，随着波茨坦火车站在这里建成，交通得到迅速发展，繁华一时。广场在二战中遭受到了严重的破坏。建起的柏林墙隔离开了此地曾经的繁华。现在的波茨坦广场不再是一个十字路口，而是成为一个大体量的综合交通枢纽。该广场总水域面积约 1.3 hm^2，常水位和最高水位之差为 15 cm。在高度城市化的氛围中，硬质和软质驳岸构成了 1.7 km 长的水岸线。

标志性的波茨坦广场承载着东、西柏林分裂而遗留的历史创伤。如薄纱般浅浅的流动台阶在微风拂动下，形成波光粼粼的韵律表面，为人们提供更多的亲水、戏水乐趣。此城市水环境设计使得波茨坦广场成为柏林著名的游览场所之一，并在建成十余年之后收获德国 DGNB 绿色建筑认证体系可持续城市区域设计银奖。

2）设计策略

（1）景观设计

自柏林墙被推倒之后，赫伯特·德赖赛特尔即与一英德规划团队一起参与了波茨坦广场的设计。而水作为广场开放空间主要设计主题元素自初始阶段即受到参议院和投资方的认可。首先，以水作为设计主题所能够营造出的所有可能性捕获了他们的想象力，其次这样进行设计满足生态标准的潜力也激起了他们的兴趣，如以雨水作为如厕冲水和灌溉绿色空间的水源。可以采用地下水箱收集雨水，补给广场北侧的狭小湖体、广场上大面积的主体水体以及南部水面。设计提供了建造阶段不降低地下水位且能够适当收集建筑体滑落雨水填充附近运河（Land Wehrkanal）的可行性。

应用复杂的计算机模拟进行预测，在十年间运河仅三次吸纳暴雨时增加的降水量，这样的预测是基于未封闭地块大概的排水指数。为了确保这样的情况发生，系统需要具备足够的缓冲能力。首先，设置 5 个能够容纳 2 600 m^3 水量的地下水箱，其中 900 m^3 被留作备用以应对强降雨量。水体中的固态物质首先在地下水箱中沉淀，之后通过南部和主体水面岸边的水管流出，经过生态净化群落，得到生物性和化学性的净化。另外，在常水位与高水位之间，设计中的主体水面能够提供 15 cm 高度的水量存留，这样便提供了 1 300 m^3 的缓冲蓄水能力。主体水面经过沉淀后，水质自然分层，也因此获取了下部浑浊层之上的清水资源。如果需要，也可使用工程过滤手段移除夏季水面上漂浮的藻类。

在玛琳·黛德丽广场（Marlene Dietrich Platz），水体以复杂多变的形式流向广场的最低点，具有韵律感的波形结构被创造出来。细部设计精确至厘米，由全比例的模型制作而成。之后水体在广场两侧缓缓移动，穿过线形水阶，清晰地与建筑体形态呼应。最终，水流从北部水体流入一个狭窄的水渠。该项目设置了极其复杂的设计标准，戴姆勒克莱斯勒集团（Daimler Chrysler）的代表卡尔海因茨·博恩（Karlheinz Bohn）在波茨坦广场开放之后恰当地指出"正如这一设计概念带给我们所有人迷人的景致，我们也能够非常清楚地看到如果建造人工的大水面，则需要高能耗的技术干预和化学添加物的使用。"它的实施，使水质保持很好，对于降雨也具备一定的缓冲能力，同时能够节约建筑物内部的净水消耗量。

（2）雨水利用

由于柏林市地下水位较浅，因此要求商业区建成后既不能增加地下水的补给量，也不能增加雨水的排放量，以防雨水成涝。为此，开发商对雨水利用采用了如下方案：将适宜建设绿地的建筑屋顶全部建成"绿顶"，利用绿地滞蓄雨水，一方面防止雨水径流的产生，起到防洪作用，另一方面增加雨水的蒸发，起到增加空气湿度、改善生态环境的作用；对不宜建设绿地的屋顶，或者"绿顶"消化不了的剩余雨水，将通过专门的已带有一定过滤作用的雨漏管道进入地下总蓄水池，再经水泵与地面人工湖和水景观相连，形成雨水循环系统。而地下总蓄水池又设有水质自动监测系统和雨水处理系统。由于柏林整个大环境很好，雨水干净，所以，一些流下来的雨水水质经过前期过滤后已经达标，可直接进入雨水循环系统；如果水质不达标，则自动进入雨水处理系统，经处理后再进入雨水循环系统。

波茨坦广场的水景观由 3 部分组成：

① 索尼中心大楼前带有喷泉的水景观。小孩子尤其喜欢来这里观看喷泉水柱四溅。

② 戴-克公司总部大楼前的人工湖。湖内鸳鸯戏水、金鱼游动，路过的游人无不流连歇足。

③ 柏林电影节"电影宫"前的阶梯状水流。水流上与人工湖、下与水泵相连。

作为世界上雨水利用最先进的国家之一，德国的雨水用途很广泛。除了上述建造水景观和改善环境外，雨水还被广泛用于冲刷厕所、洗涤衣服、浇灌花园草地及作为部分工业用水、空调冷却用水、清洁道路等。戴-克公司总部大楼的工作人员告诉记者，该大楼就用雨水来冲刷厕所，并用于空调冷却系统。此外，在德国众多城市，尤其是市中心的街道，人们经常看到一些水沿着街道两侧的明沟，从高处流向低处。这是雨水利用的又一典范。城市街道建设明沟，花费不大，既冲洗了街道，又收集了雨水，一举多得。而收集到的雨水进入蓄水池进行再处理后，就可以被用来冲刷厕所、浇灌花园草地等。

德国水资源充沛，不存在缺水问题，但为了维持良好的水环境，德国制定了严格的法律、法规和规定，要求对污水进行治理，同时还要求对雨水进行收集利用，并投入大量人力与资金开展雨水利用的研究与应用。德国这样的做法很值得借鉴和学习。

3.2.7 荷兰鹿特丹雨水广场

1）项目概况

鹿特丹是荷兰第二大城市，不仅仅是个港口，也是现代设计与时尚建筑的舞台。荷兰的建筑与建筑师在世界建筑中扮演着重要的角色，而鹿特丹的现代化的桥梁、立体方块屋、博物馆公园旁的高楼大厦，犹如一座现代建筑的露天博物馆，因而享有"现代建筑学教科书"的美誉。流行的设计商店、大胆前卫的设计师、独特的表演艺术手法令它有着欧洲其他港口城市所不具备的时尚和创新魅力。荷兰人围海造田世界闻名，如今又在应对洪涝灾害中想出妙招，他们的治水本领的确令人钦佩。

特殊的自然地理条件使鹿特丹经常面临着海水倒灌、洪水泛滥的威胁。近年来，随着极端灾害性天气的频频出现，许多城市频繁遭遇强暴雨袭击，城市排水系统难以负担突如其来的大量雨水，导致短时间内雨水无法排走。对于像鹿特丹这样地处海平面以下的城市来说，问题尤为突出。为了解决这一问题，荷兰的城市规划师与工程师制定了一套"水规划”，通过景观与工程相结合的统筹途径，将城市内有效蓄水与公共空间结合起来，进而发展出包括下沉广场、灵活的街道断面、水气球，以及拦截坡面的坝等多个公共空间原型(Prototype)，可以根据具体环境的尺度、空间的使用、储存雨水的能力要求应用于不同的地点。鹿特丹雨水广场就是在这一“水规划”指导下具体实施的诸多原型之一。

2）设计策略

(1) 设计理念

鹿特丹平均每年有300天都在下雨，全球气候变暖给鹿特丹带来了更为频繁的降雨，同时，降水量也越来越大，到了2015年，鹿特丹会有多达6亿L的降水量需要向外排出，这相当于200个可以举办奥林匹克游泳比赛的泳池的储水量，覆盖的面积刚好是鹿特丹的市区面积。在人口密度高的市中心区域，已经无法用挖渠引水的传统方法，于是，大胆思考、敢于创新的鹿特丹人提出了“水广场”的创想。“水广场”平时可供人们聚会、玩耍、运动，下雨时可收集雨水，雨水还可转换成城市景观。

(2) 给排水系统

广场主要有两部分：运动场和山形游乐设施。运动场相对于地平面下沉了1 m，周围是人们可以用来观看比赛的台阶。山形游乐设施由多个处于不同水平面的可坐、可玩、可憩的空间组成。广场的周边由草地与乔木围合而成。大多数时候(几乎一年里90%的时间)，雨水广场是一个干爽的休闲空间。

即便在常规的雨季里，广场仍保持干燥，雨水将渗入土壤或被泵入排水系统。只有当遭遇强降雨时，广场才会一改其通常的面貌和功能，成为暂时储存雨水的设施。收集的雨水将从特定的入水口流入广场的中央，并且水流动过程可见可听。设计还确保广场被淹没是个循序渐进的过程，短时间的暴雨只会淹没雨水广场的一部分。此时，雨水将汇成溪流与小池，孩子们可以在其间戏水游乐。之后，雨水将在广场里停留若干小时，直到城市的水系统恢复正常。

若暴雨延长，雨水广场将逐渐浸泛，直到运动场被淹没，广场名副其实成为一个蓄水池。在这种情况下，那些大胆而不怕湿身的人会去享受雨水广场的乐趣。广场设计容量可以容纳最多1 000 m^3该社区范围内的暴雨。根据雨洪的大小，雨水一般并不会在广场里储存太久，最长是32 h，这种情形理论上两年才会发生一次，所以应该不会产生卫生问题，即便是在夏天。

(3) 水广场设计

为了让孩子们安全地在水中游戏，卫生是一个很重要的议题。雨水广场并不是一个污水处理设施，因此从公共空间和屋顶收集到一起的雨水将首先汇入一个“水匣子”，在此得到过滤。然后逐步流入并储存在广场里，直到可以被排至附近的水体。这样一来，可以避免目前污水溢流至沟渠和运河造成二次污染的现象。这一设施的另一个优点是干净的小水潭可以供孩子们在夏天玩耍，也可以在冬天结冰时注水形成溜冰场。这些设施若按常规建造将十分昂贵，但由于雨水广场为了执行雨水缓冲功能已经安装了必需的工程设施，所以以上的游戏功能将轻松实现，无须追加更多额外的投入。

另一个议题是当雨水广场注满水时的安全问题。为此,设计师采用一套结合公共空间美学的警示系统,这套系统通过色码灯对水深做出指示。不同颜色的灯标识雨水广场不同的标高(颜色从黄转为橙最后再到红色)。水位越高将出现越多的红灯。此外,简单的边界护栏可以防止年纪较小的儿童进入注满水的广场。

通过景观途径将公共空间与储存雨水相结合,平时这些空间所行使的功能和其他公共空间没有什么两样,但在暴雨时,这些空间却可以被用来暂时储存雨水。因此,许许多多这样的雨水广场在成为城市独特风景线的同时,又起到缓冲雨水、改善城市水质的目的。同时,花在地下排水基础设施上的钱可以用来建造更好的城市公共空间,可谓一举多得。

3.2.8 美国宾夕法尼亚大学休梅克绿地

1）项目概况

休梅克绿地是一处占地 1.11 hm^2 的公共绿地,位于宾夕法尼亚大学历史上著名田径运动场的中心区。该项目将校园中一片未得到充分利用的荒废角落改造成了一块高效多功能的绿地,在这里,人与自然、历史与当代和谐完美地融会到一起。整块绿地是宾夕法尼亚大学东西方向主体步行系统的重要组成部分,它将校园中心区与田径运动场连接起来,同时也是宾夕法尼亚大学校区向东扩建的重点区域。在该场地的边缘是宾夕法尼亚大学最具标志性的体育设施:菲尔德豪斯体育场和富兰克林运动场,休梅克绿地成了这两大历史性建筑设施的前庭空间。该项目为可持续性校园设计树立了标杆,同时获得了可持续场地倡议组织的二星荣誉。

该绿地由中央半圆形草坪和一个大型雨水花园组成,其边缘由精细石材修筑而成的挡土墙和几条雅致曲折的人行道所环绕。通过对宾夕法尼亚大学传统景观材料及设计方法的沿用,这块绿地自然地融入原有的校园环境系统中,使之具有现代感,并且实现了有效扩展。大型多层花岗岩坐墙为绿地提供了坐歇设施,绿地上种植着几株刺槐树,为在此休息的人们平添了几分舒适与惬意。其间摆放的咖啡桌椅和具有宾夕法尼亚大学校园特色休闲长椅,为人们提供了一个灵活的多功能公共聚集空间。高效节能的照明设计为休梅克绿地的夜间安全提供了保障,在这些柔和灯光的照射下,校园中的历史建筑别有一番韵味,提升了整个绿地空间的文化及历史内涵。

2）设计策略

休梅克绿地设计基于一种系统化设计思路,将自然生态系统——土壤、植物、昆虫、鸟类、人类与人工营造系统——建筑构件和基础设施,共同组合成为一个功能型景观整体。采取双管齐下的有效方法,对场地内的雨水进行系统管理。其中的首要策略就是将雨水径流传送至一个包含人工设计土壤层和栽植各类原生植物的大型双层式雨水花园中。与此同时,还对雨水进行净化和蓄存,最终用以园林灌溉。休梅克绿地的建造为生活在都市喧嚣中的费城人提供了暂时休憩的闲暇之所,这里的多重绿化体验令市民们沉浸在大自然的美好之中。

此外,其从项目场地及毗邻建筑中收集雨水径流及空调冷凝水,并将其释放到主体绿地下方的土壤层中。这些水源在经过工人设计的土壤层时会得以有效过滤，并渗入绿地下方设置的大型蓄水台中。原有网球场中很大一部分空间得以留存，并置于现有绿地下方，以协同地下大型蓄水台的有效运作。地下蓄水台的所有水源都经由地下排水系统传送到另一个大型蓄水池中进行蓄存，并得以再利用，用于滋养土壤、灌溉植被。一旦遭遇特大暴雨，上述系统就会处于满负荷运作状态，否则雨水将流入原有市政下水道设施中。该项设计有效避免了绿地及周边校园区域出现严重积水的问题。

3.3　国内城市海绵绿地建设相关理念

3.3.1　海绵城市

气候变化的不确定性带来暴雨洪水频发、洪峰洪量加大等风险，导致每年夏季内涝多发；快速城镇化也带来了水资源过度开发、水质严重污染和水资源严重紧缺等城市生态环境问题。所以海绵城市的建设需要考虑不同的地理环境特征和空间格局；统筹降水、地表水和地下水的系统性；协调水循环利用，考虑其复杂性、多样性和长期性。

在建设方面，海绵城市建设的本质需求是转变城市建设的观念，将传统式的城市建设思路变为生态可持续的方式，即与自然环境资源协调发展的模式。相对于工业文明时期对自然无休止的改造、利用和破坏，海绵时代讲求顺应自然、与自然为友的低影响发展建设模式，以人为本、与人和谐相处是关键，实现人与自然、土地、水环境、水循环、水生态的协调发展是海绵城市建设的重要发展目标。相对于粗放式的城市建设，海绵城市的建设是低碳低影响的。细节上而言，海绵城市改变了原有城市地表径流堵塞的现状，使得城市的地表径流能经过海绵体的作用，成功实现雨水的渗透、滞留、储蓄、净化、利用、排放。

海绵城市的目标是让城市“弹性适应”环境变化与自然灾害。保护原有水生态系统，通过科学合理划定城市的“蓝线”“绿线”等开发边界和保护区域，最大限度地保护原有湿地生态，维持城市开发前的自然水文特征。

恢复被破坏水生态。修复传统粗放城市建设模式下已经受到破坏的城市绿地、水体、湿地等，运用物理、生物和生态等各学科的知识与技术手段，恢复和修复其水文循环特征和生态功能，丰富城市生态多样性。我国很多地方结合点源污水治理的同时推行“河长制”，治理水污染、改善水生态，起到了很好的效果。

推行 LID。在城市开发建设过程中，合理控制开发强度，减少对城市原有水生态环境的破坏。留足生态用地，适当开挖河湖沟渠，增加水域面积。此外，从建筑设计开始，全面采用屋顶绿化、可渗透的路面、人工湿地等促进雨水积存净化。通过各种低影响措施及其系统组合有效减少地表水径流量，减轻暴雨对城市运行的影响。

总体来说，海绵城市的建设主要包括 3 方面内容：

(1) 保护原有生态系统；

(2) 恢复和修复受破坏的水体及其他自然环境；

(3) 运用LID措施建设城市生态环境。

海绵城市技术的基础设施除了自然河流、湖泊、林地等外，城市绿地也受到高度重视。在满足绿地功能的前提下，通过绿地的LID控制目标和指标、规模与布局方式、与周边汇水区有效衔接模式、植物及优化管理技术等，可以显著提高城市绿地对雨水的管控能力。

海绵城市建设模式应多元化。特别是在一个热点的兴起时期，盲目模仿国外实践案例去建设绿地、湿地等基础设施会缺乏自己的特色。宏观上“全流域-区域水系-河湖水系-湿地生态系统连接”是关键，微观上“区域空间-水生态系统-土地利用-景观格局-自然生态”也是必不可少的。

此外，海绵城市建设应考虑水生态格局以及生态系统对人类的服务功效，实施相应的生态规划、设计和建设措施，发展“因地制宜”“源头控制”“以自然为本”的建设模式，体现生态安全与保障、生态景观和文化共同发展的生态城市内涵和要求。

3.3.2 韧性城市

随着城市化的发展，城市下垫面改变，生态储水空间退缩，河道从蜿蜒曲折的状态转变为钢筋水泥式的僵直，传统以抵抗为主的河流防洪措施，以堤、坝、渠化为主的防洪工程建设固化了河流的防洪线和生态线，蓝绿空间难以扩展，城市缺乏韧性，加剧了水危机，压榨了水承载空间，损害了生态系统，使得河流丧失了生态弹性。

1973年，加拿大生态学家Holling首次提出“生态韧性”的概念，具有面对外来冲击，并在危机时能化解并维持其主要功能运转。此后，这一概念被引入城市领域，联动生态、社会和城市规划多学科，成为面对未来城市发展的不确定性风险，探索城市环境中的动态适应性的策略。韧性城市强调了城市的自然连通性，把外界冲击当成自然动态变化的过程。而城市与自然的连通在于利用城市水系提供的媒介与自然搭建关系平台，其内涵在于通过城市绿色基础设施的建设，将人工建设工程和自然连接。韧性城市的重要原则是自然法原则，即城市建设尊重自然发展的规律，顺应自然之间的能量循环的规律，通过绿色基础设施的建设使得自然生态环境得到修复。

“韧性”的观点包含三种，工程韧性、生态系统韧性、社会-生态韧性。韧性城市研究的重点包含如下两个层面的内涵：第一，现代城市为代表的社会生态系统应对冲击、扰动(包括自然灾害和人为因素，还包括一些缓速的、不确定的扰动过程)后恢复的能力，并非“变形”而是“恢复反弹”的变化过程；第二，韧性城市不仅针对城市雨洪和水循环的问题，而且强调生态、经济、工程和社会多要素、多学科之间协调，从而具备整体韧性的全局系统。

在河流韧性方面，针对洪水的防治措施由“防御”转化为“适应”，不再是抵抗洪水的思路，而是与水为友；城市雨水管理的模式由“安全抵御洪水”向“在洪水中安全”转变；人们从应对洪水的经验中，意识到河流安全和城市发展休戚与共。国内众多学者普遍认同河流廊道的生态韧性，提出水利设施的建设不应仅仅是功能性和工程性的，更应当与城市景观结合，利用非工程性的手段将“灾害抵抗”转变为“调和共生”；提出应用自然泛洪区的概念来建设城市韧性，设立“可泛洪土地”“可浸润百分比”等指标评估城市的雨洪韧性。

在滨水环境建设方面，以水系统韧性为引导，开展了河岸软化、恢复河漫滩和湿地转化为雨洪公园的实践；转变传统的水岸、水利的建设路径，变为生态堤岸和滨水生态绿地；传统的水域建设扩展到水陆复合区域或者更大的城市范围，打造以水为廊道的城市绿地系统体系，串起每个城市的"绿翡翠项链"。

3.3.3 山水城市

"山水城市"这一概念是钱学森先生在1990年提出的，它融合了中国古代山水诗词、山水画以及古典园林，根植于中国古典传统文化和历史，蕴含"天人合一"的哲学思想和古典园林的艺术精华。

"山水城市"不应简单地理解为有山有水的城市，它是具有山水物质空间、形态环境和精神内涵的理想城市，应该有中国独特的文化风格与底蕴。钱学森先生曾说过："为祖国有这一独创的艺术部门而感到骄傲。要研究、发掘中国传统文化，中国的山水城市应该有深邃的文化内涵，要有诗情、画意，园林情、建筑意。这是东方文化特色所在，是中华文化的精髓。"

"山水城市"理念在于构建一种理想栖境，完美处理人与自然的关系。山水城市的构想思路是以大自然环境为出发点，考虑环境承载量，钱学森先生认为，规划、设计、建设的对象不应仅仅局限于道路、建筑物等硬件，而应该是包括人、植物、动物、气候等软件的复杂系统。在当今看来，"山水城市"是融合了"可持续发展观""生态学"等知识的体系。

山水城市环境模式的要求高于一般城市，山水城市既是生态模式也是人文模式，其目的在于充分发挥自然潜力和人的创造力，在城市建设中对自然的破坏降到最小，从而达到以最小成本为人类创造最大的利益。城市建设中讲究营建城市与自然山水、整体环境的有机结合，而不能孤立对待城市中各物质与精神要素，不能仅以一座城标、一座建筑论美，必须提升到整体素质与自然特色。

3.3.4 节约型园林

在党的十六届三中全会提出建设资源节约型、环境友好型社会战略发展的指导下，住建部提出建设"节约型园林"的号召，"城市园林绿化工作要遵循资源节约型、环境友好型的发展道路，就必须以最少的用地、最少的用水、最少的资金投入、选择对周围生态环境最少干扰的绿化模式，以因地制宜为基本准则，为城市居民提供最高效的生态保障系统。"

节约型园林旨在引导园林建设的方向，促进园林行业可持续的发展。节约型园林的建设是构建"节约型社会"的重要内容，是促进可持续发展的举措。节约型园林的建设不是单纯对园林建设投入的量化规定，其本质是应对对资源无限制掠夺以及对自然生态系统无休止破坏的行为，应对新时代节约型社会的号召。节约型园林内涵包含了三个方面：最大限度地节约自然资源与能源，提高利用率；最大限度地发挥园林绿地的生态环境效益；以最小的投入，获得最大的生态、环境和社会效益。

1）节约资源和能源

在园林绿地的规划、设计、施工、养护和运营环节中，实现资源的合理配置，坚持合理利用以及经济循环等原则，最大限度地节约各种资源，提高资源利用率并减少能量的消耗，创造最佳的人居环境。

2）改善生态与环境

借助园林绿地的建设完善城市生态系统，充分发挥绿地在维持碳氧平衡、蓄水保水、调节温湿、滞尘减污、防风减噪等方面的积极作用，维护城市生态平衡、改善城市环境。

3）促进人与自然的和谐

在园林绿地建设中以“阐述自然观”为主体文化，讲求尊重自然规律、顺应自然的发展，展示自然的美丽。营造适当的“自然”空间与场所，加深人们对自然的认知，提高群众的可持续意识，引导人们的行为偏向于对自然的积极保护和合理利用。

在节水型园林建设方面，既要反对破坏自然环境的围湖造园的行为，也要反对不顾资源条件的人工挖湖行为。讲求“开源节流”，一方面治理水体污染并回补地下水，提高雨水的利用率和再生水的回用率，提高可利用水资源总量；另一方面在水景营造、水运输、水灌溉环节减少水资源的消耗，从细节到系统各方面把握水的可持续利用与发展。

在水利用方面，节约型园林讲求利用先进的节水技术，全面建设节水集水型绿地。推广节水灌溉方式，采用喷灌、滴灌、微灌、地下滴灌等，将现代园林的灌溉方式转变为节水型灌溉行为；充分利用非常规水，包含污水的处理回用、雨水的储存利用。

3.4 国内城市海绵绿地建设实践案例

当前，海绵城市建设实践如火如荼，海绵理念不断输入城市的绿地规划设计中，北京奥林匹克公园、深圳光明新区、六盘水明湖湿地公园、上海世博会城市最佳实践区、镇江金山湖地区、东莞万科建研中心等成功实践案例不断涌现。

3.4.1 衢州鹿鸣公园

1）项目概况

衢州鹿鸣公园位于衢州市西区石梁溪西岸，处于新城市中心的核心地段，总占地面积约为 21 km^2。整个公园采用木头栈道、透水砺石路、硅砂滤水路和古今驿道等多种透水性较好的绿道，道路底部采用蜂窝式多重结构滤水，净化后的雨水回流河道或坑塘。设计阶段有序整理了多个天然排水通道，雨水经流绿地、坑塘等滞蓄净化后排入石梁溪，水质得到保证，同时储备了水资源，解决了公园干旱时期绿化灌溉问题。该项目建成后赢得市民的一致认可，达到了小雨不积水、大雨不内涝、水体不黑臭的效果。

2）设计策略

项目的整体构思为在利用山水格局和自然植被的基础上，通过人工林带和步行网络的“框定”，实现对景观的改造。项目中运用的理念包括“与洪水为友”“都市农业”“最小干预”等，在利用山水格局和自然植被的基础上，通过栈道系统构建的游憩网络来连接山水和植被并实现景观的改造。同时，将场地原有的景观基地及自然生境完整保留，如红砂岩体、自然植被(包括野草和灌丛)、农田水系、河岸树木等。

3.4.2 长沙中航“山水间”公园

1) 项目概况

场地是高密度住宅围合而成的公共空间,本身标高比四周低,有大片的原有山林和一个池塘。设计方案在尽量保护植被和满足人们使用要求的基础上,巧妙地将雨洪管理系统融入场地,在使用生态手段处理雨洪的同时,使人们可以与这个系统进行互动。

2) 设计策略

项目在“生态性”方面设计了一套雨洪管理系统,综合应用诸如滞留池和雨水花园等措施,使得雨水资源能够基本满足全园景观用水的需求,并在水量和水质两方面对流经全园的暴雨水径流进行了管理和改善。“山水间”社区公园雨水循环利用系统包括主动式和被动式两类。主动式循环系统首先通过地下蓄水设施收集来自汇水区的地表径流,先后流入雨水花园(Rain Garden)和滞留池(Retention Pond)中,再通过循环设施循环流动。

鱼塘被改造为一个生态滞留池,池内种植多种具有根系净化功能的水生植物,从而达到净化水体的目的。在山脚处设置集水沟,将山体上的地表径流收集到一个蓄水池中,蓄水池中的雨水溢流入雨水花园A进行净化,并最终流入生态滞留池。在阿基米德花园中设置了螺旋形取水器,滞留池中的雨水可以被抽到观察水渠中,并最终进入雨水花园B中进行净化。水被抽起和流经观察水渠的过程与人产生了互动,达到了使人们近距离参与雨洪管理的目的。生态滞留池尽端的蓄水池可以储存从水池中溢流出的雨水,在旱季需要给生态滞留池补水时,蓄水池中的存水会被水泵打入山脚下方的蓄水池,进行净水和补水。

“山水间”社区公园力图使雨水资源作为全园景观用水的主要来源,在分析场地土壤、植栽和地表不透水状况及梳理近10年来场地单场降雨数据后,对项目提出切实可行的目标,即蓄积的水量需可满足场地长达3个月无雨量补给情况下的景观用水需求。

3.4.3 东莞万科建研中心

1) 项目概况

万科建研项目研究和探索预制混凝土技术在景观设计中应用的可能性和潜力,研究国际、国内相关技术案例提出切实可行的能反映预制混凝土技术优势的景观设计策略,营造具有展示和示范作用的景观。该项目最重要的是要探索如何将景观的艺术性与生态性结合起来,使生态景观成为可供欣赏、教育和参与的场所。因此,该项目是动态的,并可进行观察、修改。要摸索出一套适宜于中国当前技术、经济状况的低能耗生态景观设计手段。

2) 设计策略

该项目采用景观生态水循环处理系统,采用多种手法对雨水进行处理,尽可能地增加水分下渗量,将水保留在场地内,创造一个稳定的水生态环境。

(1) 景观生态设计材料与手法的实验与应用(波纹花园)

一种是波形地表,波形地表的草坪将吸收部分雨水来减少雨水的流量,而波形场地波的坡度能在一个开放的场地内控制,以期实现最适宜的雨水流量控制。另一种是多种材质结合的波形花园,波形花园内方形的场地中设置了两个同心的四分之一圆形,圆形中分同心环,不同的环间填充不同的材质作基质,以测得不同时段时最宜渗透率。在每个环端部设有填充了碎石的小渠,来储存流出基质的水。

(2) 景观生态水循环处理系统的展开与演示(风车花园)

利用风车动能将雨季蓄积的蓄水池的雨水提升到 8 m 高的屋顶,再经过重力作用,逐层经过台阶式绿地、集水池,增加了雨水的蒸发量,同时净化了雨水。

3) 预制混凝土模块的研发与应用(连廊)

与一般混凝土不同,这种预制混凝土具有很强的透水能力,能够在雨季增加雨水的下渗量。

3.4.4 清华大学胜因院

1) 项目概况

清华大学胜因院是较为成功的老旧居住区雨水收集利用改造工程。胜因院始建于 1946 年,曾有多位知名教授居住于此,人文气息浓厚,是清华大学近现代教师住宅群之一。60 多年来,周围现代校园的建设致使该地因周围地势的抬高而成为低洼地,加之缺乏市政排水设施,在雨季,易形成严重的区域内涝,严重影响了人们的出行,也加深了这里老旧建筑的损坏程度。

该项目共占地 9 640 m^2。对这一颇具历史文化价值的地区进行景观环境改造,需将历史保护、景观营造与解决雨洪内涝问题结合在一起。紧密围绕区域特点,以纪念、教育、雨水管控为核心主题,景观设计主要是空间中的次要位置。完成后的景观不但实现了对区域雨水的良好管控,同时配合建筑主体,围绕胜因院的遗留建筑营造出文化氛围。

根据清华大学校园总体规划,胜因院被列入清华历史名人故居群。其改造需保持原有建筑外观和院落布局,内部可根据使用功能进行更新。2011 年清华百年校庆后,胜因院被规划为人文社科科研办公区,为胜因院的保护与有机更新提供了契机。

鉴于胜因院的历史价值,改造方案征求了多位老先生和专家的意见,也进行了多方案比较。最终确定的改造方案,首要目标是挖掘场地气质,延续原有的人性化生活空间尺度,体现胜因院及清华校园历史氛围,同时满足新使用功能的需求,而这些均以妥善解决雨洪内涝问题为基础。设计团队深入研究了校园及场地历史和风貌变迁,综合专家建议和现状情况,提出了胜因院景观环境改造的总体定位:

(1) 清华校园历史教育场所和纪念空间。强调胜因院作为清华园近现代建筑遗产及整体历史风貌的重要组成部分,具有纪念校史、缅怀先贤之价值。

(2) 具有清华特色的科研办公区。经过对历史建筑的保护性修复和景观环境改造,使这一片历史名人故居群转变为具有清华特色的人文社科科研办公区。

(3)“绿色大学”示范场所。将“雨洪管理”融入胜因院景观营造,发挥雨洪调蓄、缓解内涝等作用,成为清华建设“绿色大学”的示范与环境教育场地。

2) 设计策略

设计方案分析计算了降水、产流、汇流、入渗、排水与竖向、土壤等,利用相应的雨水管理技术,与场地文脉、空间序列、功能、形式、植物、活动设计相结合,最终确定设立 6 处雨水花园,通过高差关系,合理安排溢流口,以旱渠、植草沟相连接,形成联动系统。

雨水花园在该空间中可以明显地削减区域雨水径流量、蓄积雨水减缓内涝、处理面源污染,同时其形式的灵活性,可以更好地与周边建筑进行结合,通过多种元素的组合设计体现主题。在每个雨水花园的具体设计中,设置 2～3 个溢流口,底部铺设鹅卵石以减轻雨水的冲刷。边缘主要采用石笼围合,既经济环保,又可以对雨水实现良好的过滤、渗透功能,而且石笼缝隙中的土壤填充可以自然生长植物,减少人为建设的感觉,使之更加自然化,提高了景观的生态效果和景观效果。整个景观还兼具教育功能,通过设置科普展示系统和活动平台等方式,让人们更明晰地了解雨水收集利用的过程,起到示范教育的作用。整个设计最终塑造出了预计的场所精神,体现了场地的历史,激发了场地的活力。多功能结合的基础设施设计也为以后的雨水收集利用与景观创新性的结合提供了借鉴和参考。

3.4.5　五水共治:浦阳江生态廊道

1) 项目概况

一条退化的河流走廊在生态上得到了恢复,变成了一条郁郁葱葱的高效绿色通道,重新连接了人类和自然,弥补了当地社区几十年来由于无序的发展,遭受的环境恶化的痛苦。

浦江是中国东部的一个小城市,位于浦阳江旁的一个富饶的小盆地。在将近两千年的时间里,这个城市和它的农业邻近地区一直生活在伊甸园般的天堂里。但在过去的四十年里,这种平静与和谐被无情而快速的工业化和城市化所打破:浦阳江及其支流被严重污染,河道被疏通,河床变成了采砂场。这条河变成了垃圾场,曾经是社区骄傲和纽带的河流,现在成了丑陋、恶臭和危险的敌人,事实上,它被列为省级地区最严重的案例,并最终给了这个城市一个不光彩的身份。2014 年初,当地政府启动了一项改善城市整体人居环境的行动,并以浦阳江为试点项目,为全市和省级区域树立典范。通过竞争,景观设计师被选中并被委托将退化的河流廊道改造成绿色通道,拥有清洁的水、健康的生态,以及一条活跃的日常娱乐走廊,连接社区,带回母亲河的美丽和尊严。

2) 设计策略

(1) 湿地净化系统构建及水生态修复策略

在本次研究范围内共有 17 条支流汇聚到浦阳江,规划提出以完善的湿地净化系统截留支流水系,将支流受污染的水体通过加强型人工湿地净化后再排入浦阳江。设计后湿地水域面积约为 29.4 hm^2,以湿地为结构、发挥水体净化功效并提供市民游憩的湿地公园的总面积达 166 hm^2,占生态廊道总面积的 84%。其中具有较强水体净化功效的大型湿地斑块包括:上游段生态改造的翠湖湿地公园(石马溪)、运动公园湿地净化斑块(黄龙溪)、湖山桥湿地净化斑块(桃源溪)、冯村污水处理厂尾水湿地净化公园、彭村湿地净化斑块(五溪)、第二医院湿地净化斑块(和平溪)以及下游的三江口湿地净化斑块(义乌溪)。各斑块设置在对应支流与浦阳江的交汇处,将原来直接排水入江的方式改变为引水入湿地,增加了水体在湿地中的净化停留时间。同时拓宽的湿地大大加强了河道应对洪水的弹性,精心设计的景观设施将生态基底点石成金,使生态廊道成功融入人们的日常生活当中。通过水晶产业的整治和转型,结合有效的生态净化系统构建,浦阳江目前的水质得到提升,从连续的劣Ⅴ类水达到现在的地表Ⅲ类水,并且逐步趋于稳定。

(2) 与洪水相适应的海绵弹性系统策略

设计运用海绵城市理念,通过增加一系列不同级别的滞留湿地来缓解洪水的压力。据统计,实施完成的滞留湿地增加蓄水量约 290 万 m^3,按照可淹没 50 cm 设计计算则可增加蓄洪量约 150 万 m^3,这一方面大大降低了河道及周边场地的洪涝压力,另一方面蓄存的水体资源可以在旱季补充地下水,以及作为植被浇灌和景观环境用水。原本硬化的河道堤岸被生态化改造,经过改造的河堤长度超过 3 400 m。硬化的堤面首先被破碎并种植深根性的乔木和地被,废弃的混凝土块就地做抛石护坡,实现材料的废物再利用。迎水面的平台和栈道均选用耐水冲刷和有抗腐蚀性的材料,包括彩色透水混凝土和部分石材。滨水栈道选用架空式构造设计,在尽量减少对河道行洪功能阻碍的同时又能满足两栖类生物的栖息和自由迁移。

(3) 低投入、低维护的景观最小干预策略

浦阳江两岸枫杨林茂密,设计采用最小投入的低干预景观策略最大限度地保留了这些乡土植被,结合廊道周边用地情况以及针灸式的景观介入手法,充分结合场地良好的自然风貌将人工景观巧妙地融入自然当中。设计长度约 25 km 的自行车道系统大部分利用了原有堤顶道路,以减少对堤上植被造成破坏;所有步行栈道都由设计师在现场定位完成,力求保留滩地上的每一棵枫杨,并与之呼应形成一种灵动的景观游憩体验。新设计的植被群落严格选取当地的乡土品种,乔木类包括枫杨、水杉、落羽杉、杨树、乌桕、湿地松、黄山栾树、无患子、榉树等,选用部分当地果树包括杨梅、柿子、樱桃、枇杷、桃树、梨树和果桑等。地被主要选择生命力旺盛并有巩固河堤功效的草本植被,包括西叶芒、九节芒、芦苇、芦竹、狼尾草、蒲苇、麦冬、吉祥草、水葱、再力花、千屈菜、荷花,以及价格低廉、易维护的撒播野花组合。

(4) 水利遗迹保护与再利用策略

场地内现存大量水利灌溉设施,包括浦阳江上 7 处堰坝、8 组灌溉泵房以及一组具有鲜明时代特色的引水灌溉渠、跨江渡槽。设计保留并改造了这些水利设施,通过巧妙的设计在保留传统功能的前提下转变为宜人的游憩设施。经过对渡槽的安全评估以及结构优化,设计将其与步行桥梁结合起来,通过对凿山而建的引水渠的改造形成连续、别具一格的水利遗产体验廊道。该体验廊道建成后长度约 1.3 km,是最小干预设计手法运用的成功体现。设计在原有渠道基础上架设轻巧的钢结构龙骨并铺设了宜人的防腐木,通透的安全栏杆和外挑的观景平台与场地上高耸的水杉林相得益彰。被保留的堰坝和泵房经过简单修

饰成为场地中景观视线的焦点，新设计的栈道与其遥相呼应形成该项目中特有的新乡土景观。通过运用保护与再利用的设计策略，本项目留住了乡愁记忆，也保留了场地上的时代烙印，让人们在休闲游憩的同时感受艺术与教育的价值意义。

3.4.6　宁波生态走廊——从棕地到公园

1）项目概况

宁波位于长江三角洲生态区的南部。自古以来，这里河道纵横，广阔的土地被河岸林、芦苇沼泽和农田所占据着。然而，在高速城市化发展的压力之下，生态走廊区内的运河被转作工业用途，同时又缺乏有效的分区和对污染的控制，种种因素结合在一起，在 20 世纪末，这里水质已严重恶化。设计团队深知湿地和水生生境对这片生态区意义重大，因此尽其所能针对地域特点进行干预，恢复湿地的做法不仅符合新时代的生态意识，同时也具有历史和文化意义。

在生态走廊的一期设计中，景观团队将雨洪管理和生态功能与公园独特的游憩空间相结合，让运河的旧日重现。对于土壤、水和植被多层次的精心设计为居民提供了兼具休闲娱乐和教育教学功能的场所，在社区与运河间建立起紧密的联系，同时也在城市环境中创造了数个生态栖息地。

2）设计策略

（1）地形

周边开发地区挖出的多余土方被二次利用，在生态走廊区内塑造出起伏的山丘河谷。踏石小道顺着缓坡微微起伏，穿过雨水花园。这些精心排布的地形为雨洪管理奠定了基础。悬空的栈道让城市地表径流可以毫无阻碍地流入绿地，层层过滤深入地下。水生植物园在缓解暴雨引发的洪涝灾害的同时，维护了生物的多样性。

（2）水文

现存的缺乏系统规划的不连贯、断头运河系统将不复存在，取而代之的是一系列能够辅助重建原生生态系统、自由流淌的小溪、河流、池塘与沼泽。新建成的河道可以改善运河水质，让其达到生态修复和休闲娱乐所需的水质要求。

（3）滨河生态栖息地改造

现存的不透水垂直河岸将被平缓的种植河岸所取代。繁茂生长的植被成为一道绿意融融的缓冲带，为水生生物提供栖息地，同时也一点点净化运河以及雨水径流中的污染物。或立或倒的树木作为野生动物栖息地结构散布在河道的两侧，带来多样化的栖息环境和物种群落。

理论篇

第4章

绿色雨水基础设施理论

4.1 绿色基础设施的概念与内涵

4.1.1 绿色基础设施的概念

快速城市化进程导致诸多问题，人类活动与生态环境之间的矛盾也越来越尖锐，因此，发达国家很早便开始了关于城市生态环境与城市基础设施之间的探索。20世纪末，通过大量的研究和实践，发达国家逐渐认识到自然系统与灰色基础设施几乎是同等重要的。通过保护、修复真实自然系统或规划设计模拟自然系统，能够实现维持自然生态进程、保障空气和水资源、保护人类身体及生活质量等目标。基于对自然系统的认知革新，研究者们相继提出了各种生态保护理念，如生态基础设施、绿色技术设施、生态网络等。虽然定义有所不同，但其本质都趋向于构建新型基础设施理论。

绿色基础设施(Green Infrastructure，GI)理论具有较长的历史，国外最早的绿色基础设施的雏形，是1858年由美国著名的规划师与风景园林师弗雷德里克·劳·奥姆斯特德设计的美国纽约中央公园。经过较长时间的实践，绿色基础设施突破了景观设计的狭隘范畴，在各项领域中得到了较为广泛的实践和应用。

美国环保局(EPA)对绿色基础设施进行了定义，指出绿色基础设施是运用自然生态系统或模拟人工生态系统所形成的产品、技术和措施，从而保证区域的环境质量并为其提供有效的服务。二十世纪八九十年代，美国马里兰州自然资源和生态系统委员将绿色基础设施定义为"自然和人文景观保护区域在全州范围内的网络"。美国佛罗里达州土地征购和管理咨询委员会提出的定义则为"对自然区域及其生态功能形成完整保护模式的标准，以更好地实现保护物种栖息地并充分获取多种生态系统所带来的多种利益"。实施绿色基础设施有助于保护土地资源、控制废气排放、调节气候、调控水资源、控制土壤侵蚀、促进营养物质循环、控制各类污染等。该时期，绿色基础设施虽没有明确指向性的说明证明其在城市雨洪控制利用中的作用，但也逐渐向城市雨洪管理方向发展。

1999年8月，在美国保护基金会和农业部森林管理局的组织下，由联邦政府机构以及有关专家组成的"绿色基础设施工作小组"(Green Infrastructure Work Group)成立。工作组通过制订培训计划、实施推广措施等方式帮助社区及合作者将绿色基础设施纳入地方、区域以及国家的规划和政策中，并首次明确且完整地提出了绿色基础设施的定义：绿色基础设施是国家的自然生命支持系统，是一个包括城市河流、湿地、林地、动物栖息地等自然区域，林荫道路、公园、农场、森林、牧场和其他开放空间的相互联系的网络。这个网络体系能够保护自然物种、保持自然的生态过程、保障空气和水资源质量，并促进社区的健康发展和提高居民的健康水平，该定义涉及包括城市雨洪管理在内的多个层面的问题。

自从 1999 年绿色基础设施概念正式提出以来，许多研究者对此概念有进一步延伸，使其逐渐明朗化，其发展历程罗列如下。

2001 年，美国的麦克·A.本尼迪克特和爱德华·T.麦克马洪指出，绿色基础设施是由多个组成部分协同形成的自然过程网络。之后，两人在与威尔合著的《弗吉尼亚联邦战略性保护》中提出：绿色基础设施是人口快速增长下的环境保护策略，从名词意义上来说，绿色基础设施意指互相连接的绿色空间网络，用来规划管理其自然资源价值或人类联合利益；从形容词意义上来说，绿色基础设施意指在国家、全州、区域以及地方对于土地保护提供系统的战略性保护过程，同时，鼓励土地规划者和实践者为自然与人类做出贡献。

2001 年，由赛伯斯亭·莫菲特撰写的《加拿大城市绿色基础设施导则》发表。加拿大的绿色基础设施概念不同于英美等国，该导则分析了绿色基础设施的若干生态学内涵及实施绿色基础设施的关键。

2005 年，英国的简·赫顿联合会(Jane Heaton Associates)在其文章《可持续社区绿色基础设施》中指出：绿色基础设施是一个多功能的绿色空间网络，对于现有的和未来新的可持续社区的高质量自然和已建成环境的维持与提升有一定贡献，它由城市和乡村的公共和私人资产，维持可持续社区平衡且整合社区的社会、经济与环境组成。许多人认为绿色基础设施代表了下一代保护行动，因为它在土地的保护与使用之间铸就了重要连接。传统的土地保护和绿色基础设施规划都注重环境的恢复和保存，但是绿色基础设施还专注于发展的速度、形状和位置以及它与重要自然资源的关系。与比较传统的保护方法不同，绿色基础设施策略积极寻求将土地利用与保护相结合，并提供了可供公众、私人和非营利性组织参考的土地保护与使用结构。

2006 年，英国西北绿色基础设施小组(The North West Green Infrastructure Think-Tank)提出绿色基础设施是一种由自然环境和绿色空间组成的系统，有五个主要特征：

1）类型学(Typology)

绿色基础设施的组成成分既包括自然的、半自然的，同时又包含完全人工设计的空间和环境。

2）功能性(Functionality)

绿色基础设施是多功能的，主要体现在整合性与相互影响的程度。

3）脉络(Context)

绿色基础设施存在于城市中心、城市边缘、城乡接合地区、农村及遥远地区等一系列相互关系中。

4）尺度(Scale)

绿色基础设施的尺度有可能从一棵行道树（邻里尺度）到整个县域或到完全的环境资源基础（区域尺度），是一个多尺度的网络体系。

5）连通性(Connectivity)

绿色基础设施在网络中存在的程度，意味着一个实体连接或功能性连接的网络。

同时，该小组指出绿色基础设施规划程序包括以下四个步骤：数据调查，包括数据和政策结构；现有资源分析和功能性评估；评估后使现有的绿色基础设施与功能相匹配；形成计划，规划决定绿色基础设施系统内需要有何种形式的变化，以及做出变化的功能与需求的评估。

目前普遍采用的绿色基础设施的概念，是 2006 年麦克・A.本尼迪克特和爱德华・T.麦克马洪在《绿色基础设施：连接社区和景观》一文中所提出的，其定义为：具有内部连接性的自然区域开放空间的网络，以及可能附带的工程设施，这一网络具有自然生态体系功能和价值，为人类和野生动物提供自然场所，如作为栖息地、净水源、迁徙通道，它们总体构成保证环境、社会与经济可持续发展的生态框架。绿色基础设施对目前"不可持续"发展模式和已有的灰色基础设施的反思，是多学科研究者智慧的汇聚和提炼，是保护城市环境、生态、资源的有效方法，是一种保持人类生活与自然系统平衡的可持续发展模式。

4.1.2　绿色基础设施体系的构成要素

绿色基础设施体系主要由网络中心（Hubs）、连接廊道（Links）和小型场地（Sites）组成，与生态基础设施包括的生态斑块、廊道及基质概念相接近，外部包围不同层级的缓冲区。绿色基础设施的构成内容并非全部是绿色空间，河流、雪山、沙漠等自然环境同样有助于绿色基础设施体系的构建。

1）网络中心

网络中心是指大片的自然区域，是一些核心区域的汇总，是绿色基础设施网络的固着点。由于网络中心较少受到外界的干扰，因此可以为乡土的植物和动物提供空间，并为穿过系统的野生生命、人和生态过程提供起点和终点，其形态和尺度也随着不同层级有所变化。网络中心主要包括：大型的生态保护区域，如国家公园和野生动物栖息地；大型的公共土地，如兼具资源开采价值和自然游憩价值的国家森林；农地，包括农场、林地、牧场等；公园和开放空间，如自然区域、运动场和高尔夫球场等；循环土地，指公众或私人过度使用和损害的土地，可重新修复或开垦，如矿场、垃圾填埋场等。

2）连接廊道

连接廊道是指线性的生态廊道，它的主要作用是将网络中心和小型场地之间相连接，是维持自然生态过程和物种多样性的关键一环，包括：

景观连接廊道，指连接野生动植物保护区、公园、农地以及为当地的动植物提供成长和发展空间的开放空间。除了保护当地生态环境外，这些廊道可能还包含文化内容，如历史资源、提供休闲的机会和维护景观品质，提高社区或地区的生活品质，提高当地就业机会。

保护廊道，指为野生生物提供通道作用的线性廊道，并且提供一些服务功能，如河流和河岸缓冲区。

绿带，通过分离相邻的土地用途以及缓冲土地使用冲击的影响，保护自然景观，同时也维护当地的生态系统以及农场或牧场的土地类型，如农田保护区。

3）小型场地

小型场地的尺度小于网络中心，是在与网络中心或连接廊道无法连通的情况下，为动物迁移或人类休憩而设立的生态节点，是对网络中心和连接廊道的补充，并独立于大型自然区域的小生境和游憩场所。小型场地同样为野生生物提供栖息地和提供以自然为依托的休闲场地，兼具生态和社会价值。

4.2 绿色雨水基础设施的概念与内涵

4.2.1 绿色雨水基础设施的概念

绿色雨水基础设施（Green Stormwater Infrastructure，GSI）是由绿色基础设施和生态雨洪管理的概念衍生发展而来的，由西雅图公共事业局（Seattle Public Utilities，SPU）正式提出，指代应用于城市雨洪管理领域的绿色基础设施。绿色雨水基础设施在城市和区域尺度上是多功能的开放空间网络，在地方（Local）和场地（Site）尺度上被定义为一种模拟自然水文过程的雨水管理途径。也可以说，绿色雨水基础设施指的是应用于城市雨洪管理领域的绿色基础设施，绿色基础设施在较小的空间尺度上等同于“绿色雨水基础设施”。绿色雨水基础设施是广义绿色基础设施的重要组成部分，与水的良性循环密切相关。它不同于传统市政管网，而是包括“土壤-水-植物”要素在内的一系列景观系统，从雨水的产流、汇流、输送及排放的各环节对雨水进行全过程的管理，通过入渗、过滤、蒸发和蓄流等多种源头控制机制来达到对暴雨所产生的径流和污染物的削减。

4.2.2 绿色雨水基础设施与海绵城市

绿色雨水基础设施既是城市雨洪管理系统的重要组成部分，也是城市排水管网、防洪设施等灰色雨洪设施的弹性阀门；在降雨量大的时期能尽可能地对城市雨水进行滞留净化、收集回收，为城市排水管网及防洪设施减轻压力；在旱期则为城市雨水储蓄、净化提供场所与途径。从某种程度上说，绿色雨水基础设施是海绵城市理念在城市雨洪管理领域中的主要实现途径，其空间布局以及适用的尺度规模主要以不同汇水单位类型（源头类、路径类、末端类）及其滞留水量情况为依据来设置。

与海绵城市充分利用自然实现雨洪资源化利用的理念一样，绿色雨水基础设施作为城市和区域的自然生命支持系统，通过各类土地资源之间的联系与互通，修复、改善包括水循环系统过程在内的自然结构，持续、稳定地满足人类的需求。特别是在雨洪管理方面，绿色雨水基础设施通过结合自然系统的一系列技术和措施，模仿自然水循环系统过程，达到改善环境质量和提供公共设施服务的目的，这与“海绵城市”以“雨洪资源化利用，提高城市应对气候变化、极端降雨的防灾减灾能力”为目标，以“控制面源污染、保障水质”为核心，以“水资源管理和水生态治理”为理念，“像海绵一样吸纳、净化和利用雨水”等诸多方面追求是完全一致的，因此，绿色雨水基础设施可以看作是“海绵城市”中的“海绵体”，而“海绵”则可认为是以自然为对象的水生态基础设施。

4.2.3 绿色雨水基础设施的基本特征

1）空间的连续性

绿色雨水基础设施作为连接自然区域和城市开敞空间的绿色网络体系，注重各类自然要素间的联系与沟通、交流与合作，是延伸生长的连续有机网络。

2）结构的层次性

绿色基础设施涵盖范围很广，主要包括区域、城市、街区和建筑等多个层级。在空间结构上，则是由多个网络中心、连接廊道和小型场地构成。因此，绿色基础设施具有结构复杂和层次丰富的特点。

3）要素的多元化

从绿色雨水基础设施的构成要素看，网络中心由于其自身的面积比较大，因而抵抗外界干扰的能力较强，受到外界所带来的干扰相对较小，主要包括处于原生状态的土地、生态保护区、郊野公园、森林、湖泊、湿地、农田、牧场和林地等；连接廊道是线性的生态廊道，是网络中心、小型场地之间联系的纽带，主要包括生态廊道、河流、城市道路、泄洪渠及防护绿带等线性绿色空间；小型场地是独立于大型自然区域之外的生境，主要包括城市公园、广场、街旁绿地、社区公园、停车场、雨水花园及屋顶花园等。

4）功能的生态化

生态系统的服务功能是绿色雨水基础设施存在的基础。对于海绵城市建设而言，绿色雨水基础设施不仅可以通过雨涝调蓄、水源保护和涵养、地下水回补等措施实现缓解洪水灾害、减轻排水和洪水防御系统压力的目的，还可以实现城市雨污净化、栖息地修复和土壤净化等重要的水生态过程。

4.2.4 绿色雨水基础设施的水文学原理

传统城市化扩张和开发会从多方面给城市水文循环带来破坏和冲击。绿色雨水基础设施的应用，能够通过控制设计水量、水质、峰值等要素综合地构建和修复城市水文循环，达到水安全、水生态、水资源、水环境等多方面的要求。绿色雨水基础设施对自然水文系统的调控主要体现在以下四个方面：

（1）增加地面透水面的面积、削弱雨洪峰值、减少地表径流；对污染物进行截留和过滤，以达到水安全的前提。

（2）利用自然洼地、水体和人为设计的具有滞蓄功能的绿地、景观水体、湿地等开放空间对雨水水量进行控制和削减，减少径流外排从而削减峰值。

（3）充分利用植物的蒸腾作用以及增加空间的开阔程度加速雨水的蒸发。

(4) 尽可能利用原有物种如微生物、植物根系等对污染物进行吸收和净化,不搞大建设。

从场地角度看,传统的开发模式对于雨水的态度是“快来快走”,通过硬质的路面和强大的排水系统将雨水快速排出以达到不积水、不内涝的效果。这种方法虽然能迅速达到排水的标准,但同时却带来了更严重的环境问题和生态问题;而以绿色雨水基础设施为基础的新型开发模式,使汇水面有更大的透水性和滞蓄能力,通过综合功能,使产流减少、汇流减缓,并进一步削减峰值流量和净化水质,在缓解雨水问题的同时,实现改善生态环境的多重目标。

从城市水循环角度看,当使用绿色雨水基础设施的场地累积足够多时,通过多个设施对自然水文进行人工模拟,使得被传统开发模式打断的“降水-下渗-径流-滞蓄-蒸腾”循环链得以恢复至接近自然的平衡状态,即城市水文循环中的蒸腾量、下渗量及径流量三者的比例接近或恢复至开发前的水平,水质得到有效控制,地下水位也得以恢复,开发后的径流流量曲线则与开发前接近。绿色雨水基础设施为我们指出了一条避免传统扩张和开发模式带来的雨洪和生态问题的出路,提供了一种新的可行的选择:通过从场地、社区到城区等的不同尺度,恢复和构建城市良性水循环,为实现城市的生态平衡和多功能景观提供有效的支持。

4.2.5 绿色雨水基础设施的建设原则

1) 因地制宜,保护与修复结合原则

城市水文生态系统复杂,各地自然地理条件、水资源禀赋状况及降雨特征等各不相同,因此,需合理确定开发控制目标,恢复并合理利用场地内原有水体、坑塘和沟渠等,尽可能保护能消纳径流雨水的绿地,优化不透水硬化面与绿地空间布局,使场地开发后的水文特征尽量接近自然的水文循环状态。

保护和修复大型生态斑块,如山、水、河、湖、林、田等,充分发挥绿色雨水基础设施对降雨的滞留、渗透和自然净化作用,实现城市水体的自然循环;通过自然要素的连接,打破城乡界限,实现城乡融合,构建城乡一体、区域联动的绿色雨水基础设施网络骨架。

2) 科学高效,系统统筹原则

雨水具有水平流动性特征,会向地势低洼的地区集聚且不易排出。因此,应分析场地基础特征及建设中存在的问题,利用雨洪模拟等手段进行评估与预测,为规划方案提供量化依据,从而实现绿色雨水基础设施及其组合系统的“科学选用”与“高效布局”。

海绵城市是由千万个细小的单元细胞构成的一个完整的功能体,能将外部力量分级吸纳。但若海绵体“各自为政”,将带来资源的浪费。因此,需要系统制定绿色雨水基础设施的规划设计技术路线,并将其贯彻于开发建设的整体规划设计及施工过程中,使城市降雨径流管理在多尺度上相互契合,在保障安全、高效排水的基础上统筹生态效益、社会效益和经济效益。

3) 流域统筹,水陆结合原则

流域是一个完整的天然集水单元,城市与流域有着不可分割的联系,流域统筹是绿色雨水基础设施规划的基础与支撑条件。针对水问题特有的多尺度、跨地域、系统性及综合性等复杂状况,应从整个流域出发,摆脱传统就水论水、就城市论城市的模式,将水域和陆域作为一个整体，结合河道、水体和陆域环境进行综合考量，统筹解决流域内水生态系统功能失调的问题。

4）灰绿统筹，快慢结合

由于我国幅员辽阔，南北方的降雨具有十分大的差异性，雨量分布极不均匀。因此，绿色雨水基础设施的规划建设应当与当地降雨情况相结合，采用灰色基础设施与绿色基础设施相结合的方式，二者共同发挥作用，以免造成不必要的浪费。例如，珠三角地区降雨“范围广、雨量大、强度高、频次高、持续久、灾害多”，城镇建设也具有“规模大、强度高”的特点，在大力发展绿色雨水基础设施的同时，应对城市灰色基础设施进行绿色化改造，一方面将绿色雨水基础设施作为核心思想，另一方面也不应忽视管道排水在城市防涝排洪体系当中的重要作用，从而化解较大强度降雨所带来的雨洪危机。

5）部门统筹，多规融合

海绵城市的绿色雨水基础设施规划建设是一个复杂的工程，需要统筹协调多部门，应打破规划、国土、绿地、环境、水利和道路等多个专业规划之间的壁垒，从强调城乡统筹和流域综合治理的区域规划到突出单一要素的部门规划，从着眼整体的总体规划到强调地块的详细规划，从用地规划到专项规划，从竖向规划到排水防涝规划，都要实现多规融合。以解决问题为目标，通过高效的协调和反馈机制，开展不同专业之间的技术统筹，有效落实绿色雨水基础设施的建设内容。

4.2.6　绿色雨水基础设施的体系构建

绿色雨水基础设施网络渗透到城市的各个层面，其规划建设需要从不同层次入手。结合雨洪管理的实际需求，可从“区域-城区-场地-建筑”四个不同尺度分析规划对象要素和需要完成的主要任务，建立“海绵城市”建设的框架体系。

1）区域尺度

区域尺度的绿色雨水基础设施是城市自然生态的基质和母体，承担着多种自然过程，为城市提供自然供给和净化系统。其规划的主要任务是根据当地自然地理条件、水文地质特点、水资源禀赋状况、降雨规律、水环境保护及内涝防治要求等，研究水系统在区域或流域中的空间格局，把握区域水生态特征，维护区域水循环过程，构建区域生态安全格局，建设大型防洪设施，完善海绵城市建设所涉及的水源保护、洪涝调蓄及水质管理等功能，维系蓝绿生态格局的完整性和稳定性。

因此，区域尺度的绿色雨水基础设施规划的主要对象是大规模水源、水资源保护区、对地表径流量产生重大影响的主干河流水库及湿地、地质灾害敏感区、水土流失高敏地区、自然保护区、基本农田集中区、维护生态系统完整性的生态廊道和隔离绿地、森林公园、郊野公园、坡度大于 25%的山地和其他水生态敏感区域等。

在区域尺度的绿色雨水基础设施的体系构建中，首先要识别城市区域内的基本要素，保证构建区域安全格局。借助高分辨率的卫星影像图或土地利用图，以及景观安全格局方法，对区域的生态安全进行评估，围绕生态系统服务构建安全的生态格局。还要保证所划定的生态控制红线保护自然的本底。

2）城区尺度

城区尺度的绿色雨水基础设施是海绵城市的主体。该尺度规划的主要任务是形成“城区海绵系统”，并落实到土地利用中，有效提升排水防涝能力，使之在面对较强的降雨时具有良好的弹性，基本解决城市内涝积水问题，综合解决城区内水量平衡、雨污净化和滨水栖息地恢复等问题。主要针对城市绿色廊道、绿色斑块，包括城市公园、湿地、果园、湖泊、溪流、绿地、城市道路及广场等。

城区层面的绿色雨水基础设施体系的构建方面，对于某些建筑密度较高、人口较为密集和“海绵体”土地紧缺的城市，应当严格构建绿色的网格，严格控制城市的蓝线、绿线。同时注重城市良好水生态环境的构建，加强城市水系的修复工程，构建城市湿地“海绵”。在城市的道路系统上，也应当充分体现道路系统的“弹性”，使得雨水峰值延后，地表径流减少。同时大力构建绿色雨水管网系统，使“灰”与“绿”有机结合在一起。

3）场地尺度

场地尺度的绿色雨水基础设施面积小、数量多、分布广，较为均匀地分布在城市之中。该尺度的绿色基础设施规划可操作性强，是城市雨洪管理效果最为明显的尺度，其规划建设的主要任务是落实“微海绵体”，结合场地自身的微生态循环系统，发挥绿色雨水基础设施的“海绵”功能，强调功能性和生态过程，如布置 LID 设施就地进行雨水的储存、下渗、净化和再利用；在暴雨来临时，不增加场地内排放径流总量和峰值流量，不影响城市的正常运作。其主要对象是城市公园、广场、街旁绿地、社区公园、停车场、雨水花园和城市中一切未被充分利用的土地。

场地尺度的绿色雨水基础设施体系的构建，首先要结合当地的法律法规，制定当地统一的雨水标准。在 LID 设施布局方面，按照“集流-净化-蓄排”的技术流线落实工程措施。

4）建筑尺度

建筑尺度的绿色雨水基础设施虽然碎小，但是由于建筑占据了城市大部分用地，故建筑尺度的绿色雨水基础设施数量多、潜力大，如屋顶绿化可以减少屋面径流，通过渗透、蒸发等过程涵养屋顶绿植。建筑尺度的绿色雨水基础设施规划建设的主要任务是推广绿色屋顶的应用，促进“立体海绵”竖向发展。主要针对屋顶绿化（屋顶花园、屋顶菜园、蓄水屋顶）、墙体绿化和绿色庭院等要素。

建筑尺度的绿色雨水基础设施体系的构建，首先要大力提倡屋顶空间的再利用，通过绿色屋顶等措施来承接雨水，对雨水进行滞留、蒸发，大大降低地表径流。其次要结合建筑物或构筑物的立面，构建竖向“海绵体”。

4.3　绿色雨水基础设施的类型

4.3.1　根据过程划分的绿色雨水基础设施

与传统雨水管道直接收集、排放不同，绿色雨水基础设施从雨水的产流、汇流、输送及排放链的各环节对雨水进行全过程的控制，在每一个环节尽可能减少径流的产生、降低径流的污染及提高雨水的综合利用效率，可依据这个过程对绿色雨水基础设施进行分类。典型的绿色雨水基础设施可分为源头分散控制措施、输送措施和末端集中控制措施 3 类。主要包括的设施如表 4.1 所示。

表 4.1　依照过程分类的绿色雨水基础设施

控制措施	主要绿色雨水基础设施
源头措施	树池、绿色屋顶、雨水罐/桶、下凹式绿地、雨水花园、渗透铺装等
输送措施	植草浅沟、生态沟渠等
末端集中措施	景观水体、雨水塘、雨水湿地、多功能调蓄设施等

表格来源：作者自制

上述措施可依据设计规模的不同，应用在场地、社区、开放空间、城区、流域等不同尺度项目的规划设计中，并呈现出不同的组合形态，如绿色停车场、绿色道路、雨水景观公园、雨水控制利用综合模式及专项规划等。

4.3.2　根据尺度划分的绿色雨水基础设施

绿色雨水基础设施在实际应用时，各类单项技术措施（表 4.2）可以单独使用，也可以多种技术措施组合使用。当针对更大尺度的应用时，如社区、流域等，多数情况下是将多种技术措施组合应用，实现多种效益。

表 4.2　依照尺度分类的绿色雨水基础设施

应用尺度	典型技术措施
场地	绿色屋顶
	透水路面
	植被浅沟/渗透沟渠
	雨水收集回用系统（雨桶）
	生物滞留渗透系统（雨水花园）
土地利用功能单元	低势绿地（下凹式绿地）
	生态景观水体/小型雨水湿地
区域或流域	绿色廊道（绿色道路/河岸植被带）
	雨水塘/渗透塘/大中型雨水湿地

表格来源：作者自制

4.3.3　根据功能划分的绿色雨水基础设施

按汇水单位的 3 种类型使用的技术功能分类，绿色雨水基础设施亦可分为以下 3 种类别（表 4.3）。

表 4.3 依照功能分类的绿色雨水基础设施

GSI 类别	GSI 名称	适用汇水单位类型	应用尺度
雨水促渗截留型	透水铺装	源头类	市政道路广场/公共设施区
	冠层截留	源头类、路径类	市政道路广场/绿地/公共设施区
	下凹式绿地	源头类、路径类	绿地/水体
雨水调蓄净化型	生态沟	路径类	市政道路广场/公共设施区
	雨水花园	路径类	场地/绿地/屋面
	多功能调蓄池	路径类、末端类	场地/绿地/公共设施区
	生态驳岸	路径类	水体
	大型水体/湿地	路径类、末端类	水体
综合功能型	绿色屋顶	源头类、路径类	屋面
	绿色街道	源头类、路径类	市政道路
	绿色停车场	源头类、路径类	市政道路广场

表格来源：参考戴菲，王可，殷利华.海绵城市雨洪基础设施规划途径初探[J].现代城市研究，2016(7)：19-22，46.

1）雨水促渗截留型绿色雨水基础设施

此类绿色雨水基础设施适用于源头类汇水单位。由于处于径流源头，主要采取改变土地下垫面材质以促渗、滞留雨水为主要技术途径，来减少周边地块的排水压力。符合这一技术功能的绿色雨水基础设施主要有透水铺装、冠层截留、下凹式绿地等。

2）雨水调蓄净化型绿色雨水基础设施

此类设施适用于路径类及末端汇水单位，雨水的调蓄、净化功能是其主要功能。由于路径类汇水单位数量较多且形式多样，使得雨水滞留在其中时间最长，相应地为路径类绿色雨水基础设施调蓄净化雨水提供了充足的时间。适用于此类的绿色雨水基础设施较多，多采用将雨水储存后进行生物滞留技术净化水质的方式，来削减地表雨水径流及缓解雨水径流污染等问题。较常用的设施有生态沟、雨水花园、多功能调蓄池、生态驳岸、湿地等。

3）综合功能型绿色雨水基础设施

此类设施结合了上述两类设施雨水促渗、滞留、调蓄净化等多项功能，对场地雨水的适应弹性更大。不同于前两类设施，该类设施的应用对象更具体，如结合生态沟与透水铺装的绿色街道及停车场、结合冠层截留技术与生物滞留技术的绿色屋顶等。

第 5 章

城市海绵绿地研究与实践的重点范畴

城市海绵绿地在城市绿地系统中不仅具有社会功能、经济功能及景观功能，同时具有以雨洪管理为基础的生态保护功能。本章围绕“机制（定理）”—“体系（定性）”—“格局（定位）”—“规模（定量）”的“四元”核心结构，展开论述海绵绿地的理论研究与实践的重点范畴，以期海绵绿地理论体系构建，尤其是各类型“海绵体”在不同尺度、不同层次、不同调控阶段的功能、作用、应用策略，以及多目标规划与决策，尤其是在设定合理的规划情景方案等方面提供较强的指导价值。

5.1 海绵绿地调控机理与效应研究与实践

从城市生态水文过程角度，明确海绵绿地对于雨洪管理调控的作用机制与原理是城市生态雨洪管理首要解决的理论基础问题，包括工作过程、运行原理、机制特性、机制效应等。

5.1.1 城市下垫面生态水文过程

从流域水文关系角度来看，地表径流的形成机制与水文过程包括：降雨降落到城市下垫面后，降雨通过坡面和流域蓄渗、汇流，最终在出口形成径流全过程的水分运动和传输物理机制。由于城市地表径流过程具有诸多不确定性和复杂性，不同城市下垫面（不透水面、透水面）及其组成、比例，对城市水文循环和生态过程有着显著的影响，因此，揭示下垫面特性（格局）与水文过程的相互作用与耦合机制有着重要的理论与实践意义。

5.1.2 海绵绿地作用机理

在下垫面“产流—汇流”的水文生态全过程中，海绵绿地对地表径流的源头、过程和终端调控的机制与原理，包括植被截流、蒸发蒸腾、填洼、渗蓄、净化、缓释等方面。海绵绿地的土壤（类型、质地、性状、结构等）、植被（类型、种类、结构、覆盖度、郁闭度等）等生态因子的不同特性对雨洪管理具有调控的作用机制。

5.2 海绵绿地本土理论体系研究与实践

对接城市规划分层编制体制，在相关利益方调查分析研究的基础上，从海绵绿地理论应用的可行性与普适性角度，对海绵绿地展开系统性的本土化“定性”理论体系研究与实践，包括分类体系、评价体系、规划体系等三个方面的研究与实践内容。

5.2.1 海绵绿地分类体系

建立海绵绿地分类体系是进一步深入研究海绵绿地的理论基础，也是海绵城市绿地规划的前提。建立海绵绿地的三级多元分类体系，并将具有紧密内在联系的三级体系整合为统一的耦合系统。

1）一级分类体系

根据应用尺度(宏观尺度——流域/区域、中观尺度——街区、微观尺度——地块)划分海绵绿地分类体系。

(1) 微观尺度主要指街区层面，各类绿色雨水基础设施是城市风景园林研究最基本的空间类型，占地数十平方米至数千平方米，屋顶绿化和城市中的街头小绿地都属于此类。街区尺度绿地的功能在于分散地调蓄雨水，依托绿地布局，构建街区内雨洪入渗、汇流、滞蓄所需的空间布局，以控制雨水径流的排放和水体净化、雨水利用等功能为主，常用雨水池、植被浅沟等生物滞留设施。

(2) 中观尺度主要指城区、乡镇、村域尺度，或者城市新区和功能区块。重点研究如何有效利用规划区域内的河道、坑塘，结合集水区、汇水节点分布，合理规划并形成实体的“城镇海绵系统”，并最终落实到土地利用控制性规划甚至是城市设计中，综合性解决规划区域内滨水栖息地恢复、水量平衡、雨污净化、文化游憩空间的规划设计和建设。城区尺度往往更侧重于径流污染控制、防洪排涝，常用雨水花园和景观水体等设施。

(3) 宏观尺度上重点是研究水系统在区域或流域中的空间格局，即进行水生态安全格局分析，并将水生态安全格局落实在土地利用总体规划和城市总体规划中，成为区域的生态基础设施。区域尺度除涵盖街区尺度和城区尺度的调蓄控制目标外，还需要考虑更大尺度，控制超常规暴雨。

2）二级分类体系

根据城市规划编制层次(总体与专项规划阶段、控制性详细规划阶段、修建性详细规划及地块设计阶段)划分海绵绿地分类体系。强调海绵绿地分类体系对接城市总体规划与城市水系专项规划、绿色建筑设计、城市绿地系统专项规划、城市道路与交通专项规划、地块控制性详细规划和修建性详细规划等，贯彻 LID 理念及要求进行自然水文条件保护、城市雨洪安全格局构建。

3）三级分类体系

根据逐级调控原理（源头调控—就地分散式设施、过程调控—过程传输式设施、终端调控—大型集中式设施）划分海绵绿地分类体系。源头控制是指在降雨开始时就将雨水充分收集，减少径流冲刷与污染物的携带扩散；过程传输控制指通过广泛分布的雨水收集设施和场地设计来收集雨水；终端调控指汇聚来的雨水在各个场地和设施设计中参与水循环并被利用，包括河道末端集中储存处理技术、人工湿地、生态堤岸和雨水塘等。

5.2.2 海绵绿地评价体系

在相关利益方调查分析和实地调研的基础上，依据海绵绿地的三级多元分类体系，结合海绵绿地雨洪管理调控效应（性能）的相关研究成果，参考国内外海绵城市绿地建设理论研究动态和实践成果经验，构建海绵绿地综合评价体系，提出各类型“海绵体”在不同尺度、不同层次、不同调控阶段的适宜性、特点及应用策略，明确各类型海绵绿地在整个系统中所承担的功能、作用与地位，为进一步的海绵绿地规划设计实践提供理论指导。

5.2.3 海绵绿地规划体系

根据我国城市规划的不同编制阶段（层次）以及与之对应的不同研究尺度，可以建立城市海绵绿地的分层规划体系，从水安全、水环境、水生态、水资源、水景观、水文化等多维目标角度综合出发，提出不同规划层次的海绵绿地规划目标、规划内容、规划原则、规划程序、规划策略、成果要求以及与城市规划体系的衔接、关系等问题。

（1）宏观层次：与城市总体规划与专项规划阶段衔接。

（2）中观层次：与城市控制性详细规划阶段衔接。

（3）微观层次：与城市修建性详细规划和地块设计阶段衔接。

5.3 海绵绿地格局构建研究与实践

海绵绿地强调建设多层次、成网络的有机复合生态系统，并形成联系紧密、结构合理、功能完善的生态格局。海绵绿地生态格局构建的规划理论、规划方法与技术系统凝练，强调整个“海绵体”系统中承担着关键性作用的核心集中式“海绵体”以及绿色“海绵体”生态廊道的空间格局“定位”。

5.3.1 海绵绿地生态格局规划理论

生态格局是生态过程的载体，两者之间相互作用、相互影响。景观中存在着一个由关键性的景观元素、位置和空间关系所组成的潜在战略格局，它对景观生态过程的完整、健康和安全有着至关重要的影响。针对洪涝安全格局、径流控制格局、水质保护格局以及多目标综合生态格局，从格局与过程之间的相互关系与耦合机制视角，系统提出海绵绿地生态格局规划理论，用最少的土地、最低限度的生态结构来维护城市生态水文过程的完整性，保障整体生态系统服务的发挥。

5.3.2 海绵绿地生态格局规划方法与技术

生态格局过程原理及其空间分析方法为海绵绿地生态格局规划提供了理论和方法支持。通过对生态水文过程的空间模拟和分析，可以判别出雨洪管理的重点区域和战略点，进而对核心“海绵体”的空间位置、组分及其关系进行“定位”，实现对生态过程的有效控制。通过对目前常见的城市水文模型进行系统梳理、比较，以过程模拟与格局表现为核心，系统提出海绵绿地生态格局规划的方法、策略、途径与技术体系。

5.4 海绵绿地定量规划设计研究与实践

作为构建海绵城市体系的主要载体，必须通过对海绵绿地的定量规划，确定海绵绿地的建设规模(体量)与结构，从而落实径流总量控制的海绵城市“量化”工作目标。

5.4.1 海绵绿地定量规划设计理论

从海绵城市生态雨洪管理“源—过程—汇”调控角度而言，不透水面是“源”，自身基本不具有雨洪调控功能；透水面(主要为城市绿地、湿地、林地等自然区域)是潜在的绿色雨水基础设施的“汇”，但并不是所有的透水面都是“汇”，只有发挥了雨洪调控功能的透水面才是有效的“汇”，因而，也只有发挥了雨洪调控功能的城市绿地才是有效绿地(Effective Green Area，EGA)，即海绵绿地。有效绿地理论为海绵绿地定量规划设计提供了理论支持和成果落地的可行性。应将“有效绿地”作为海绵绿地定量规划设计的控制性指标，纳入城市规划指标体系，对有效绿地理论进行丰富和完善。

5.4.2 海绵绿地定量规划设计方法与技术

不同类型、组分的海绵绿地，甚至同种类型但结构、设计参数等不同的“海绵体”，它们之间如何归一化定量规划设计，这是海绵绿地定量规划设计需要解决的关键难题。围绕这一核心问题，结合海绵绿地作用机理与调控效应研究内容的成果，制定可以将不同“海绵体”归一化定量的当量有效绿地定量方法。基于水量平衡原理以及海绵城市视角下的“三维度”生态雨洪管理下垫面分类系统(Urban Underlying Surface Classification for Eco-Stormwater Management，UUSCESWM)，以多目标情景规划与决策为核心，系统提出针对“有效绿地”规划控制指标的海绵绿地定量规划的途径、方法、技术与流程(如图 5.1)。

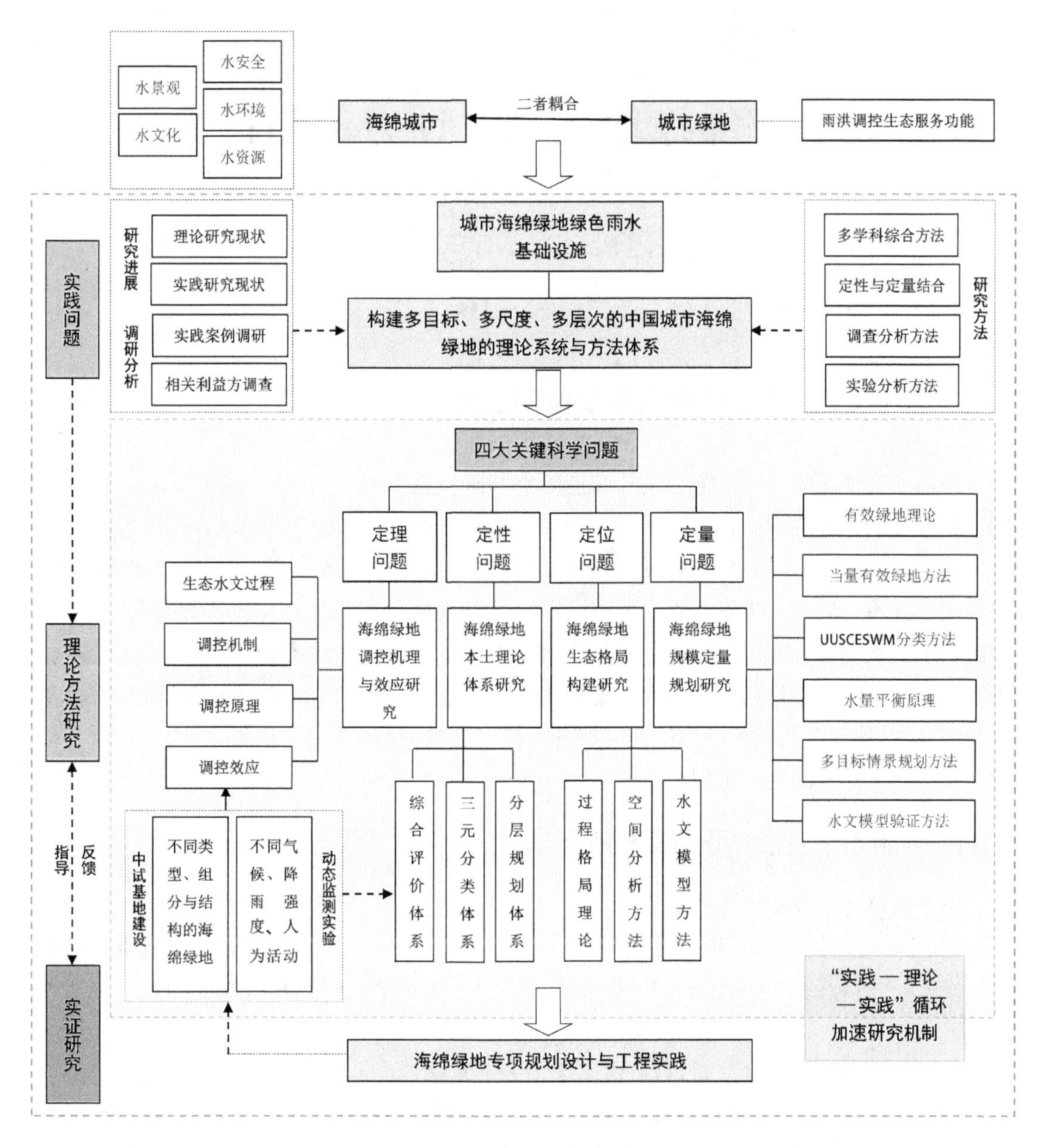

图 5.1　研究与实践技术路线图

（图片来源：作者自绘）

第 6 章

城市海绵绿地规划设计方法与技术

6.1　城市水文生态过程原理与模拟方法技术

海绵城市建设的核心是充分发挥绿色雨水基础设施(Green Stormwater Infrastructure，GSI)即绿地海绵体在"渗、滞、蓄、净、用、排"等方面的雨洪管理生态服务功能，通过海绵体对城市水文生态过程进行生态雨洪管理(Stormwater Eco-management，SWEM)与调控，维护和提升城市自然水文生态过程。城市海绵绿地作为海绵城市体系中的主要角色，是 LID 设施的主要载体，因而基于海绵城市的水安全、水环境、水生态、水资源等多个目标，针对城市海绵绿地水文生态过程展开定性与定量相结合的空间模拟研究，对于海绵城市生态雨洪管理，尤其是构成海绵城市绿地的各类型海绵体的定性、定位与定量规划设计，具有重要的现实指导意义和实际应用价值。

6.1.1　城市水文生态过程阶段分析与模拟

由于城市地表径流过程具有诸多不确定性和复杂性，不同城市下垫面(不透水面、透水面)及其组成、比例，对城市水文循环和生态过程的影响不同，因而对下垫面特性(格局)——水文过程的相互作用与耦合机制的研究对于生态雨洪管理具有重要的理论与实践意义。

从流域水文关系角度来看，城市水循环是一个复杂的时空动态系统。地表径流的形成机制与水文过程主要是，降雨降落到城市下垫面后，通过坡面和流域形成蓄渗与汇流，最终在出口形成径流全过程的水分运动和传输物理机制，大致包括降雨、产流、过程传输以及汇流四个阶段，而这四个阶段又分别对应"天"(降雨阶段)—"地"(下垫面产流"源"阶段)—"城"(市政管网传输"过程"阶段)—"水"(受纳水体终端"汇"阶段)四大水文生态过程。

基于"天""地""城""水"对城市水文生态过程进行多尺度、多维度、多目标的空间模拟分析，进而对绿色雨水基础设施，海绵体的类型、位置、规模等进行有针对性的合理布局和规划设计，可以将复杂的城市水问题系统化、规划化以及可操作化。

6.1.2　生态雨洪管理模式下的城市水文生态过程

单纯依赖灰色基础设施的传统雨洪管理的弊端已经凸显，海绵城市生态雨洪管理理念倡导从传统的工程管网“硬排水”模式发展到生态雨洪管理的“软排水”模式，强调在城市水循环的不同阶段，从系统性、整体性、全局性的高度，将绿色与灰色雨水基础设施“灰绿结合”，构建完整、系统的绿色雨水基础设施（海绵体）有机空间网络体系与格局，包括大海绵、中海绵、小海绵以及微海绵系统，对城市水文生态过程进行“源—过程—汇”逐级生态雨洪管理调控，保证城市建设与自然水文平衡发展，让城市“弹性适应”环境变化与自然灾害。

一般认为城市雨洪管理可分为水量管理、水质管理、水生态管理和可持续管理，有研究者总结了城市雨水管理的主要目标为：以可持续的方式管理控制城市水循环过程；尽可能地维持天然状态下的径流体制；保护和修复水质环境；保护和修复水体生态系统；雨水资源化利用；强化城市景观设计和基础设施建设。

城市雨洪管理的基本目标主要是雨水径流量控制、雨水污染控制和雨水资源化利用，围绕水量、水质和资源化利用这三大核心目标进行城市水文生态过程的空间模拟（图6.1）。

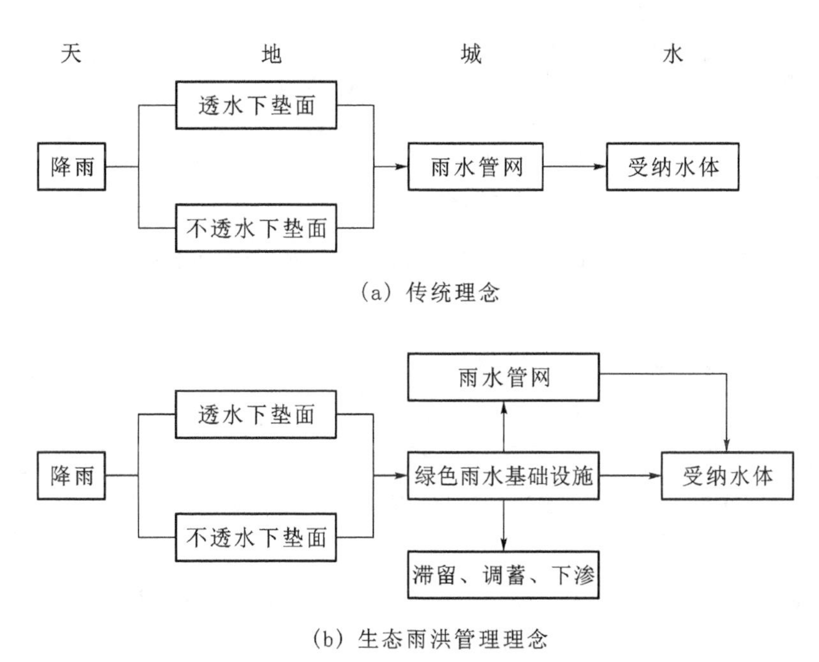

图6.1　两种理念与模式下的城市水文生态过程对比示意图

（图片来源：作者自绘）

6.1.3　城市水文生态过程空间模拟

1）空间模拟基础数据库建设

利用3S技术，构建城市海绵绿地空间模拟基础数据库是城市水文生态过程空间模拟研究的基础和前期重点工作。基础数据库包含三个子库，即遥感数据库、地理信息数据库和海绵城市规划数据库，主要包括自然、生态、环境类和人文、社会、经济类数据。自然类数据主要包括气候、土壤、水文(水系、地下水位等)、地形、高程、植被数据等;人文类数据主要包括人口、产业、城市总体规划、城市控制性规划、土地利用现状、公共设施及基础设施数据等。将属性数据与空间数据进行相关处理后,通过关键字段建立关联,构建基于 GIS 环境的城市海绵绿地空间模拟综合数据库(图 6.2)。

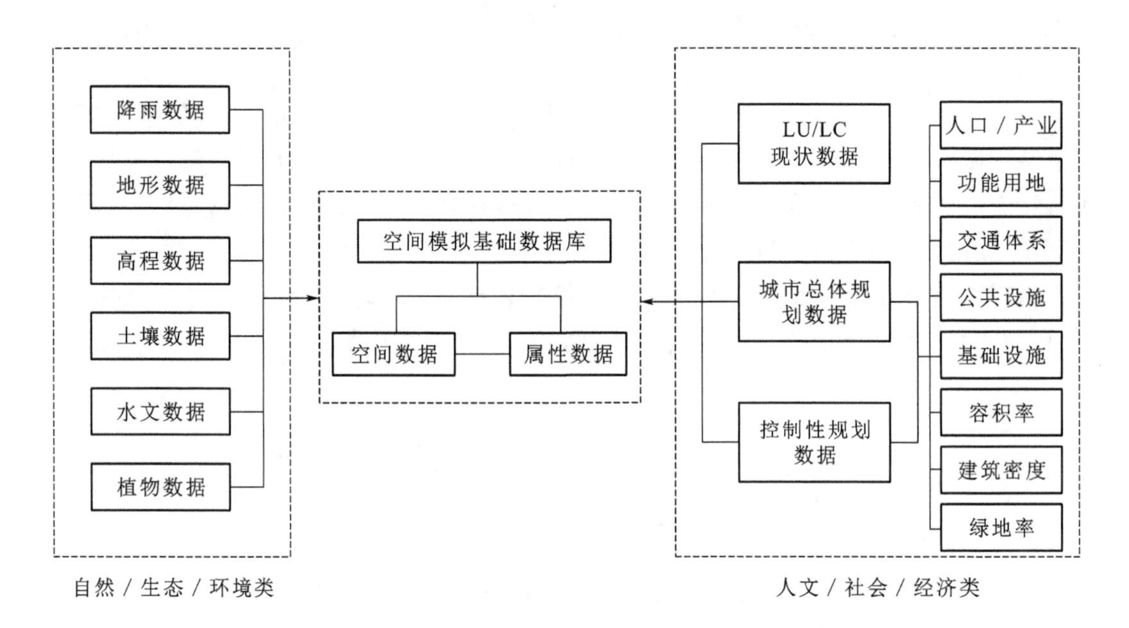

图 6.2 城市海绵绿地空间模拟基础数据库结构示意图

(图片来源:作者自绘)

2)"天"——降雨模拟

降雨是城市水循环的起始环节,强烈的人为干扰活动导致城市下垫面和地貌的剧烈改变,使得城市局地气候特点和生态环境发生显著变化,城市极端暴雨事件的发生频率增加、强度增大,对城市降雨时空特征及雨型模拟分析的研究越来越受到关注。

(1) 日降雨模拟

年径流总量控制率是海绵城市建设的核心指标。基于 24 小时日降雨数据,选取至少近 30 年的日降雨(不包括降雪)资料,扣除小于等于 2 mm 的降雨事件的降雨量,将降雨量日值按照雨量由小到大进行排序,统计小于某一降雨量的降雨总量在总降雨量中的比率,此比率即年径流总量控制率。由于降雨具有明显的时空分布不均的空间异质性特征,因而应尽量根据研究区的多年连续降雨资料进行分析,不能用大尺度降雨数据进行中小尺度区域的年径流总量控制率与设计降雨量之间的关系以及降雨时空动态变化特征的研究。

(2) 短历时强降雨模拟

短历时强降雨事件对城市内涝和雨水系统规划设计的影响较大,并且具有明显的地表径流污染物初始冲刷效应,因而不仅需要针对日降雨数据进行分析,还需要对研究区域的典型短历时强降雨事件进行模拟分析。相关研究表明:在汇流历时内,平均雨强相同的条件下，雨峰在中部或后部的三角形雨型比均匀雨型的洪峰大30%以上。目前，芝加哥雨型(Chicago Method)、Pilgrim & Cordery雨型、Huff法等是进行典型降雨过程模拟和设计暴雨时程分配时常用的方法。

3)"地"——源头模拟

(1) 汇水区划分模拟

汇水区(集水区)划分是构建分布式水文模型的重要步骤。通过汇水区划分可使用更丰富的数据来解释水文过程空间上的异质性，在一定程度上减少水文模拟过程中的不确定性，是城市水文模拟调控基础性且很有意义的工作。城市地区汇水区划分不仅受到地形地貌、城市水系等自然要素的影响，城市雨水管网、道路、高密度建筑物等人工因素也会强烈影响汇水路径与汇水区边界等，加上城市建设用地往往地形平坦，因而城市汇水区具有较强的复杂性和不确定性，是海绵城市规划设计中的难题。

目前国内外采用的汇水区划分方式主要有：基于数字高程模型(DEM)的D8算法、多流向算法、Burn in算法、DEMON算法、DRLY算法等。外国学者通过研究人类活动对汇水区边界的影响，提出RIDEM模型(Rural Infrastructure Digital Elevation Model)划分方法，对人类活动影响较小的平原地区有较好的适用性。有研究者在RIDEM模型的基础上提出了一种在平原河网地区划分汇水区的方法。也有学者结合城市排水体制和地形地貌特点，针对建有完整排水管网的平原城市地区，提出了一种新的城市地区暴雨积涝汇水区分级划分技术。在综合考虑汇水区边界的时变性、径流入河路径的可达性、排水管网的影响以及管理上的可操作性的基础上，提出了城市地区四级子汇水区的划分思路。

(2) 下垫面产流模拟

针对不同层面汇水区进行产流空间模拟，可以分析得出该区域降雨及地表产流特征，判别径流削减调控重点区域，为后期基于水量控制目标的海绵城市规划设计提供科学指导和依据。

① SCS水文模型方法

SCS(Soil Conservation Service)水文模型是美国农业部水土保持局开发的一种用于估算降雨径流的经验统计模型，能够反映不同土地利用/土地覆盖、土壤类型、前期土壤湿润程度(Antecedent Moisture Condition，AMC)等下垫面因素以及人为活动对降雨径流的影响，具有机理清晰、结构简单、所需参数数目较少、参数便于获取等特点。因而，可以运用SCS水文模型，在宏观尺度或总体规划阶段，尤其是在缺少下垫面详细数据的情况下，对研究区进行现状或规划情景下的下垫面降雨径流产流模拟分析。作为经验统计模型，在运用SCS模型时，必须根据各地区的实际情况，对模型中涉及的不同土壤水文组和土地利用/覆盖类型对应的参数取值范围进行修正。图6.3是通过运用SCS模型对上海某地区在规划情景下进行的一年一遇24 h降雨事件两级汇水区层面的下垫面降雨径流产流空间模拟分析图。

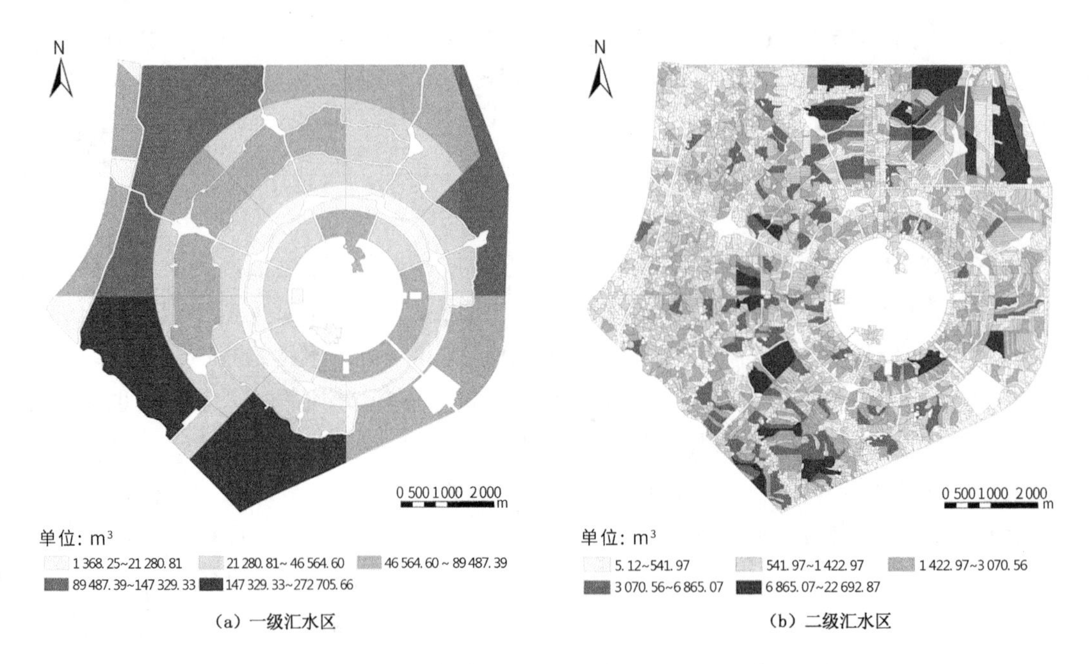

图 6.3　一年一遇降雨事件下的地表径流产流空间模拟分析图

(图片来源：作者自绘)

② SWMM 模型方法

SWMM(Storm Water Management Model)模型是 20 世纪 70 年代由美国国家环境保护局(USEPA)发起的城市暴雨洪水管理模型。SWMM 是一个动态的集水文、水力、水质过程模拟于一体的降雨-径流模拟模型，充分考虑了城市地区复杂的下垫面条件和汇流不均匀的地表性质，因而可以在中观、微观尺度或详细规划阶段，尤其是在下垫面资料数据比较翔实的情况下，应用该模型进行高精度的下垫面雨洪模拟。图 6.4 是通过运用 SWMM 模型对某地块进行的子流域概化以及不同情景下出水口径流流量模拟分析图。

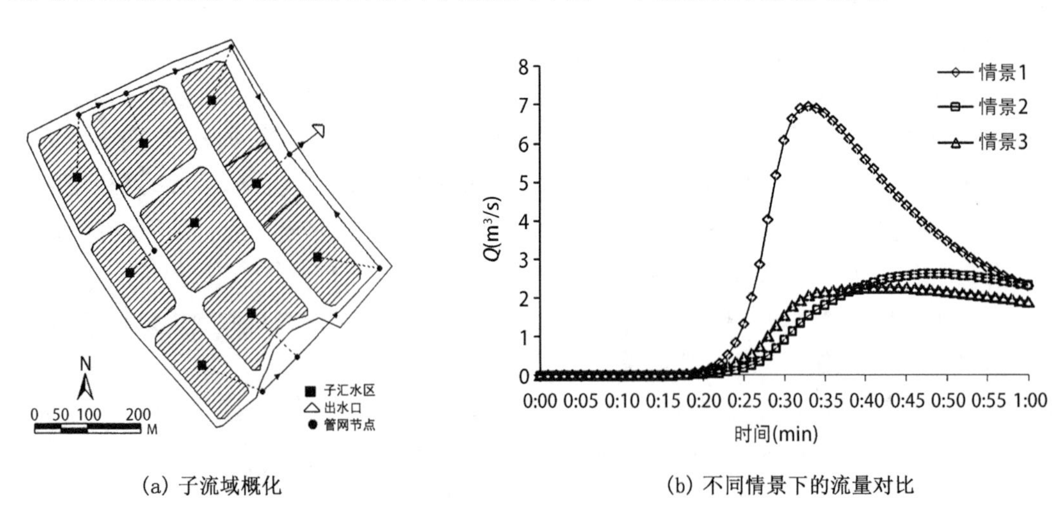

图 6.4　某地块子流域概化以及不同情景下出水口径流流量模拟分析图

(图片来源：作者自绘)

(3) 径流污染物负荷模拟

随着工业和生活污染源等点污染源得到有效控制，降雨径流冲刷地表带来的非点源污染已经逐渐成为受纳水体污染的主要来源。水环境是海绵城市建设的重点，SS(固体颗粒悬浮物)削减率也是重要的定量调控指标。针对不同层面汇水区进行径流污染物负荷的空间模拟，可以判别出基于水质保护目标的径流污染物调控重点区域。

USEPA 开发的 BASINS(Better Assessment Science Integrating Point and Nonpoint Source)系统中用来计算流域非点源污染(Non-Point Source Pollution，NPS)负荷的 PLOAD(Pollution Load)模型，建立了土地利用类型与非点源污染负荷之间的关系，具有计算简单、所需参数较少、结果易于统计分析等特点，尤其适用于缺乏长期连续监测资料的区域的地表降雨径流污染负荷的总量模拟研究。此外，SWMM、MUSIC、WinSLAMM 等模型也可以应用于不同尺度城市地区的非点源污染负荷空间的模拟研究。

通过运用 PLOAD 模型对上海某地区进行了规划情景下的降雨径流污染物负荷空间模拟，并对 NH_3-N、TP、TSS 三种地表径流污染物单位面积污染负荷较高的区域进行了综合空间叠加，得到了径流污染两级汇水区层面的重点调控区域(图 6.5)，后续对于这些区域的径流污染控制是保障区域水质和水体生态环境的重点。

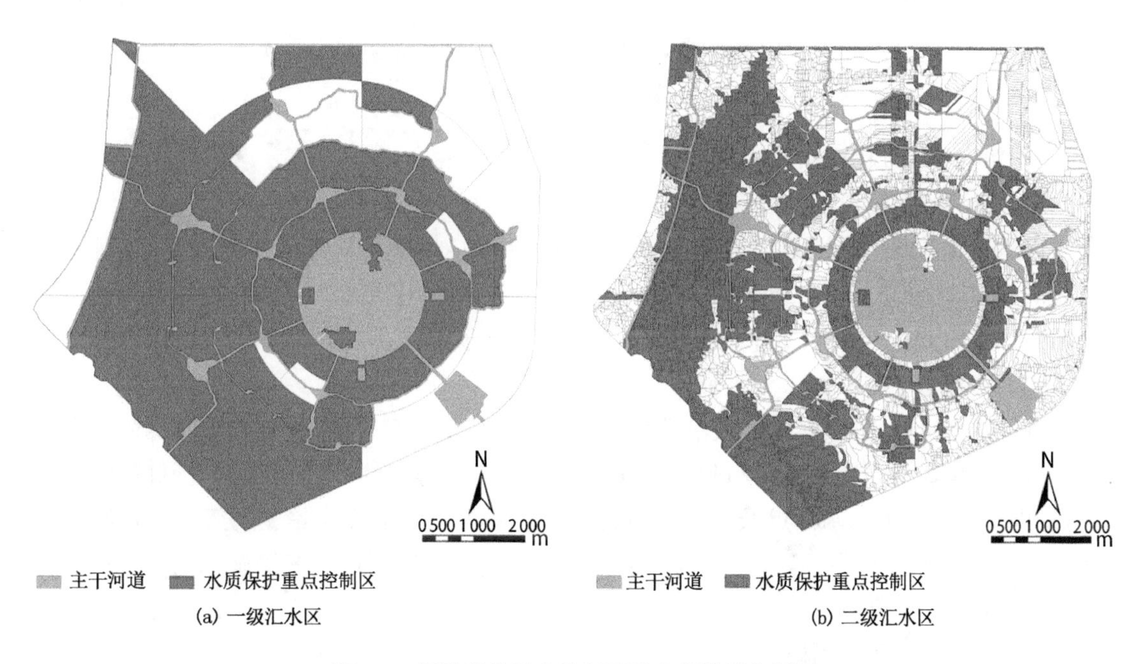

(a) 一级汇水区　　(b) 二级汇水区

图 6.5　径流污染重点控制区域空间模拟分析图

(图片来源：作者自绘)

(4) 热岛与冷岛效应模拟

城市下垫面特性的强烈变化，尤其是硬化不透水表面比例的大幅度增加，是导致城市热岛效应显著的重要因素之一，与之相对应的是城市绿地、水体等则具有较好的调节区域小气候的冷岛(湿岛)效应，因而缓解城市热岛效应也是海绵城市建设的重要目标。图 6.6

是南京市某地区，利用 2016 年 4 月 12 日 LS8 影像亮温波段解译数据，对该地区热岛效应和城市绿地、水体对温度的响应进行了空间模拟分析。结果表明：在热岛效应中，城市绿地、水体主要起降温作用；在冷岛效应中，城市绿地在低温区域起升温作用，在高温区域起降温作用。

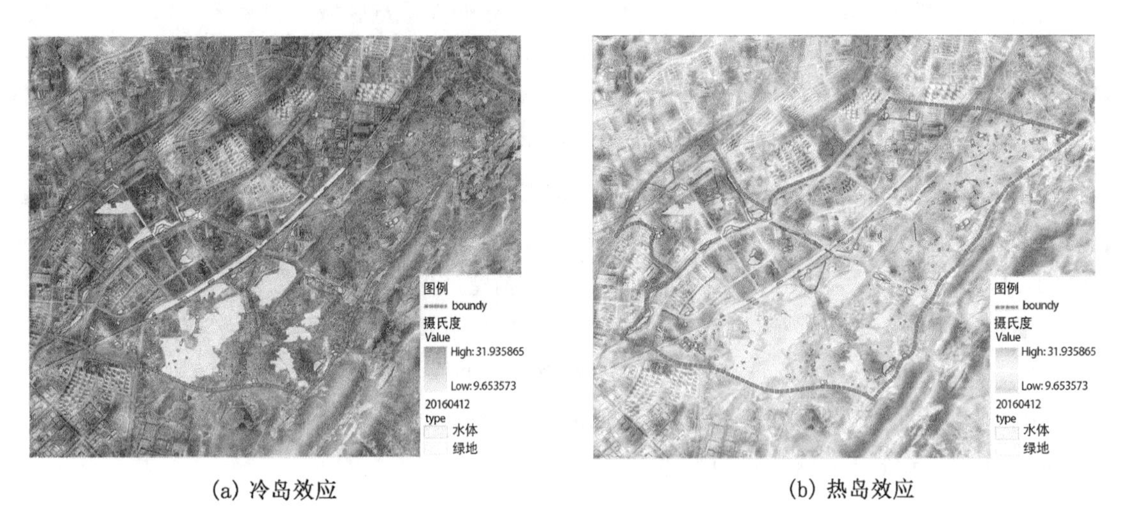

(a) 冷岛效应　　(b) 热岛效应

图 6.6　热岛与冷岛效应空间模拟分析图

(图片来源：作者自绘)

4) "城"——过程模拟

(1) 管网排水模拟

雨水管网系统作为城市排水的主要方式和城市基础设施，其排水能力在很大程度上决定着城市的水安全。目前，在城市管网排水模拟中应用较为广泛的两种模型是 SWMM 模型、InfoWorks CS 水力模型，其中 SWMM 模型还考虑了不同类型的 LID 调控措施与技术模块。

基于这两个模型平台，构建城市排水管网和区域排涝模型，利用研究区域实测降雨、径流等资料对模型进行参数率定和验证后，可以模拟在不同暴雨重现期下雨水管网的排涝能力，识别出区域主要积水黑点及管道满流、排水能力不足、可能发生堵塞的管段，以及整个排水管网的利用率分布情况，并结合雨水径流峰值削减、调蓄管/池等措施，对城市管网排水能力进行评价和优化。

(2) 雨水资源化利用模拟

海绵城市建设强调对于雨水的资源化合理利用，城市不同用地类型有着不同的土地利用方式和开发强度、人类活动行为特征，表 6.1 比较了几种城市用地类型的径流产汇流特征、雨水资源化利用需求以及雨水利用方式等。雨水资源化利用空间模拟研究对于绿色雨水基础设施措施与技术的选择，尤其是雨水利用设施的位置与规模的确定有着重要的指导意义。

表 6.1 不同城市用地的雨水资源化需求与利用方式

用地类型	径流特征	人类行为活动特征	雨水资源化利用	用水量指标	雨水回收利用需求	雨水资源化利用技术
城市绿地	径流污染浓度较低,径流产流较低	休闲游憩活动为主,人口密度较低	景观用水、绿化灌溉用水	0.1	低	利用景观湿塘、湿地等低洼地集蓄雨水
居住用地	不透水下垫面比例适中,建筑屋面与居住区道路径流污染物浓度相对较低	居住、安静活动为主,人口密度较高	生活杂用水、景观用水	1.2	高	建筑屋面雨水收集;结合人居环境建设景观水体
公共设施/公建商业综合用地	不透水下垫面比例较高,硬化地面径流污染物浓度高	办公、商业、娱乐活动为主,人口密度高	生活杂用水、景观用水、市政杂用水	0.8	高	建筑屋面雨水收集为主
道路用地	径流污染尤其是初期雨水污染物浓度很高	出行,流动性较强	市政杂用水,如道路冲洗、消防用水等	0.2	低	污染控制为主,收集利用为辅

注:用水量指标参考《城市给水工程规划规范》(GB 50282—1998)、《室外给水设计规范》(GB 50013—2006),单位:$10^5\ m^3/(km^2 \cdot d)$

5)"水"——终端模拟

河道是城市径流的汇流终端,具有雨洪调蓄、生境提供、生物多样性保护、景观游憩等生态系统综合服务功能与价值,也具有一定的水质自净能力。从河道水文-水动力-水质的耦合角度,集合水文学和水动力学、水环境学方法和一维、二维和三维模型,开展流域水文空间模拟研究,揭示不同时空尺度下水生态系统的响应规律,是当前城市水文学和雨洪管理领域的研究重点和热点。

城市水环境容量模拟可以有效分析城市水质污染状况、各区域污染负荷量以及污染物的空间分布状况。通过实地调查与资料收集,对流域水环境现状进行综合分析和评价,确定主要污染物控制因子,进行不同流量的水环境容量模计算,能够为决策者提供较为全面的信息。EFDC 模型是当前广泛使用的三维水环境生态模型,已被集成为一个多模块的用户友好型应用软件 EE(EFDC-Explorer),并已经成功应用于河流、湖泊、水库、河口、海湾和海岸带等的水环境预测与评价、工程项目方案决策等。

流域水文模型将流域概化为一个系统,研究流域的输入因素(降雨、蒸发、前期含水量等)与径流输出因素(洪量、洪峰流量等)之间的数学关系和逻辑表达式,使其能够在一定的目标下代替实际水文系统,对流域的行为进行模拟和预测。目前,常见的流域水文水质模型软件主要有 AWMM、HSPF(Hydrological Simulation Program-Fortran)和 SWAT(Soil and Water Assessment Tool)等,较多应用于河道以及水体的水量和水质的模拟研究,已经越来越成为流域水资源管理的重要手段和发展趋势。

6.2 面向城市雨洪管理的绿地规划设计理论与方法

6.2.1 雨洪景观安全格局(Stormwater Management Landscape Security Pattern, SWMLSP)理论与方法

1) 雨洪景观安全格局的概念与内涵

景观格局与生态过程之间的关系是景观生态学研究中的核心内容。景观格局,即景观的空间结构,包括景观组成单元的类型、数目以及空间分布与配置;生态过程是景观中生态系统内部和不同生态系统之间的物质、能量、信息流动和迁移转化的总称,它强调事件或现象的发生、发展的动态特征。景观格局是生态过程的载体,两者之间相互作用和影响,景观格局的变化会引起相关生态过程的改变,而由于生态过程中包含众多塑造景观格局的动因和驱动力,生态过程的改变也会使景观格局产生系列响应。

景观安全格局理论强调格局与过程之间的相互关系与亲和机制,认为景观中存在着一个由关键性的景观元素、位置和空间关系所组成的潜在战略格局,即景观安全格局,对景观过程的完整、健康和安全有着至关重要的影响。通过对生态过程的空间模拟和分析,可以判别、设计、实现对生态过程的有效控制,用最少的土地、最低限度的生态结构来维护生态过程的完整性,保障整体生态系统服务的发挥。

景观安全格局原理及其空间分析方法为宏观尺度的区域核心的规划提供了理论和方法支持。在区域尺度、城市总体规划层面上,主要考虑的是大型终端控制、集中式的核心的保护与规划。针对区域水文生态过程(包括径流产流与汇流过程、洪水淹没过程、暴雨淹没过程、径流污染物负荷与迁移过程、雨水资源化利用等)进行空间分析和模拟,可以判别出对于区域生态雨洪管理具有战略意义的核心雨洪管理措施的空间位置、组分及其关系,构建区域雨洪管理景观安全格局(Stormwater Management Landscape Security Pattern, SWMLSP),维护和加强城市自然水文过程的完整和健康,进而实现对城市雨洪的有效管理。雨洪管理景观安全格局是绿色雨水基础设施总体规划的规划成果。

2) 形态空间格局分析(Morphological Spatial Pattern Analysis, MSPA)方法

自20世纪90年代,景观生态学和地理信息系统(GIS)技术逐渐普及,研究人员可以采集更大区域范围内的数据,故在可持续开发模式和土地的综合利用机制方面兴起了研究热潮。而对于城市海绵绿地这一概念体系而言,孤立地划定蓝绿基础设施区域并仅仅进行保护和维护是远远不够的。海绵城市内部的生态基础设施作为保护自然资源和生物多样性的手段,也需要更大区域和景观尺度内的研究。

20世纪80年代,GIS开始应用于城市规划领域,通过强大的信息收集和整理功能,为地理空间分析提供了大量的基础资料,包括叠加的图层及缓冲区、最佳路径的制定和分析等。随着城市海绵绿地规划拓展到更为广阔的视角和领域,GIS在大尺度空间规划和分析中起到了重要的作用。其中,形态空间格局分析(Morphological Spatial Pattern Analysis,

MSPA)是大尺度区域内的一种分析方法。MSPA 是基于数学形态原理对于自然生态空间进行栅格图像式的抽象分析。MSPA 方法衍生自景观生态学，最初起源于森林景观安全格局应用，后发展到在国土等大区域下的广泛应用，再逐渐应用于分析宏观尺度下的生态基础设施体系构成。运用 MSPA 可以科学而有效地识别重要的生态网络要素，并确定城市开发中各区域的保护等级。

MSPA 运用一系列图像化的抽象方法表达生态廊道、网络中心等生态基础设施的评估要素，其分类更为细致和具体。在 MSPA 的生态体系评价中，主要构成要素有中心区、节点、边缘、桥梁、环状区、分支以及穿孔，每种构成要素对应不同的生态用地类型，见表 6.2。

表 6.2　MSPA 中基本生态要素的概念和定义

要素	定义
中心区(core)	大型自然斑块、野生动植物栖息地和迁徙目的地，在城市中心常指大型公园、风景名胜区和自然保护区
节点(islet)	孤立的小型斑块，其内部物种和外部物种交流的可能性较小，相当于生态网络中的"生态岛"，在生态网络中起媒介作用。城市范围内包括附属绿地、小型公园、居住区绿地和广场等
边缘(edge)	核心区之间的过渡地带，两种形态空间格局之间的边缘，主要表现为景观要素的外围边缘，如城市外围林带
桥梁(bridge)	连接相邻中心区的廊道，进行相邻斑块之间的能量交流，如大型斑块之间的绿道等
环状区(loop)	同一中心区的内部廊道，进行斑块内部的能量交换，如城市内的环状绿带、道路绿带等
分支(branch)	从同一中心区延伸出来的景观元素，但不与其他要素相连，如城市外围的孤立型农化生产用地和林地等
穿孔(perforation)	在中心区域内，中心区与其内部城市建设用地斑块之间的过渡地带，同样具有边缘效应，受人类活动影响较大

表格来源：James D, etc. A national assessment of green infrastructure and change for the conterminous United States using morphological image processing[J]. Landscape and Urban Planning, 2010, 94, 186-195.

6.2.2　地理信息系统(Geographic Information System, GIS)方法与技术

地理信息系统(Geographic Information System, GIS)是以计算机为基础的综合性应用技术，包括信息获取与输入、数据储存与管理、数据查询与分析、成果表达与输出，具有空间数据的获取、存储、查询、转换、处理、分析、输出等多种地学空间信息功能，支持以地学研究和决策为目的、以地学分析或模型方法为手段的空间分析与表现，目前已经广泛应用于景观与资源环境规划、管理、决策等研究领域。随着国内 GIS 应用的逐渐普及与空间数据获取途径的逐渐完善，建筑类学科下的建筑学、城乡规划与风景园林专业都普遍意识到 GIS 的重要性。

GIS 通过管理具有空间属性的地理资源环境数据，可以同时对场地的多时期资源环境状况进行分析比较，得出快速而科学的评价标准，也可以将数据收集、时空分析、决策过程

整理为一个结构化的、综合的、可重复利用的数据库，为场地规划设计提供更为精确适宜的信息，提高工作效率和经济效益，并在一定程度上为解决资源环境问题和保障可持续发展提供技术维护。从总体上看，GIS 技术能为风景园林规划设计的各个阶段，包括从绿地系统规划层面的绿地监测到设计层面的空间数据分析再到施工层面三维模型构建及内部元素布局，提供有效的辅助决策作用，提高规划方案的合理性和施工进程的效率。

城市水管理因其复杂性、多变性存在许多困难，近年来与 GIS 应用平台的耦合与交叉运用优化了管理途径。GIS 可进行空间数据管理、建立复杂的空间模型以及多方式显示查询空间数据的优势，在功能上为城市水环境问题的改善提供了数据处理与整合运用的平台。

GIS 空间信息分析是建立复杂空间应用模型的基本工具，其强大的空间分析方法与技术为水文生态过程的模拟分析提供了有效的途径，包括汇水区分析、地势地形分析、径流汇流过程分析、洪涝淹没过程分析、用地适宜性分析评价等，可以运用在城市水管理与水资源评价中涉及空间信息的几何量算、空间信息的叠加分析和规则格网数字地面模型等工作上，提高了城市水环境管理与评估工作的效率和技术含量。

6.2.3 有效透水面(Effective Pervious Areas, EPA)理论与方法

透水面(Pervious Areas, PA)、不透水面(Impervious Areas, IA)的比例是城市开发和人为活动对城市下垫面和景观格局塑造的最直观的反映，也是影响城市水文循环的重要因素和城市生态雨洪管理研究的核心内容之一。

从绿色雨水基础设施理念指导下的生态雨洪管理"源—汇"调控角度而言，不透水面是"源"，主要指道路、建筑物面以及城市表面等下垫面类型，其地表径流一般存在显著的初始冲刷效应，且自身不具有调控、利用雨水径流的能力；而透水面(主要为城市绿地、湿地、林地等自然区域)作为潜在的绿色雨水基础设施，对雨水径流具有稳定的调蓄、处理和收集利用的能力，是潜在的"过程"和"汇"调控设施。

基于此原理，可以将不透水面分为有效不透水面(Effective Impervious Areas, EIA)、非有效不透水面(Non-effective Impervious Areas, NEIA)两种类型。对于某个汇水区而言，当汇水区内不透水面产生的地表径流直接(或通过管网)排入区域外或汇入河道时，此部分不透水面即为有效不透水面；当不透水面产生的地表径流通过绿地、湿地等城市透水面的调蓄或被收集利用时，此部分不透水面即为非有效不透水面。与之相对应的，当汇水区内的透水面接纳了不透水面产生的客地径流时，称其为有效透水面(Effective Pervious Areas, EPA)，反之则为非有效透水面(Non-effective Pervious Areas, NEPA)。在此基础上，可以引申出有效绿地(Effective Green Area, EGA)和有效水体(Effective Wetland Area, EWA)的概念，它们是 EPA 的两大主要组成部分。从生态雨洪管理的角度，非有效透水面没有发挥"汇"的功能，其高程往往高于不透水面(如路面等)，产生的地表径流一般通过市政管网排入河道，加上透水面建设过程中的材料来源、材料渗透性能以及后期维护管养等因素的交互影响，使得非有效透水面往往成为实际上的"源"。

在以"工程管网排水"为主要排水模式的高密度城市建设区域，传统的河岸植被缓冲带

无法充分发挥完整的自然生态功能，而 EPA 找到了一种理想的替代模式。充分发挥 EPA（下凹式绿地、雨水花园和人工湿地为典型类型）对客地地表径流及其污染物的削减效应和资源化利用能力，可以使 EPA（尤其是有效绿地 EGA）成为城市的离散河岸带和潜在的绿色雨水基础设施。可将 EPA 和建筑密度、容积率、绿地率等建设控制指标一起纳入城市控制性规划中，作为城市新区绿色雨水基础设施控制性规划的生态控制指标。EPA 面积指标是绿色雨水基础设施控制性规划的规划成果。

6.2.4　生态雨洪管理角度下的城市下垫面分类（Urban Underlying Surface Classification for Eco-Stormwater Management，USCESWM）方法

将土地利用、土地覆被和有效（不）透水面理论三者有机融合，结合城市控制性规划中的容积率、建筑密度、建筑高度、建筑面积、绿地率等规划控制指标以及情景规划方案，针对城市道路、建筑屋面、硬化表面、植被、水体等五种下垫面类型，提出一种生态雨洪管理角度下的“三维度”城市下垫面分类系统，并将其应用于高精度的城市水文过程模拟和绿色雨水基础设施规划中，如图 6.7 所示。

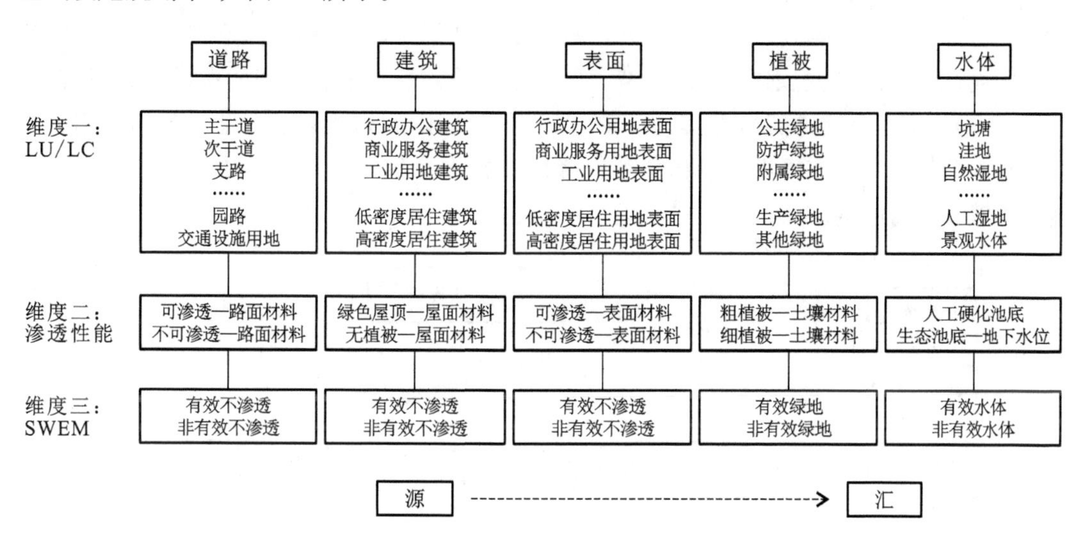

图 6.7　“三维度”生态雨洪管理的城市下垫面分类系统

（图片来源：作者自绘）

（1）维度一：下垫面的土地利用/土地覆被属性

不同土地利用/土地覆被类型以及同一土地利用/土地覆被类型内的不同下垫面，因人为活动强度的差异，其地表径流的产流、冲刷特征和水质存在显著差异。

（2）维度二：下垫面的渗透属性

不同下垫面由于土壤类型、建造材料和工艺等因素的不同，其渗透性能不同，地表径流特征以及对径流的调蓄、削减和污染物处理能力也存在显著差异。

（3）维度三：下垫面的生态雨洪管理“源—汇”属性

基于有效（不）透水面理论，不同的雨洪管理与排水模式下，下垫面在生态雨洪管理中

的“源”“汇”属性相应不同。

6.2.5 情景规划(Scenario Planning，SCP)方法

情景规划是一种着眼于未来状态(即情景)的长期规划工具。由情景描述各种可能的条件，并从关键因素入手演绎整个发展途径，对未来城市的事件和趋势进行代表性的描述。如基于历史经验外推，利用情景规划方法回答，当城市雨洪暴雨事件发生时，人类应该怎么办。

由于城市地表径流过程具有诸多不确定性和复杂性，相关利益群体利益诉求存在多样性和冲突性，以及绿色雨水基础设施规划有多目标性，运用情景规划方法可以刻画城市集水区生态雨洪管理的未来调控方向。

6.2.6 相关利益方分析(Stakeholder Analysis)方法

海绵绿地规划的建设、管理和维护一般由政府委托或要求建设方、业主(使用者)承担，因而绿色雨水基础设施控制性规划涉及多个利益群体，包括行政职能部门、开发建设方、使用者(居民)以及社会团体组织、专家学者等多种利益群体(图 6.8)，各利益相关方的实际(潜在)意愿将直接影响到绿色雨水基础设施控制性规划方案的可行性、落地性以及实施效果。因而，在海绵绿地规划中，应综合考虑各利益相关方的实际意愿和诉求(尽管各利益方的诉求不同，甚至有所冲突)，尤其是反映、保护弱势群体的利益诉求。针对各利益相关方的调查与分析对于生态雨洪管理措施的选择以及在多目标规划与决策中设定合理的规划情景方案具有很强的应用价值。

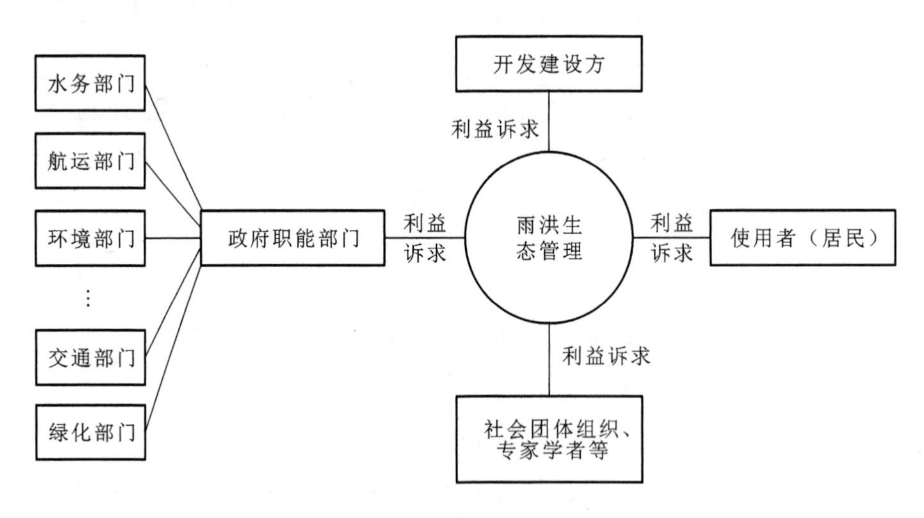

图 6.8　城市生态雨洪管理的相关利益方体系

图片来源：作者自绘

在相关利益方分析方法中，公众参与水资源管理的理念已经在众多理论研究中脱颖而出。在我国，雨洪管理实践的重点工作包括协调雨洪管理措施与公众参与之间的关系。随着中国政治经济的发展，中国公众参与水资源管理的深度和广度不断扩展，相关法律规定

已明确各级管理部门要通过信息发布、公开听证、专家咨询论证、组织会商等方式,保证公众知情、发表意见、参与决策的权利。对影响公众参与雨洪管理效果的因素分析是海绵绿地规划与设计实践的工作前提。

6.3 城市海绵绿地雨洪管理模型技术

城市地表覆盖种类多且分布复杂,城市水文的计算比流域水文更为困难,要求精度更高。城镇水文模型通常是地表产流水文模型和管网水力模型的耦合。注重城镇水文系统的时空变化,重点分析汇水区地表产汇流及入渗、城市洪涝区域、有机物和污染物扩散、城市雨洪管网系统负荷规划和系统设计、城市河道的洪涝威胁及LID设施的空间分布、类型和规模等,是海绵城市规划和建设的核心内容。

20世纪60年代起,欧美发达国家开始研发满足城市排水、防洪、环境治理等方面要求的城市雨洪模型,但多偏重于管网模型。近年来,城镇尺度的水文水力模型与河道系统耦合,逐渐从单一模型向综合模型转变,二维洪涝模拟、三维水动力模拟、智能化管理等正成为未来发展的趋势。随着LID概念的深入影响,各模型均开始支持生态雨洪措施、SUDS、WSUD等不同的LID设施的模拟。

本节对适用于中国海绵城市建设的,并具备LID设施模拟能力的城镇尺度水文水力模型、软件平台和雨洪管理模型技术进行相关研述。

6.3.1 暴雨雨洪管理模型(Storm Water Management Model, SWMM)

由美国环保署(EPA)于1971年开发的暴雨雨洪管理模型经过了多次升级完善并在世界范围内广泛采用,是目前世界上研究最深入、应用最成熟的城市水文模型。SWMM是一个将动态降雨所产生的径流通过模型进行模拟分析的计算机软件,主要应用于城市建设区的雨水径流、合流制管道、分流制雨水、污水管道和其他排水系统的单一事件或者长期(连续)的模拟分析。可以对绿色雨水基础设施控制性规划的情景方案结果进行验证,选定最终雨洪管理措施的生态调控方案。

国内许多科研单位、高等院校及设计院所都针对SWMM模拟软件展开了相关研究和应用,同济大学环境科学与工程学院和中国水利水电科学研究院还进行了软件汉化翻译,为SWMM模拟软件的普及应用提供了很好的平台。

1) SWMM的模块结构

SWMM主要由输入、中央核心、相关模块、纳水水体模块以及服务模块(统计模块、绘图模块、联合模块、降雨模块等)组成,其中核心模拟部分包括径流模块(Runoff Block)、输送模块(Transport Block)、扩展输送模块(Extra Block)以及贮存/处理模块(Storage/Treatment Block),如图6.9所示。

2) SWMM的主要功能

SWMM的主要功能在于对城市范围内径流产生的各种水文情况进行模拟,主要考虑

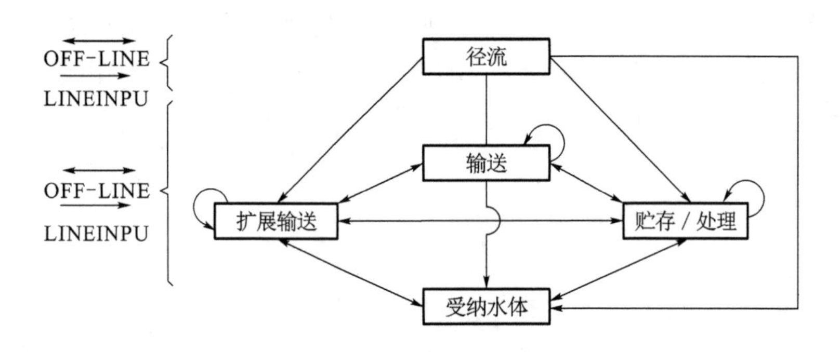

图 6.9 SWMM 核心结构

(图片来源：参考 SWMM 手册绘制)

的因素有时变降雨量、积雪与融雪、地表水蒸发、土壤的入渗、洼地蓄水的降雨截留、降雨入渗对地下水的补充、排水管道和地下水的交换水量、地表径流的非线性验算、各种 LID 过程等。

其模拟过程是将研究区域分成较小的均匀子汇水面积，并确定每个子汇水面积的透水和不透水面积所占比例，然后模拟在各子汇水面积之间、在排水管道进水点之间的地表径流的流动情况。

具体来说，SWMM 一方面侧重各种管道（如管、渠等）和设施（如储存、净化、分流等）的径流“水力模拟”。主要功能可细分为：

(1) 无大小限制的排水管道网水力模拟分析。

(2) 回流、溢流、逆流和地表积水等各种流态的水力模拟分析。

(3) 储存、净化、分流、泵、堰及排水口等水力设施的水力模拟分析。

(4) 综合考虑地表径流、地下水交换、降雨入渗、旱季污水流入和用户自定义入流等外部水流和水质因素的模拟分析。

(5) 自然开放式河流及封闭式管道、明渠的水流水力模拟分析。

(6) 应用动力波或者完整的动力波方程进行汇流计算的模拟分析。

另一方面侧重径流过程中用户自定义污染物的“水质模拟”。主要功能可细分为：旱季不同土壤的污染物累积过程的模拟分析；暴雨对不同土壤污染物的冲释作用的模拟分析；降雨沉积物中的污染物成分的模拟分析；旱季街道清洁对污染物累积减少作用的模拟分析；整个排水管网系统的水质成分验算的模拟分析；最佳管理措施（BMPs）降低污染物浓度的模拟分析；旱季进入排水管道系统的污水以及用户自定义外部污染径流所产生污染的模拟分析；储水单元的处理设施或管渠中，由于自净作用引起的水污染负荷减少的模拟分析。

3）SWMM 的优势

运用 SWMM 可以对生态雨洪管理多目标情景规划结果进行验证和调整，这首先是因为 SWMM 集水文、水力、水质过程的模拟于一体。同时，SWMM 采用模块式结构组合，包括若干个不同功能的计算模块，便于解决多目标的城市雨洪问题。SWMM 可以用于规划设计阶段，模拟设计暴雨条件下的雨洪和水质过程，也可以用于实际情况下暴雨雨洪过程的预报和管理。SWMM 考虑了城市地区复杂的下垫面条件和地表性质，可以应用于汇流不均匀的城市地区的高精度雨洪模拟，尤其是考虑了不同类型的调控措施。SWMM 不仅可以针对某一单次降雨事件进行模拟，也具有连续模拟及统计分析的功能。

6.3.2 城市暴雨处理及分析集成模型系统（System for Urban Stormwater Treatment and Analysis Integration, SUSTAIN）

在国内应用最多的是 EPA 的城市降雨径流控制的模拟与分析集成系统 SUSTAIN，它是用于城市开发区内生态雨洪措施的选址、布局、模拟和优化的决策支持系统。

SUSTAIN 采用 ArcGIS 9.3 作为基础平台，综合应用了水文、水力和水质分析模型，同时考虑了成本管理和优化分析技术，以实现不同尺度流域中暴雨管理方案经济性和有效性的评估和分析。因此，SUSTAIN 并不仅仅适用于微观层面，也适用于中观层面的综合 LID/BMPs 分析和优化。

SUSTAIN 采用了模块结构进行系统设计，共包括框架管理、BMP 布局、土地模拟、BMP 模拟、传输模拟、优化和后处理程序 7 个模块。用地产流模块采用 SWMM 模型；雨洪措施模拟模块包含了 10 余种单体和集成式生态雨洪组件，可针对不同生态雨洪措施对降雨径流和径流污染物的控制进行模拟；径流输送模块采用 HSPF 模型对不同地块之间、不同生态雨洪措施之间径流和污染物传输进行模拟；优化模块则基于给定的可变量和优化目标，通过分散搜索算法、遗传算法等优化算法对不同的情景方案进行比较分析，给出满足目标要求的最优方案。最后，通过后处理模块将优化的结果以降雨径流控制评价、生态雨洪措施控制功效总结、优化方案成本—效益曲线等可视化的方式表现出来。

SUSTAIN 系统将 BMP 措施划分为点状、线状和面状 3 种类型。点状 BMP 措施包括渗透池、干塘、人工湿地、砂滤池、蓄水池等；线状 BMP 措施主要包括植草沟、渗透沟和植被缓冲带等；面状 BMP 措施包括透水铺装和绿色屋顶等。BMP 模块综合考虑这些 BMP 措施的孔堰控制结构以及渗透、蒸发和植物生长等过程，进行径流演算和污染物损失、降解和传输过程的模拟。

SUSTAIN 内置了一个可独立在 ArcGIS 10.1 中运行的 BMP 布局工具（BMP Siting Tool），可由用户设置 BMP 措施的布局规则（如排水区域面积、场地坡度、土地类型、地下水位深度及道路缓冲区、河流缓冲带和建筑缓冲区要求距离等），BMP 布局工具可自动搜寻符合设置条件的 BMP 措施布置区域。

6.3.3 城市综合流域排水模型（Infoworks Integrated Catchment Management, Infoworks ICM）

英国 Innovyze 公司开发的 Infoworks ICM 及系列软件族是世界上第一款城市排水管网及河道的一维水力模型，与城市/流域二维洪涝淹没模型结合在一起形成独立模拟引擎软件。Infoworks ICM 以自行开发的水文模型为核心，可以完整地模拟城市雨水循环过程、雨污水收集系统的工作状态、排水管网系统与地表收纳水体之间的相互作用，实现了城市排水管网系统模型与河道模型的耦合，更为真实地模拟了地下排水管网系统与地表受纳水体之间的相互作用，并支持英国 SUDS 标准。

通过对排水系统中检查井、管道、泵站以及其他排水构筑物的流量、水位、流速、充满度、泵的启闭等时间序列的仿真模拟，排水模型提供的结果可为用户分析现状排水管网系统的工作状态。借助这些分析，可了解排水管网是否出现超负荷运行或冒溢；当降雨量达到多大时，系统无法正常排涝；为了让系统能应对规定设计暴雨重现期的雨水量，排水系统进行改扩建的规模如何。

Innovyze 旗下的 Info SWMM 软件支持生态雨洪措施模拟，并具备二维模块分析地表洪涝。该模型软件在国内水利部门应用较为普遍，能够给市政给水排水工程提供别具一格和完整的系统模拟工具，同时可以仿真模拟城镇的水文循环，并对管网的局限性以及设计方案进行优化及分析，快速而准确地进行管网模拟。

6.3.4 洪水与风暴潮分析(Mike Flood)模型

丹麦水力学研究所(Denish Hydraulic Institute, DHI)是总部设于丹麦的一家著名的跨国科研及咨询公司，水信息学研究是其主要工作领域之一。其开发的 Mike 系列商业建模软件涉及水环境模拟的诸多领域，比如河口和海岸模拟、河流模拟、城市排水管网系统模拟、地下水系统模拟等。其功能强大，技术支持雄厚，已在世界范围内有广泛的工程实际应用。Mike Flood 是一个耦合的水力模型，能够完整模拟一维地下排水管网系统水流过程和二维地表漫流过程。

Mike Flood 集成了三个独立的软件模块：一维的 Mike Urban CS 城市排水管网建模软件、一维的 Mike 11 河道建模软件和二维的 Mike 21 海岸及地表漫流建模软件，根据不同的应用情境可将其中的 Mike Urban CS 或者 Mike 11 与 Mike 21 进行动态耦合，以弥补各个模块单独模拟时的不足。Mike 11 用于模拟一维河道水体的流态，具备很强的计算能力，能够模拟长而复杂的河道，其计算引擎的核心是应用隐式有限差分法求解一维圣维南方程组来进行流体动力学模拟，即模拟河流水位和流量随时间和一维空间的变化。此外，它还集成了降雨径流模块，用于模拟闸门、堰、泵站等各种河道构筑物的构筑物模块，模拟溃坝的模块，模拟污染物扩散迁移的模块等，几乎涵盖了河流模拟的各个方面。然而，Mike 11 忽略了水流垂直方向和横向的变化，因此无法模拟二维漫流的情境。

Mike Urban 是基于地理信息系统的用于模拟城市给排水管网系统的建模软件。其排水管网模拟模块(Collection System, CS)能够模拟污水管道流、污染物迁移变化和生物化学反应过程等。整个排水管网系统的动态模拟划分为两个步骤：降雨径流模块和管网水力模块。其中，前者的输出结果恰恰是后者的上游边界条件。Mike Urban CS 亦是应用隐式有限差分法来求解一维的水流问题，即认为水流变量沿管道横断面没有变化。

与前两者相比，Mike 21 是一个二维模型，能模拟出水位、流速等在水平方向的变化。可以应用于河流、湖泊、港口及海岸、海洋模拟等。Mike 21 的计算内核有两个模式，一是应用隐式差分法求解圣维南方程组，其生成的计算网格为矩形网格；二是应用有限体积法求解圣维南方程组，其控制体积为三角形，生成的计算网格为灵活型网格。组成 Mike Flood

的 Mike Urban CS、Mike 11 和 Mike 21 这三个软件模块在单独应用时有各自不同的应用领域、适用条件、优势和局限性。通过对它们的耦合能够拓展模拟的水环境规模，发挥各模块优势的同时形成互补。

作为一个集成化的平台模拟软件系统，Mike Flood 能够胜任模拟很多水环境领域的问题，例如内陆洪水评估、洪水风险地图绘制、防洪措施的制定和模拟、城区内涝灾害应对分析、气候变化对水环境的影响评价、城市排水与受纳水体的交互式影响等。在获得更全面模型的同时，建模者可以节省相当的工作量。Mike Flood 的计算引擎能够进行并行的水力计算，从而使模拟时间大大缩短。同时，Mike Flood 这种一维和二维相耦合的新理念具有很高的灵活性，可以将需要详细模拟的部分用二维模块加以细化分析，在更完整的模型条件下对洪涝灾害的成因和风险进行更加细致的分析。例如，单独用 Mike Urban 或者同类型的排水管网建模软件仅能模拟管网水流情况，却不能模拟发生内涝处的地表漫流。

Mike Flood 集合了 GIS 技术，为模型数据的导入提供了高效便利的条件，并使各种模拟结果的显示更加形象。由于综合了地下管网水力模拟（Mike Urban CS）和城区地表漫流模拟（Mike 21），Mike Flood 对于模拟城市内涝灾害的发生具有独特优势。Mike Flood 可以模拟出城区内涝区域，以及在不同暴雨事件下各个内涝区的积水程度，无论是远离河流的城区由于降雨强度过大或者排水管网排水能力不足而导致的内涝灾害，还是临近河流的城区受到河流泛滥而导致的洪水灾害。在 Mike Flood 模型运行的过程中，Mike Urban CS 模块和 Mike 21 的水力信息交互是双向的。一方面，Mike Urban CS 的一维地下管网模型中超负荷的水量可以通过设定好的进水口溢流到 Mike 21 二维地表漫流模型中；另一方面，Mike 21 地表漫流模型中的地表径流可以通过进水口流入地下管网模型中。这种实时的全面的交互式模拟能够准确呈现地表径流形成的过程、管网溢流的过程，以及地面积水的过程。

6.3.5　城市雨水改善概念化 MUSIC 模型（Model for Urban Stormwater Improvement Conceptualization）

城市雨水改善概念化模型是 2002 年由澳大利亚政府水服务机构 E-Water 和 Monash University 为澳大利亚水敏感城市设计（WSUD）与建设而开发的降雨-径流模型。MUSIC 模型模拟不同类型集水区（城市、农业和森林）的雨水设施对下游水量和水质的影响。针对澳大利亚各城市和郡县的不同气候、土壤和建设状况建立专用的基础数据库，提供完善的水敏感城市建设导则，计算 LID 设施的经济效益。

MUSIC 模型旨在帮助城市雨洪管理专业人员对城市雨洪问题和污染影响的可能策略进行可视化处理。作为决策的辅助手段，MUSIC 可以预测水质管理系统的性能，以帮助组织规划和设计（在概念层面上）适合其集水区的城市雨水管理系统。对于使用水敏型城市规划的雨洪管理系统，无论系统简单还是复杂，研究者都可以使用 MUSIC 模型进行简单快速的建模。它可以模拟从郊区街区到整个郊区、城镇（0.01 km^2 到 100 km^2）的城市雨水系统。

MUSIC 不是一个详细的设计工具，而是一个概念分析工具。目前的雨水水质模型无法重现准确可靠的历史测验图，因此需要引入其他方法来模拟城市集水区的雨水径流。要获得运行模型所需的完整数据集通常是困难的，而 MUSIC 大多数输入数据都是基于布里斯班和墨尔本的实验/土壤条件的默认数据，所以 MUSIC 的另一个优点是不需要太多的输入数据，但其他城市的一些与默认参数有区别的参数可能会对模型结果产生重大影响。MUSIC 在处理污染物方面没有经过严格的测试。虽有这些不足，MUSIC 仍是目前澳大利亚工业界在预测各种雨洪技术时最流行的模型之一。

MUSIC 模型在澳大利亚、新西兰等国应用，用来评估绿色基础设施的径流量、污染物负荷和成本效益。MUSIC 模型是基于特定区域大量基础数据开发出来的，其使用存在区域性的限制，目前还不能很好地适用于我国海绵城市的建设。MUSIC 模型在使用过程中大量参数是默认值，能快速地模拟城镇化和雨水设施对径流量和水质的影响，水质方面能模拟 TP、TN、TSS 三种污染物。MUSIC 模型也具备对雨水设施优化设计的能力。MUSIC 模型界面友好，适合于非研究机构的实践分析和水管理部门进行效益预测核算。由于基础数据不同，MUSIC 目前在国内还没有得到应用，但其开发模式值得中国海绵城市的主管部门借鉴。

6.3.6 SCS(Soil Conservation Service)水文模型

SCS 水文模型是美国农业部水土保持局开发的一种用于估算降雨径流的经验统计模型，能够反映不同土地利用/土地覆盖、土壤类型、前期土壤湿润条件(Antecedent Moisture Condition, AMC)等下垫面因素以及人为活动对降雨径流的影响，具有机理清晰、结构简单、所需参数数目较少、参数便于获取等特点。由于城市总体规划用地阶段以《城市用地分类规划建设用地标准(GB 50137—2011)》中的八大类建设用地分类为主，中类用地分类为辅，尚未进入详细规划阶段，因而运用 SCS 水文模型对区域降雨径流产流进行模拟分析较为合适。

(1) SCS 模型的基本原理

SCS 模型建立在水平衡方程和两个基本假设上：

水平衡方程：

$$P = I_a + F + Q \tag{6-1}$$

式(6-1)中，P 表示某场降雨事件的总降雨量(单位：mm)；I_a表示初损量(单位：mm)，主要指植物截流、初渗和下垫面表面的填洼蓄水；F 表示实际入渗量(单位：mm)；Q 表示地表径流量(单位：mm)。

两个基本假设：

① 假定汇水区某场降雨事件的实际入渗量(F)和实际径流量(Q)之比等于汇水区最大可能滞留量(S)与潜在径流量(Q_m)之比，即：

$$\frac{F}{Q} = \frac{S}{Q_m} \tag{6-2}$$

② 假定潜在径流量（Q_m）为总降雨量（P）与初损量（I_a）的差值，即：

$$Q_m = P - I_a \tag{6-3}$$

I_a与 S 有经验关系：

$$I_a = \lambda S \tag{6-4}$$

式(6-4)中，λ 为常数，通常取 0.2。

由此可以得出 SCS 模型的基本产流公式如下：

$$\left.\begin{array}{l} Q = \dfrac{(P - I_a)^2}{P - I_a + S},\ P \geqslant I_a \\ Q = 0,\ P < I_a \end{array}\right\} \tag{6-5}$$

式(6-5)中的 S 为唯一的不确定参数，其变化幅度很大，为此，美国国家自然资源保护局(NRCS)引入一个无因次参数：径流曲线数(Curve Number，CN)，并将 S 与 CN 建立如下关系：

$$S = 254\left(\frac{100}{CN} - 1\right) \tag{6-6}$$

式(6-6)中，CN 是一个无量纲参数，可以反映汇水区下垫面因素（土地利用/土地覆盖、土壤类型、前期土壤湿润程度）的综合特性。

（2）SCS 模型参数

① 土壤水文组分类标准

NRCS(1996)根据相同降水和地表条件下土壤的产流能力，将土壤分为四个水文组类（表 6.4），土壤的产流能力主要受土壤最小渗透率的影响。

② 前期土壤湿润条件(AMC)划分标准

AMC 等级的划分主要根据前期降水指数 API(Antecedent Precipitation Index)，计算公式为：

$$API = \sum_{i=1}^{n} P_i \tag{6-7}$$

式(6-7)中，P_i表示前 i 天的降水量（单位：mm），一般取 5 天。根据 API 指数，将前期土壤湿润程度 AMC 划分为Ⅰ（干燥）、Ⅱ（中等）、Ⅲ（湿润）等 3 种类型，详见表 6.5。

表 6.4　SCS 模型土壤水文组划分标准

土壤水文组	土壤质地	最小渗透率(mm/h)
A	厚层沙、厚层黄土，团粒化粉沙土	7.26～11.43
B	薄层黄土、沙壤土	3.81～7.26
C	黏壤土、薄层沙壤土、有机质含量低或黏质含量高的土壤	1.27～3.81
D	吸水后明显膨胀的土壤、塑性土壤、某些盐渍土壤	0～1.27

表格来源：参考袁作新. 流域水文模型[M].北京：中国水利水电出版社，1990.

表 6.5 前期土壤湿润程度 AMC 等级划分标准

AMC 等级	前 5 天降雨总量(mm)	
	植物休眠期	植物成长期
AMC Ⅰ：土壤干旱,但未到达植物萎蔫点,有良好的耕作及耕种	<13	<36
AMC Ⅱ：发生洪泛时的平均状况,即流域洪水出现前夕的土壤水分平均状况	13～28	36～53
AMC Ⅲ：暴雨前的 5 天内有大雨或小雨和低温出现,土壤水分几乎呈饱和状况	>28	>53

表格来源：参考袁作新.流域水文模型[M].北京：中国水利水电出版社,1990.

6.3.7 PLOAD(Pollution Load)模型

PLOAD 模型集成于美国国家环保局 USEPA 开发的 BASINS(Better Assessment Science Integrating Point and Nonpoint Source, BASINS)系统,主要用来分析流域非点源污染(Non-Point Source Pollution, NPS)的年负荷量变化,并建立了土地利用类型与非点源污染负荷之间的关系,具有计算简单、所需参数较少、结果易于统计分析等特点。将 PLOAD 模型与 SCS 模型相结合,可广泛用于城市用地、农业用地和未开发地的非点源污染负荷预测,尤其适用于缺乏长期连续监测资料的区域,适用于城市总体规划阶段、宏观尺度的区域地表径流污染负荷的总量模拟研究。

PLOAD 模型的计算公式为：

$$L_n = \sum_{i=1}^{n} A_i Q_i EMC_i \tag{6-8}$$

式(6-8)中, L_n 表示径流污染负荷; A_i 表示第 i 种土地利用类型的汇水面积; Q_i 表示第 i 种土地利用类型的径流深度,根据 SCS 模型计算结果可得; EMC_i 为第 i 种土地利用类型的降雨事件的污染物平均浓度值(Event Mean Concentration, EMC)。

在一场降雨事件过程中,径流污染的污染物浓度变化很大,且具有初始冲刷效应,因而常用降雨事件径流污染物平均浓度值 EMC 来表示在一场降雨事件全过程中某种径流污染物的平均浓度,它是一场降雨径流全过程中取样样品污染浓度的流量加权平均值。

城市地表覆盖分布不均,不透水面与透水面之间错综复杂的空间分布,高精度的城市水文生态过程空间模拟研究有助于加深对城市复杂下垫面径流产汇流规律和特征的理解和认知。海绵城市建设尤其是城市海绵绿地建设绝对不应该仅仅是略带盲目性的“点”上的试点实践工程,更应该首先在“面”上,在城市流域的不同尺度层面,从城市水循环的高度,基于“天、地、城、水”的城市水文生态过程,围绕绿色雨水基础设施对城市水文生态过程的生态调控,开展多尺度、多维度、多目标、定性与定量相结合的空间模拟分析研究,进而回答在绿色雨水基础设施规划中的“为什么建（定理）”“建什么（定性）”“在哪里建（定位）”“怎么建（定量）”的四大核心科学问题，构建完整、连续而有机的海绵体空间格局与网络体系，更科学、更有针对性地指导“点”上的建设实践工作。

城市水文生态过程空间模拟分析研究，需要大量的长时间序列、高精度的监测和研究数据，国内对于此方面的研究刚刚起步，往往受到长期数据时间不够以及数据精度严重不足等方面的制约。此外，在相关模型的实际应用中，应注意模型的参数优化与不确定性分析，这是数学模型应用的关键环节。将城市“天、地、城、水”四大水文生态过程进行紧密耦合，结合分布式水文模型、管网水力模型、河道水力学与水环境模型等的相互响应关系与耦合，建立城市雨洪模拟和管理集成模型，需要开展长期深入的研究。

6.4　城市海绵绿地建设措施与技术

与传统灰色排水基础设施“以水为敌，快来快走”的硬排水理念相比，LID 措施对雨水的态度则是“以水为友”，通过场地设计和设施设计把雨水充分收集利用和净化，实现了雨水的重新利用，节约了宝贵的水资源，维护了开发地的生态特征。更重要的是，LID 不仅考虑了水安全、水循环、水生态，同时把水视为一种重要的景观资源，引导人们从对水的尊重，到对水的利用上来。因此，LID 是一种先进的生态设计理念。

LID 技术的主要功能有渗透、存储、调节、转输、截污净化等，各类技术组合应用，实现径流总量控制、径流峰值控制、径流污染物控制、雨水资源化利用等目标。各类 LID 技术包含若干不同形式的 LID 设施，主要有透水铺装、绿色屋顶、下沉式绿地、生物滞留设施、渗透塘、渗井、湿塘、雨水湿地、蓄水池、雨水罐、调节池、调节塘、植草沟、渗管/渠、植被缓冲带、初期雨水弃流设施、人工土壤渗滤等。

LID 单项措施具有多项功能，但是单独设置一项措施，不能有效地达到雨水系统要求，需要多项措施联合，形成一个 LID 组合系统，既要保证设施的主要功能，又要考虑到经济性、适用性和景观效果等因素，例如，调节池作为调节设施的一种，其功能为削减雨水管渠峰值流量，由于其功能单一，需与湿塘、雨水湿地合建，构建多功能调蓄水体。为了实现有效控制径流总量、径流峰值和径流污染等多个目标，需根据汇水区的特征，合理选择低影响单项设施进行优化组合。

从雨水系统方面分析，径流总量控制效果好的设施有透水铺装、绿色屋顶、下沉式绿地、生物滞留设施、渗透塘、渗井、湿塘、雨水湿地、蓄水池、雨水罐和干式植草沟，其中透水铺装、下沉式绿地、生物滞留设施、渗透塘、渗井和干式植草沟可以有效地补充地下水；湿塘、雨水湿地、蓄水池和雨水罐具有很强的集蓄利用雨水的功能；生物滞留设施和雨水湿地可有效地净化雨水；湿塘、雨水湿地、调节池和调节塘具有很强的控制径流峰值的功能。

为了达到雨水系统的标准，需根据不同类型用地的功能、用地构成、土地利用布局和水文地质等条件，合理地选择 LID 设施，各类用地中 LID 设施选用如表 6.6 所示。

表 6.6　各类用地中 LID 设施选用

技术类型（按主要功能	单项设施	用地类型			
		建筑与小区	城市道路	绿地与广场	城市水系
渗透技术	透水砖铺装	●	●	●	◎
	透水水泥混凝土	◎	◎	◎	◎
	透水沥青混凝土	◎	◎	◎	◎
	绿色屋顶	●	○	○	○
	下沉式绿地	●	●	●	◎
	简易型生物滞留设施	●	●	●	◎
	复杂型生物滞留设施	●	●	◎	◎
	渗透塘	●	◎	●	○
	渗井	●	◎	●	○
存储技术	湿塘	●	◎	●	●
	雨水湿地	●	●	●	●
	蓄水池	◎	○	◎	○
	雨水罐	●	○	○	○
调节技术	调节塘	●	◎	●	◎
	调节池	◎	◎	◎	○
传输技术	传输型植草沟	●	●	●	◎
	干式植草沟	●	●	●	◎
	湿式植草沟	●	●	●	◎
	渗管/渠	●	●	●	○
截污净化技术	植被缓冲带	●	●	●	●
	初期雨水弃流设施	●	◎	◎	○
	人工土壤渗滤	◎	○	◎	◎

注：●——宜选用　◎——可选用　○——不宜选用
表格来源：《海绵城市建设技术指南——低影响开发雨水系统构建(试行)》

6.4.1　基于渗透技术的低影响开发技术

各项 LID 设施往往具备多项功能，例如，生物滞留设施的主要功能是渗透补充地下水，除此之外还具有削减峰值流量、净化雨水等功能；湿塘在闲时有景观、休闲和娱乐的功能，在暴雨发生时起调蓄功能，可实现土地资源的多功能使用。LID 单项设施的概念、优缺性和适用性如下。

1）透水铺装

透水铺装是指能使雨水通过并直接渗入路基的人工铺筑工程。下雨时能较快消除道路、广场的积水现象；集中降雨时能减轻城市排水设施的负担，防止河流泛滥和水体污染。透水铺装的共同特点是雨水可与透水铺装的下基层相通，通过空隙下渗进入透水铺装区域内的土壤中。透水铺装结构由于面层材料的不同可分为整体型透水铺装结构（包括透水水泥混凝土和透水沥青混合料）和块料型透水铺装结构（预制路面砖铺装）。透水砖铺装的典型构造由 5 部分构成，包含透水面、透水找平面、透水基层、透水底基层和土基。

整体型透水铺装面层是通过材料的特殊级配，使面层具有相互连通的多孔结构，成为雨水下渗和下垫层蓄水蒸发的通道，但多孔结构会降低骨料的连接强度，进而降低该路面的强度和耐久性。

与不透水的铺装材料相比，透水性铺装材料具有诸多生态方面的优点，具体表现为：

（1）雨水通过透水路面，可以迅速下渗入地表，及时补充了地下水，产生了涵养水源的作用；对于道路周边的植物，也提供了一个较大的“水源”，起到了一定程度的生态涵养作用。

（2）雨水就地下渗，大大减小了地面地表径流，削弱了雨洪的峰值，大大减缓了城市排水管网的排水压力，使得排水管网中的污染物可以得到充分的截留和净化，减少了对水体的污染。

（3）透水铺装具有良好的渗水性及保湿性，它既兼顾了人类活动对于硬化地面的使用要求，又能通过自身性能接近天然草坪和土壤地面的生态优势减轻城市非透水性硬化地面对大自然的破坏程度，透水铺装地面以下的动植物及微生物的生存空间得到有效的保护，因而很好地体现了“与环境共生”的可持续发展理念。但其结构特点导致这类铺装容易堵塞，在严寒地区易被冻融破坏。主要用于广场、停车场、人行道及车流量和荷载较小的道路。

2）绿色屋顶

绿色屋顶也称种植屋面、屋顶绿化等。根据种植基质深度和景观复杂程度，绿色屋顶又分为简单式和花园式，基质深度根据植物需求及屋顶荷载确定，简单式绿色屋顶的基质深度一般不大于 150 mm，花园式绿色屋顶在种植乔木时基质深度可超过 600 mm。

由于植物对雨水的截留、蒸发作用以及人工种植土对雨水的吸纳作用，屋顶绿化可对暴雨峰值流量大幅削减，有利于城市的防洪排涝，相应提高防涝标准。同时，随着绿色屋顶的日益增多，可增大城市绿地面积，节约土地和开拓城市空间，从而减少雨水资源的流失，调节雨水的自然循环和平衡，改善城市景观及水环境。许萍等人研究了降水历时、屋面承接的降雨量及不同屋面雨水汇流量三者的关系发现，在暴雨强度最大的前 15 min 时间内，当屋面承接的降雨量为 33.6 L/m^2 时，沥青屋面汇流为 30.2 L/m^2，绿色屋面（采用厚度为 30 cm、饱和含水率为 15.5%的人工种植土层）汇流为 11.1 L/m^2，屋顶经绿化后削减雨水量 67%，较沥青屋面多削减雨水量 63%，且绿色屋顶汇流的雨水量主要集中在前 15 min，其后屋顶雨水全部由人工种植土层吸纳或净化后渗透出来，屋顶不再形成表面雨水径流。

绿色屋顶能够削减屋面径流总量和径流污染负荷，具有节能减排的功能。但对屋顶荷载、防水、坡度和空间条件有严格要求，造价成本高。

绿色屋顶适用于符合屋顶荷载、防水等条件的平屋顶建筑和坡度≤15°的坡屋顶建筑。

3）下沉式绿地

下沉式绿地指具有一定的调蓄容积，可用于调蓄和净化径流雨水的绿地。狭义上的下沉式绿地指绿地的高程低于周围硬化平面 50～250 mm，在绿地内或硬化界面与绿地的衔接处设有雨水溢流口，保证暴雨时径流的溢流排放，溢流口顶部标高一般应高于绿地 50～100 mm；广义上的下沉式绿地指低于周围区域且具有一定雨水调蓄能力的生态雨洪设施，包括生物滞留设施、渗透塘、湿塘、雨水湿地和调节塘。

由于下沉式绿地的建设和养护成本较低，因此被广泛应用于各种社区、公园中，配以植物组团或花镜形成景观性较高的 LID 设施。但由于下沉式绿地本身占地面积较大，如果不适当处理，极易造成污染物等聚集在一处，从而导致下沉式绿地失去原有的功能和效果，反而适得其反。

城市绿地率、绿化覆盖率、人均绿地面积和人均公园绿地面积等数量指标是城市绿地建设重点关注的传统内容，但忽略了城市绿地空间格局、绿地结构以及由此产生的生态环境效益。随着城市化进程的不断加快，人们对当下环境和城市绿地景观建设的要求也不断增高，但是却仅仅注重美观的效果而忽视了绿地生态功能的发挥。传统的城市绿地建设形式多为上凸式绿地，从而使得降水所产生的水量大量形成地表径流或直接进入城市排水管道，造成水资源的浪费。

狭义的下沉式绿地适用区域广，其建设费用和维护费用均较低；但大面积应用时，易受地形等条件的影响，实际调蓄容积较小。

下沉式绿地可广泛应用于城市建筑与小区、道路、绿地和广场内。对于径流污染严重、设施底部渗透面距离季节性最高地下水位或岩石层小于 1 m 及距离建筑物基础小于 3 m（水平距离）的区域，应采取必要的措施防止发生次生灾害。

4）生物滞留设施

生物滞留设施最早于 1990 年代初期在美国马里兰州提出和应用，生物滞留技术的特征就是有一片雨水的洼地接受雨水的汇入，洼地表面可以放一些护根物，垫层可以进行专门的设计以提高渗水能力，并配以雨水的进口、排口和溢流口。按应用位置可分为雨水花园、生物滞留带、高位花坛和生态树池等。

生物滞留设施的优点如下：

（1）经过地表生物滞留设施后，雨水的径流会产生明显的削减效应；

（2）生物滞留设施对污染物具有极强的净化能力，包括有机污染物和重金属污染物，以及一些细菌和病毒；

（3）生物滞留设施易于与景观相结合，既可达到控制污染物的功效，又带给人视觉美；

（4）生物滞留设施的造价和养护成本较低，并且分布范围和条件限制较少，因此被较广泛地运用。

缺点是易发生次生灾害，下水位与岩石层较高、土壤渗透性能差、地形较陡的地区应采取必要的换土、防渗、设置阶梯等措施避免次生灾害的发生，建设费用较高。

生物滞留设施主要适用于建筑、道路及停车场的周边绿地，以及城市道路绿化带等城市绿地内。对于径流污染严重、设施底部渗透面距离季节性最高地下水位或岩石层小于1 m及距离建筑物基础小于3 m（水平距离）的区域，可采用底部防渗的复杂型生物滞留设施。

5）渗透塘

渗透塘是一种用于雨水下渗以补充地下水的洼地，具有一定的净化雨水和削减峰值流量的作用，塘体前侧应设置预处理设施。

优点是可有效补充地下水、削减峰值流量；建设费用较低。

缺点是对场地条件要求严格，后期维护管理成本较高。

渗透塘适用于汇水面积较大（大于1 hm^2）且具有一定空间条件的区域，但应用于径流污染严重、设施底部渗透面距离季节性最高地下水位或岩石层小于1 m及距离建筑物基础小于3 m（水平距离）的区域时，应采取必要的措施防止发生次生灾害。

6）渗井

渗井指通过井壁和井底进行雨水下渗的设施，为增加渗透效果，可在渗井周围设置水平渗排管，并将渗排管铺设到砾石层中。

渗井占地面积小，建设和维护费用较低，但其对水质的净化和水量控制作用有限。

渗井主要适用于建筑、道路及停车场的周边绿地内。渗井应用于径流污染严重、设施底部距离季节性最高地下水位或岩石层小于1 m及距离建筑物基础小于3 m（水平距离）的区域时，应采取必要的措施防止发生次生灾害。

6.4.2　基于存储技术的低影响开发技术

1）人工湿地

湿地是城市之“肾”，它是世界上最具生产力的生态系统之一，具有众多的生态及社会服务功能，在蓄洪防旱、补地下水、调节气候、降解环境污染、维持生物多样性等方面发挥着巨大作用，同时亦为无数依赖湿地的动植物提供水、主要食物和栖息地，为人类带来巨大的经济效益。随着城市化进程以及社会经济的发展，加之湿地保护意识未形成，湿地未能得到有效保护，湿地面积萎缩，生态环境被破坏。

在国内外的城市公园建设中，人工湿地被广泛地运用于城市雨水径流的调蓄以及污水的净化，从而将水域空间的治理、地下水的蓄积、生物栖息地等同公园建设结合起来。日本香橙公园、深圳洪湖公园、成都“活水公园”等都充分应用了湿地，起到径流调蓄和污水处理的作用，并且向游人们展现了湿地的风貌。在美国，类似的湿地被称为滞留池（Detention pond）或者储水池（Retention pond），被广泛地应用到美国的园林设计中，从而达到就地滞洪蓄水的目的。

湿地景观建设是一个较为复杂的模拟或恢复自然生态系统的工程，不是简单的挖一片池塘或种植一点水生植物，特别是湿地公园的建设更应在仔细研究区域、功能、植物、土壤、人文历史等地带性原则的基础上，根据具体条件规划设计出各种湿地生境，从而引导、培育遭到破坏的原始乡土动植物资源，最终形成丰富多样的、自然的湿地生态群落。为了更好地发挥城市湿地的雨洪调蓄功能，将湿地设计成通过人工湖底或湖边的不同构造来控制水位的设施，以便于在降雨前夕预先降低水位，以达到暂存雨水的目的。

人工湿地所存在的一些问题如下：

(1) 人工湿地受到气候、温度等影响较大。经研究发现，人工湿地在不同温度下对于污染物的去除效率具有一定的区别，一般来说污染物去除率夏季＞秋季＞春季＞冬季，因此在温度较低的地区建设人工湿地，污染物去除效果不会特别明显。

(2) 占地面积较大。一般来说，人工湿地的面积大小为污水处理场的 2～3 倍，由于地价等客观因素的影响，大多数地方会选择建立较小的污水处理场而不愿意建立相对较大的人工湿地。

(3) 基质的影响。基质在人工湿地中发挥着重要的作用，但随着污水处理过程的不断进行，再加上植物腐败，使基质吸附能力逐渐饱和，很容易出现淤积，发生阻塞现象。

2）湿塘

湿塘(图 6.10)指结合绿地、开放空间等场地条件设计的多功能调蓄水体，具有雨水调蓄和净化功能。

湿塘在海绵城市当中的作用如下：

(1) 调蓄作用：当降雨较大，河道水位超过设计水位时，雨水径流开始溢入湿塘，起到了一定的调蓄作用；

(2) 净化河道水质：随着雨水径流的不断增大，河道中和雨水径流中的污染物浓度也不断增加，湿塘内的动植物、微生物品种和密度之间相互协调，共同处理河道中的污染物；

(3) 景观生态作用：湿塘内具有很高的生物多样性，包括大量的挺水植物、浮水植物等，形成一条绿色的生态绿道，将河道景观完美地展现出来。

图 6.10　湿塘

图片来源：作者自摄

湿塘适用于建筑与小区、城市绿地、广场等具有空间条件的场地。

湿塘可有效削减较大区域的径流总量、径流污染和峰值流量，是城市内涝防治系统的重要组成部分；但对场地条件要求较严格，建设和维护费用高。

3）雨水湿地

利用物理、水生植物及微生物等作用净化雨水，是一种高效的径流污染控制设施。一般设计成防渗型。其目的是维持雨水湿地植物所需的水量，可与湿塘合建。

雨水湿地能够削减污染物并控制径流总量和峰值流量，但建设及维护费用较高。

雨水湿地适用于具有一定空间条件的建筑与小区、城市道路、城市绿地、滨水带等区域。

雨水湿地可有效削减污染物，并具有一定的径流总量和峰值流量控制效果，但建设及维护费用较高。

4）雨水罐

雨水罐指地上或地下封闭式的简易雨水集蓄利用设施，可用塑料、玻璃钢或金属等材料制成。

适用于单体建筑屋面雨水的收集利用。

雨水罐多为成型产品，施工安装方便，便于维护，但其储存容积较小，雨水净化能力有限。

5）蓄水池

蓄水池工程是小流域治理中较为常见、应用较为广泛的一项重要措施。蓄水池作为海绵设施中一项重要的设施，具有较为强大的雨水存储功能，并可以在需要的时候将水资源进行利用。对于短而强的暴雨，可以大大削弱降雨的峰值，减少地表径流。按照蓄水池的做法，可分为钢筋混凝土蓄水池，砖、石砌筑蓄水池，塑料蓄水模块拼装式蓄水池。

蓄水池能有效节省占地，方便雨水管渠接入，并避免阳光直射、防止蚊虫滋生，储存水量大，可有效地利用雨水资源。但具有建设费用高，后期维护管理困难的问题。

蓄水池适用于有雨水回用需求的建筑与小区、城市绿地等，可根据雨水回用用途（绿化、道路喷洒及冲厕等）不同配建相应的雨水净化设施；不适用于无雨水回用需求和径流污染严重的地区。

6.4.3　基于调节技术的低影响开发技术

1）调节塘

调节塘（图 6.11）以削减峰值流量功能为主，一般由进水口、调节区、出水设施、护坡及堤岸构成，具备渗透功能，可补充地下水和净化雨水。

调节塘适用于建筑与小区、城市绿地等具有一定空间条件的区域。

调节塘可有效削减峰值流量，建设及维护费用较低，但其功能较为单一，宜利用下沉式公园及广场等与湿塘、雨水湿地合建，构建多功能调蓄水体。

图 6.11　调节塘

图片来源：作者自摄

2）调节池

调节池是调节设施的一种，其作用是可降低雨水管渠峰值流量，一般常用溢流堰式或底部流槽式，又可分为地上敞口式调蓄池或地下封闭式调节池。

调节池适用于城市雨水管渠系统中，削减管渠峰值流量。

调节池可有效削减峰值流量，但其功能单一，建设及维护费用较高，宜利用下沉式公园及广场等与湿塘、雨水湿地合建，构建多功能调蓄水体。

6.4.4 基于传输技术的低影响开发技术

1）植草沟

植草沟指种有植被的景观性地表沟渠，可收集、输送和排放径流雨水，它可使得地表径流以较低的流速经过植草沟，对雨水有过滤和滞留作用，并且可以将雨水中的大多数颗粒物进行溶解或者有效去除。植草沟同样可用来衔接其他的单项设施、城市雨水管渠系统和超标雨水径流排放系统，其分为转输植草沟、渗透型的干式植草沟和湿式植草沟。

植草沟适用于建筑与小区内道路、广场、停车场等不透水面的周边，城市道路及城市绿地等区域，也可作为生物滞留设施、湿塘等低影响开发设施的预处理设施。植草沟也可与雨水管渠联合应用，场地竖向允许且不影响安全的情况下也可代替雨水管渠。

植草沟具有建设及维护费用低，易与景观结合的优点，但已建城区及开发强度较大的新建城区等区域易受场地条件制约。

2）渗管/渠

渗管/渠指具有渗透功能的雨水管/渠，可采用穿孔塑料管、无砂混凝土管/渠和砾石等材料组合而成。

渗管/渠适用于建筑与小区、公共绿地内转输流量较小的区域，不适用于地下水位较高、径流污染严重及易出现结构塌陷等不宜进行雨水渗透的区域（如雨水管渠位于机动车道下等）。

渗管/渠对场地空间要求小，但建设费用较高，易堵塞，维护较困难。

6.4.5 基于截留技术的低影响开发技术

1）植被缓冲带

植被缓冲带指坡度较缓的植被区，经植被拦截及土壤下渗作用可减缓地表径流流速，去除径流中的部分污染物，其坡度一般为 2%～6%，宽度不宜小于 2 m。

植被缓冲带适用于道路等不透水面周边，可作为生物滞留设施等低影响开发设施的预处理设施，也可作为城市水系的滨水绿化带，但坡度较大（大于 6%）时其雨水净化效果较差。

植被缓冲带建设与维护费用低，但对场地空间大小、坡度等条件要求较高，且径流控制效果有限。

2）初期雨水弃流设备

初期雨水弃流设备指通过一定方法或装置将存在初期冲刷效应、污染物浓度较高的雨水初期径流予以废除，以降低雨水的后续处理难度，处理后的雨水排入市政污水管网（或雨污合流管网）由污水处理厂进行集中处理，其弃流形式有自控弃流、渗透弃流、弃流池和雨水管弃流等。

初期雨水弃流设施占地面积小，建设费用低，可降低雨水储存及雨水净化设施的维护管理费用，但径流污染物弃流量一般不易控制。

初期雨水弃流设施是其他低影响开发设施的重要预处理设施，主要适用于屋面雨水的雨落管、径流雨水的集中入口等低影响开发设施的前端。

3）人工土壤渗滤

人工土壤渗滤主要作为蓄水池等雨水储存设施的配套设施，以达到回用水水质指标。人工土壤渗滤设施的典型构造可参照复杂型生物滞留设施。

人工土壤渗滤雨水净化效果好，易与景观结合，但建设费用较高。

人工土壤渗滤适用于有一定场地空间的建筑与小区及城市绿地。

实 证 篇

第 7 章

公共海绵绿地规划设计案例

7.1 道路海绵绿地项目

7.1.1 项目概况

道路海绵绿地地段总长 1.7 km，两侧各有 60 m 的绿带，其中包含 15 m 林带以及外侧的自然坑塘水面，总用地面积 51 000 m^2。场地周边的河流水质受到面源污染的严重影响，且河道的流通性较差。从生态角度而言，区域内生态护岸不完善，亟待修复，整体环境的生态多样性较差。

场地现状地形从两个层面来考量，一为道路标高，道路在场地内部高差较为平缓；二为绿地标高，场地绿地范围采用微地形手法，绿化场地有较大起伏，整个绿化场地平均绿地高差 2 m 左右，场地中部中心绿地处高差最大，为 3 m。现状高程使方案成为交通道路较为平缓，而绿化地形丰富的空间布局。本项目现状已建成雨水排水系统。地块红线范围内海绵城市设施设计内容主要有：新增表面流处理型人工湿地、植草沟、检测设施等。

7.1.2 场地分析

道路两侧所需设计的海绵城市绿地示范项目长度约 1.7 km，道路两侧各有 60 m 绿带，其中林带宽度 15 m，外侧为自然坑塘水面，面积共 51 000 m^2。用地性质如图 7.1。

场地现状为不连续的坑塘水面。水塘的深度为 0.2～0.6 m，宽度大约是 3～12 m。自然坑塘生长有芦苇、盐蒿等湿地植物，并偶有鸟类栖息(图 7.2)。现状高程由主路向两侧逐渐降低，道路两侧的路带通过生态护坡过渡到自然坑塘水面(图 7.3)。河流水质受面源污染影响明显，河道流通性差。区域内生态护岸不完善，亟待修复，生态多样性较差。

1) 现状场地所面临的问题与需求

(1) 道路径流污染是城市径流污染中最严重的一种类型，如何削减污染，保护水质；

(2) 道路两侧原有坑塘水面，如何很好地将现有的大量坑塘水面串联起来，形成特色化的生态水景观；

(3) 现有场地辅路、主路绿化隔离带、人行道绿化带已建成，长势效果较好，如何在不破坏现有道路绿化的基础上，进行海绵化改造。

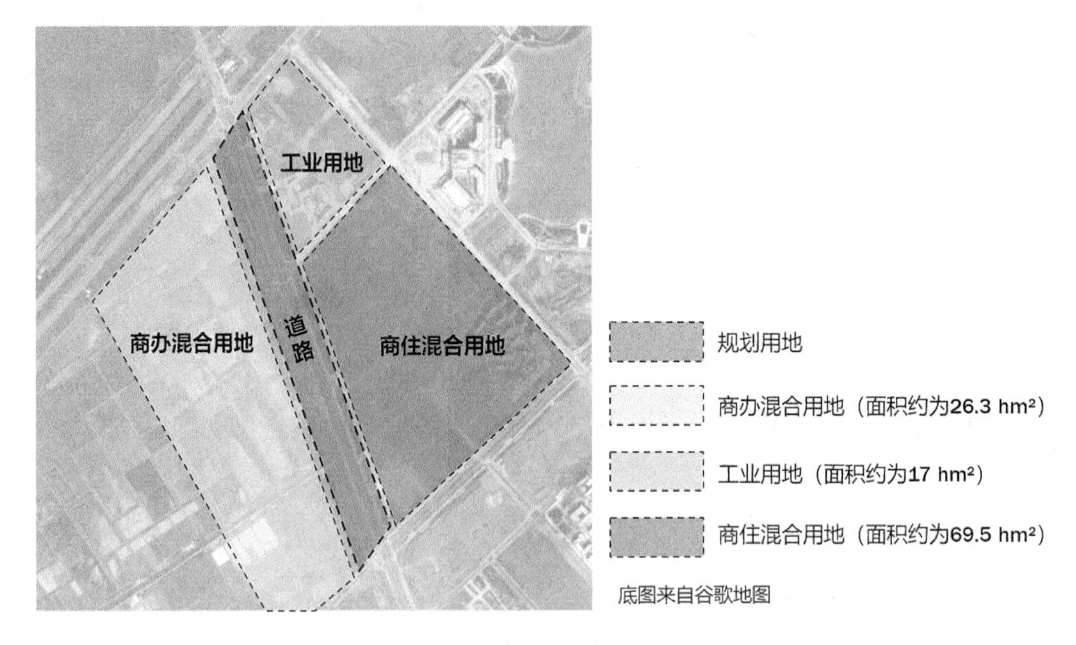

图 7.1　场地周边用地性质图

（图片来源：作者自绘）

图 7.2　场地现状图

（图片来源：作者自摄）

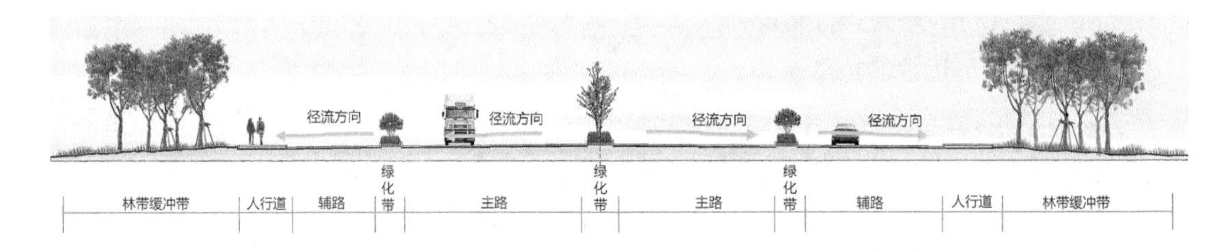

图 7.3　场地剖面图

（图片来源：作者自绘）

2）项目设计目标与指标

（1）海绵设施满足对该道路雨水径流的接纳作用；

（2）该道路东侧绿化应与预留地块功能相结合，海绵设施设计应具有一定的前瞻性；

(3) 合理划分汇水分区，明确海绵设施的布局、类型、功能以及规模；

(4) 选择与海绵设施相适应的植物配置方案，同时充分考虑景观效果；

(5) 本项目海绵方案的控制指标：年径流总量控制率 85%。

7.1.3　总体方案

本规划设计定位主要为创造海绵型道路绿色生态廊道，即串珠式生态景观雨水塘模式(图 7.4)。整个设计构思是将原有水系进行梳理，以蜿蜒的河道将一个个生态雨水塘进行串联，一方面增加了景观的观赏性，另一方面还加强了水体与岸边的联系，发挥多个雨水塘不同的生态作用。

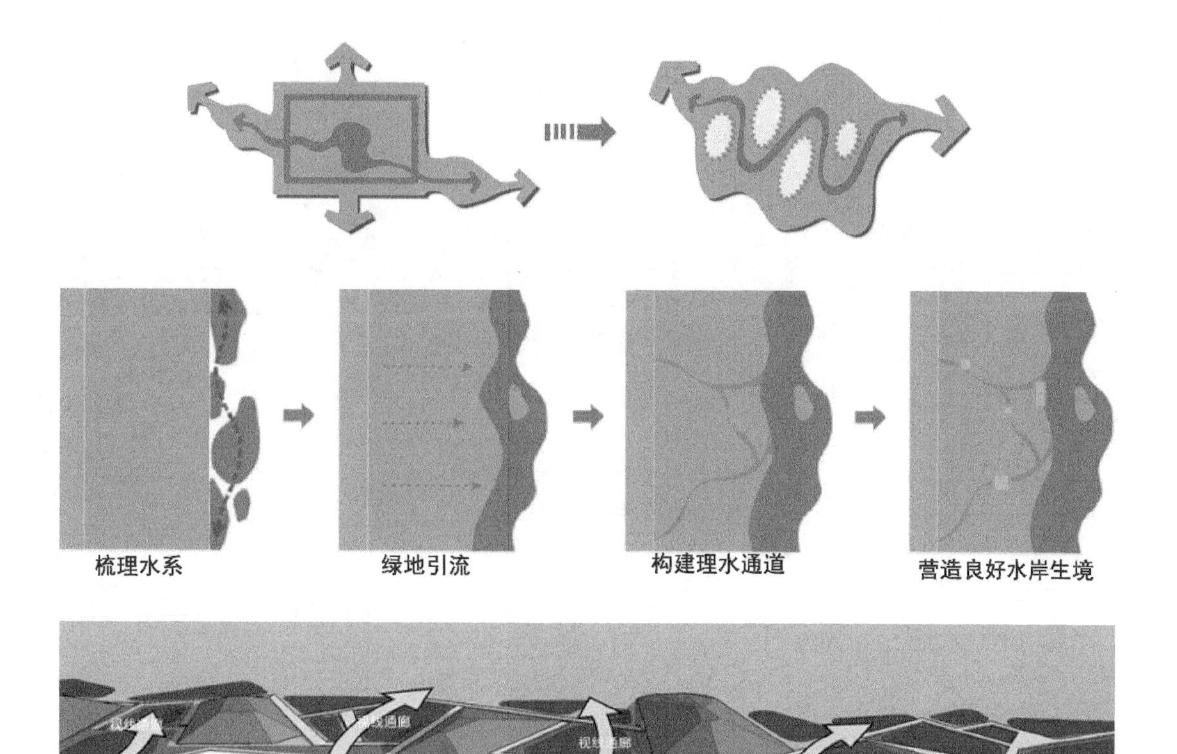

图 7.4　串珠式生态景观雨水塘模式图

(图片来源：作者自绘)

将该项目的道路分成三个主题进行设计，分别命名为芦花飞雪、曲径风荷、长岛碧波(图 7.5)，并对场地的竖向进行整体的设计，以满足海绵绿地建设的要求(图 7.6)。

在海绵设施的布置方面，整体的径流组织与策略是在道路两侧设计溪沟，水流由两侧向河流流(图 7.7)。在场地内设置不同的海绵设施(图 7.8)。

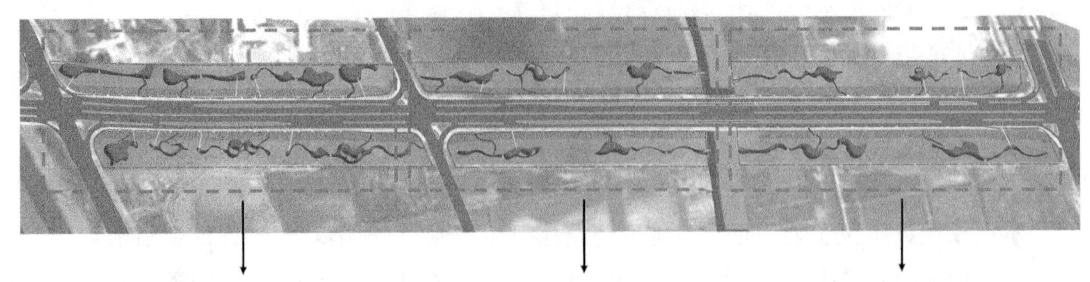

A段：芦花飞雪

沟通现有池塘形成蜿蜒曲折的芦荡港汊，创造以芦荡野趣为特色的景观生态风貌区

B段：曲径风荷

湿地观赏区，保留原生池塘和水生植被，适当补充、丰富植物品种，创造以湿地植物为特色的湿地风光风貌区

C段：长岛碧波

在满足水利功能的基础上，利用地势设计水生植物岛，创造宏阔、优美的湿地风光

图 7.5　分段详细设计图

（图片来源：作者自绘）

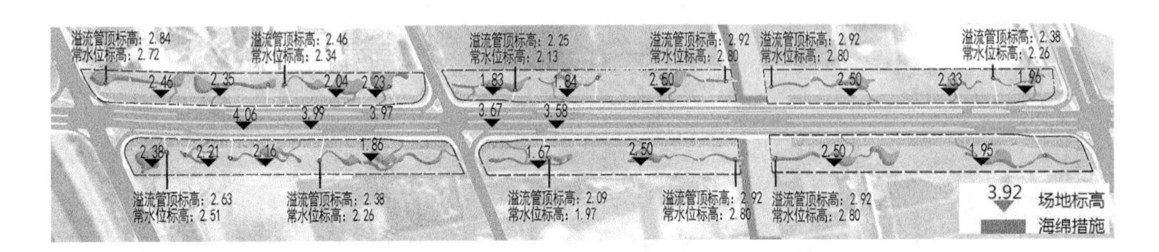

图 7.6　竖向设计图(单位:m)

（图片来源：作者自绘）

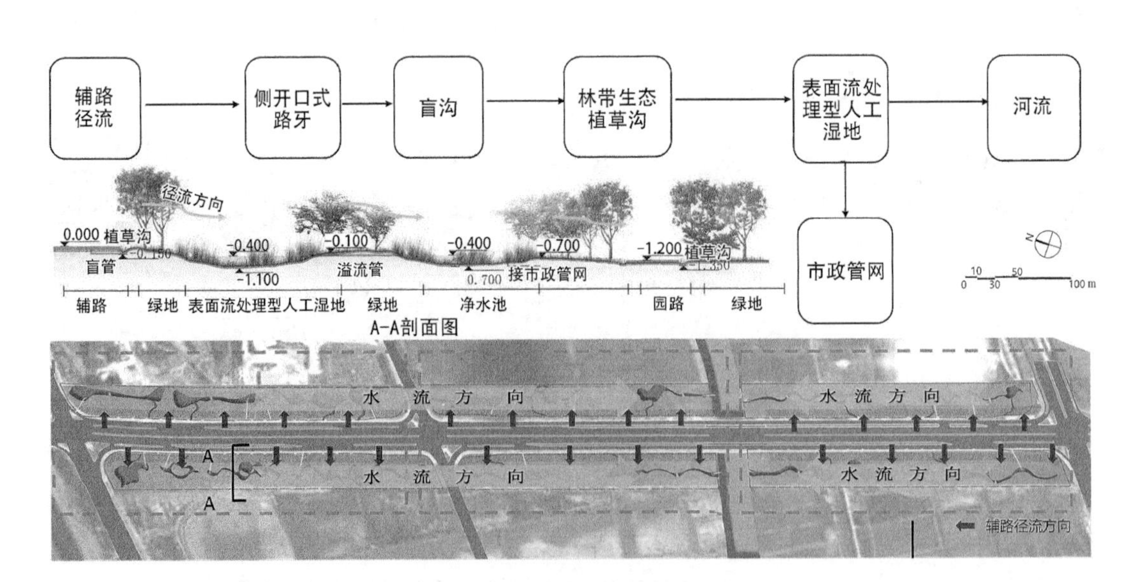

图 7.7　径流组织策略示意图

（图片来源：作者自绘）

图 7.8　海绵设施索引图

（图片来源：作者自绘）

7.1.4　局部与细部设计

1）表面流处理型人工湿地

在地块中较大面积的绿地内设置表面流处理型人工湿地（图 7.9、图 7.10）。内设置雨水溢流井、集水管、出水渠。表面流处理型人工湿地基层构造自下而上分别为：素土分层夯实，压实度不小于 95%；种植土层；300 mm 厚滞水层。

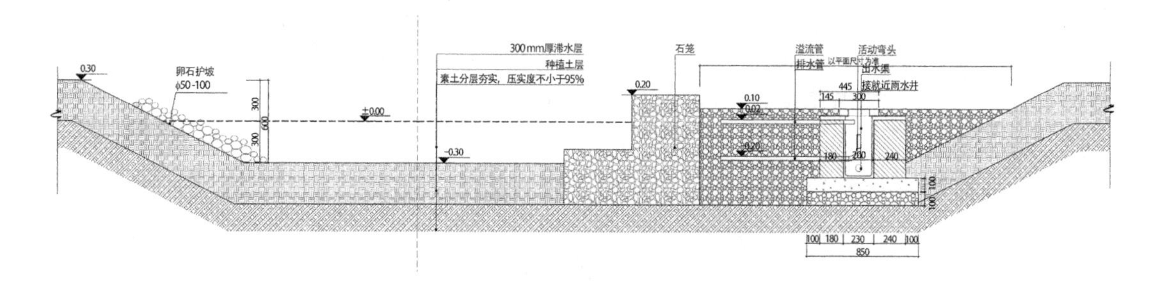

图 7.9　表面流处理型人工湿地剖面图

（图片来源：作者自绘）

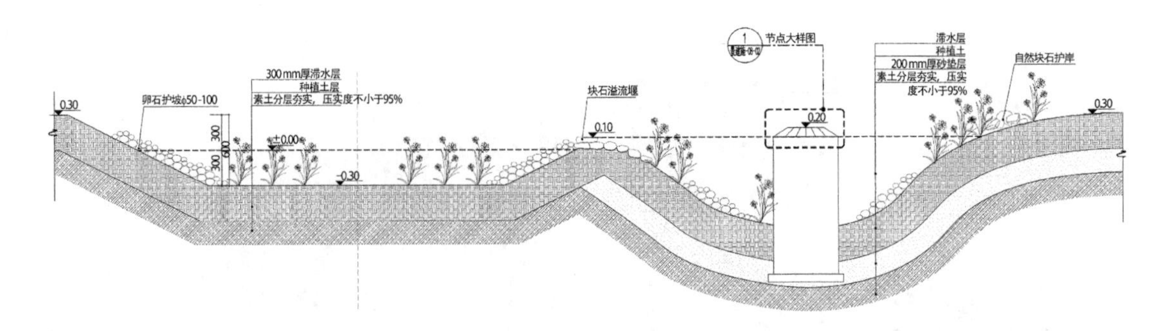

图 7.10 表面流处理型人工湿地与净化池剖面图

(图片来源：作者自绘)

(1) 材料选用及现场试验

表面流处理型人工湿地的主要材料包括管道、碎石、混合土和有机质。这些材料应按设计要求和相关规范正确配制和施工，从而保证低影响开发设施能够发挥设计功能。

① 管道

表面流处理型人工湿地内的溢流管、排水花管一般采用 PVC 管。

② 碎石

底部砾石层的石材应进行破碎和筛分。材料样本和粒度分布结果应送交设计单位以验证其粒径分布是否符合要求。

③ 混合土

混合土是由介质、当地土壤、砂按照一定比例混合而成，具体的混合比例应在施工前通过试验确定。

④ 有机质

有机质一般为腐殖土、木屑、椰糠等，施工单位可以根据获得材料的难易程度确定材料类型。

(2) 施工顺序

为了保证表面流处理型人工湿地的设计性能，不仅要确定工程中所使用的材料及其配合比，而且应充分重视施工方法和施工顺序。

① 砾石层施工和管道的铺设

表面流处理型人工湿地的建设施工应在道路建设工作完成、场地上的施工设备和材料堆土移除之后进行，砾石层与管道的铺设交替进行。

② 混合土层

检查确保砾石层和管道高程的连接完整之后，再铺设混合土。砾石层上面的混合土层应平整。土层铺设至达到设计厚度。

③ 有机覆盖土层施工

混合土层完工后，开始铺设有机覆盖土层，铺设至达到设计厚度。

④ 景观工程施工

按照设计选择的植物，由专业施工人员栽种植物。

⑤ 移除淤泥围栏

所有的景观工程完工后，设计单位和施工单位应检查是否所有景观工程均已完工，是否存在没有被保护的土壤。检查之后，即可拆除景观区域周围的拦泥网。

(3) 施工工艺

① 砾石层施工和管道的铺设

铺设约 50 mm 厚的砾石层，再铺排水花管，接着铺设剩余的砾石层至设计厚度。

② 混合土层施工

坡度在 1∶4～1∶2 之间，应结合阶梯护堤；坡度为 1∶5 以上使用不透水层；坡度为 1∶4 以上必须考虑岩土工程结构设计。填土尽可能保持松散状态，其高程应略高于设计高程，使其自然沉降，构建满足要求的透水性。

③ 有机覆盖土层

有机覆盖土尽可能保持松散状态，铺设厚度大约为 30 mm，使其自然沉降。

④ 景观布置

按照设计的草种和密度进行种植，在现场稳固之前去除杂草。

2）植草沟

在道路两侧绿化带适当位置设置植草沟，植草沟纵坡同道路纵坡，宽度根据实际情况调整，可局部放大，以达到一定的景观效果。植草沟的基础构造自下而上分别为：素土分层夯实；压实度不小于 95%；100 mm 厚种植土层(图 7.11)。

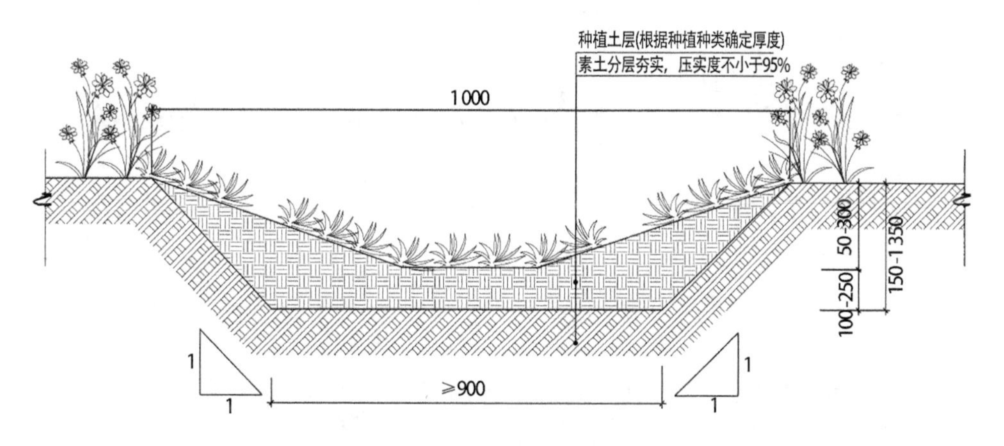

图 7.11　传输型植草沟构造图(单位：m)

(图片来源：作者自绘)

(1) 材料选用及现场试验

植草沟的主要材料包括管道、碎石、混合土、有机质。这些材料应按设计要求和相关规范正确配制和施工，从而保证低影响开发设施能够发挥设计功能。

① 管道：在植草沟配置的管道包括溢流管和排水花管。这些管道一般采用 PVC 管。

② 碎石：砾石层的石材应进行破碎和筛分。材料样本和粒度分布结果应送交设计单位以验证其粒径分布是否符合要求。

③ 混合土：混合土是由介质、当地土壤、砂三种材料按照一定比例混合而成，具体的混合比例应在施工前通过试验确定。

④ 有机质：一般为腐殖土、木屑、椰糠等，施工单位可以根据获得材料的难易程度确定具体采用哪种材料。

(2) 施工顺序

为保证植草沟的性能，不但要确定工程中所使用的材料及其配合比，而且应充分重视施工方法和施工顺序。

① 砾石层施工和管道的铺设；

② 道路铺设完成后，砾石层与管道的铺设需交替进行，底部需先铺约 50 mm 厚的砾石层，再铺设排水花管，接着铺设剩余的砾石层至设计厚度；

③ 检查确保砾石层和管道高程的连接完整之后，再铺设混合土；

④ 混合土层施工；

⑤ 混合土层完工后铺设有机覆盖土；

⑥ 有机覆盖土层施工；

⑦ 景观工程施工；

⑧ 移除淤泥围栏。

所有的景观工程完工后，设计单位和施工单位应检查是否所有景观工程均以完工，是否存在没有被保护的土壤。检查之后，即可拆除景观区域周围的拦泥网。

(3) 施工工艺

① 砾石层施工和管道的铺设；

② 植草沟底部需先铺约 50 mm 厚的砾石层，再铺设排水花管，接着铺设剩余的砾石层至设计厚度；

③ 混合土层施工。填土的边坡为 1∶3，尽可能保持松散状态，其高程应略高于设计高程，使其自然沉降；

④ 有机覆盖土层尽可能保持松散状态，铺设厚度 30 mm 左右，铺设完成后使其自然沉降；

⑤ 景观布置应确保施工时径流不进入草沟，如果已有径流通过，需要在完工后清除沉积物并且植草。景观植物依据设计要求选用。

7.2 滨河海绵绿地项目

7.2.1 项目概况

项目场地是某海港城市的滨河地段，地处城市新区核心交通道路以东，场地时常遭受洪涝的影响，整体水环境较差，且河段内的生态性较差。该河段两岸绿地包括河流两侧各有 30 m 的绿带。项目设计用地面积共 248 000 m^2。项目内容为两岸海绵城市景观提升工程。本项目设计内容为地块红线范围内海绵城市设施设计,内容主要有:新增表面流处理型人工湿地、植草沟、监测设施等。

近些年,在海绵城市建设启示下,场地的建设要以LID滨河绿地作为载体,通过整体的规划、设计、施工及工程管理等手段,在各部门、各专业的协同合作之下,突破传统的观念,通过渗、滞、蓄、净、用、排等多种生态化技术,构建LID雨水系统。

7.2.2 场地分析

项目周边皆为待开发地块,规划场地东西两侧为待建商办混合用地;东北侧河段东西两侧为待建游憩集会广场;西南侧河段东侧为商业金融业用地,西侧为待建文化娱乐用地;最南端河段东西两侧为待建商住混合用地(图7.12)。设计用地面积共248 000 m²。

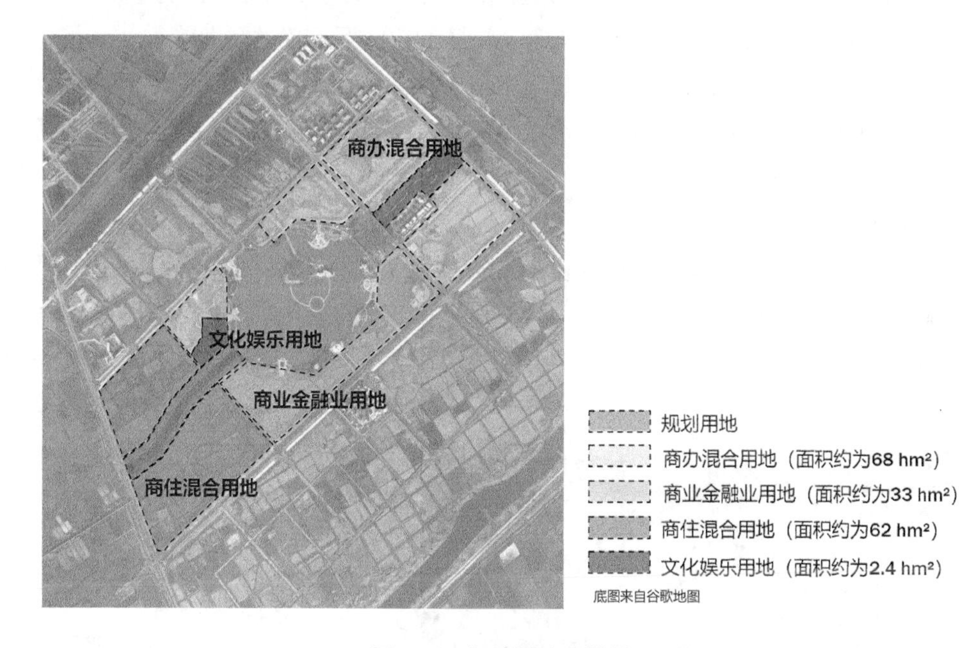

图7.12 场地周边环境图

(图片来源:作者自绘)

在水文生态方面,城区内河水水质受面源污染影响明显,河道流通性差,现状已建成雨水排水系统。区域内生态护岸不完善,亟待修复,生态多样性较差。

场地现状地形从两个层面来考量,一为道路标高,道路在场地内部高差较为平缓;二为绿地标高,场地绿地范围采用微地形手法,绿化场地有较大起伏,整个绿化场地平均绿地高差2 m左右,场地中部中心绿地处高差最大,为3 m,现状高程整体较为平缓。

7.2.3 总体方案

1) 设计目标

(1) 打造原生态景观

发挥河流生态大海绵的生态优势,利用场地内的排盐沟、绿地、河流进行径流的排放,并结合海绵植物的配置，最大限度地减少人工干预，打造近自然、原生态的景观。

(2) 营造滨河景观

通过海绵植物的配置，对水体进行净化，同时利用河流的生态海绵功能，营造原生态的滨河景观。

(3) 形成滨河景观廊道

以某市海岸线的自然变迁以及当地产业发展为切入点，对某河流两侧绿地进行设计，在设计时，以人为主，考虑到人的心理，打造集自然、人文、生态于一体的滨河景观廊道。

2) 设计标准与原则

(1) 根据海绵城市专项方案，年径流总量控制率为 90%，年径流总量控制量为 58.47 mm；

(2) 开发后的外排径流量实现 3 年一遇 3 h 暴雨条件下不超过开发前；

(3) 海绵城市改造设施内的地表植物以本地耐旱耐涝灌木为主；

(4) 海绵城市改造设施内的地表积水必须在 24 h 内渗透至砾石层，混合土的渗透率应大于 100 mm/h。

3) 规划设计方案

将场地分为 A、B、C 三段进行规划设计(图 7.13)，A 段以"海州成陆"为主题，采用雨水旱溪排盐沟 + 内河雨水湿地模式；B 段以"渔歌唱晚"为主题，采用雨水旱溪排盐沟 + 生态"海绵水泡"模式；C 段以"工业文明"为主题，采用雨水旱溪排盐沟 + 梯级生态雨水塘模式。

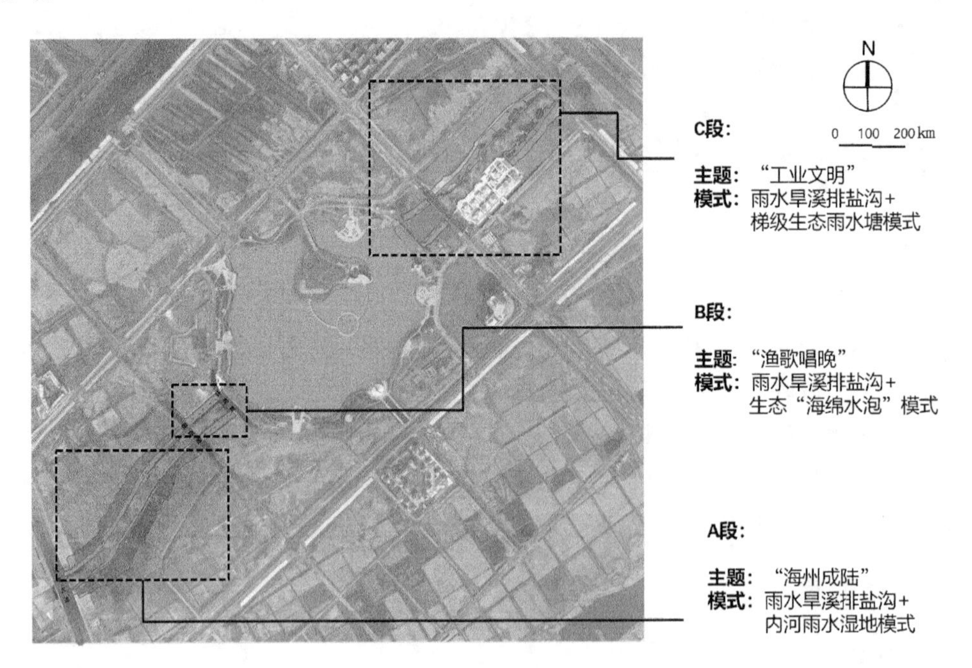

图 7.13 设计总平面图

(图片来源：作者自绘)

7.2.4　局部与细部设计

1) A段——“海州成陆”

以“海州成陆”的自然演替规律为切入点，在原本平缓的河道加入生态浮岛等，一方面恢复了河道自然形态，体现了海陆变迁的设计意向；另一方面使水体与周边区域互动性增强，生物多样性得以增加。选取“海退人进”“沧海桑田”等意向进行详细设计[图7.14(a)]。

A段场地的海绵设计模式为雨水湿地模式[图7.14(b)]。其策略是将雨水等径流经排盐沟排入雨水湿地，经内河湿地中水生植物净化后排入场地内河流。其中，沙洲、浮岛等可降低水流速度，截留水中泥沙、污染物等杂质。海绵设施的组成部分为内河雨水塘、生态浮岛、沙洲、水生植物等。

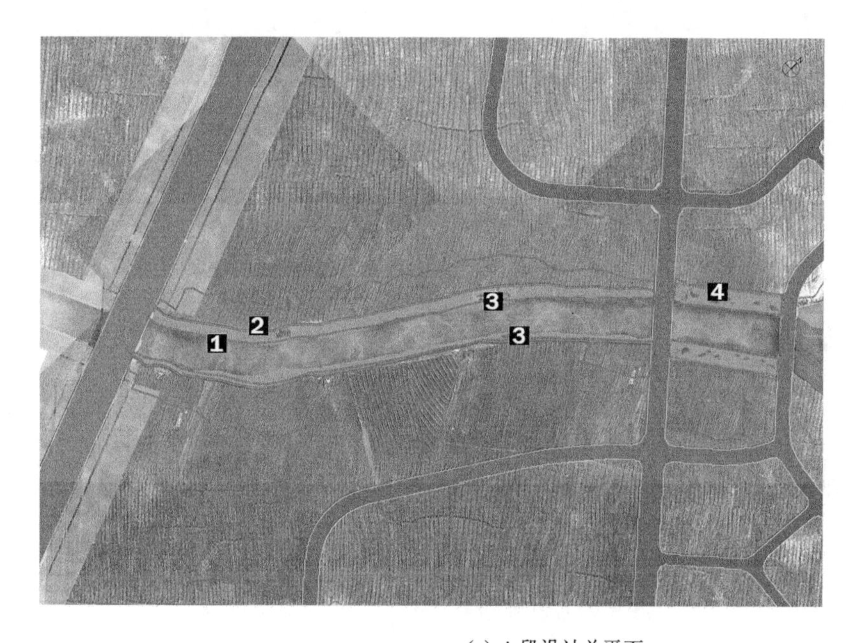

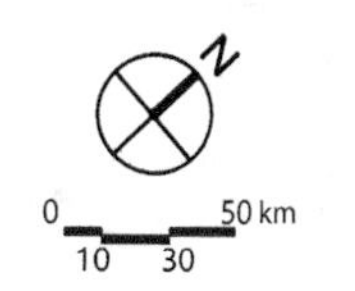

(a) A段设计总平面

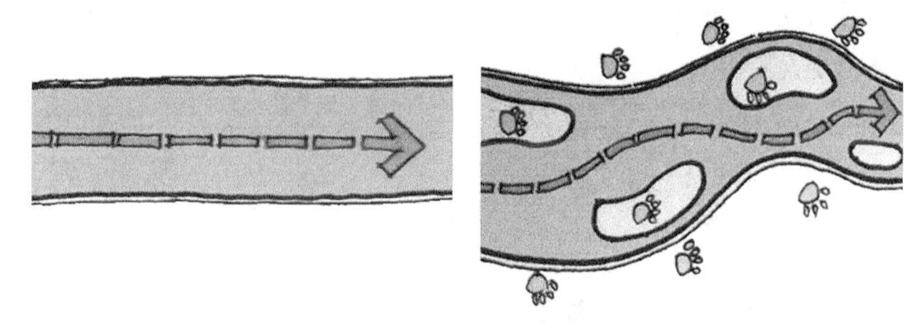

(b) 雨水湿地模式

图7.14　A段设计图

(图片来源：作者自绘)

A河段的用地范围内全部为完成地形开沟起垄的绿地，因此，径流组织的流程(图7.15)为：雨水旱溪排盐支沟内的径流共同汇入雨水旱溪排盐主沟，由排盐主沟通过暗管流入设计的雨水湿地中，经内河湿地中的水生植物净化，最终流入河流内。

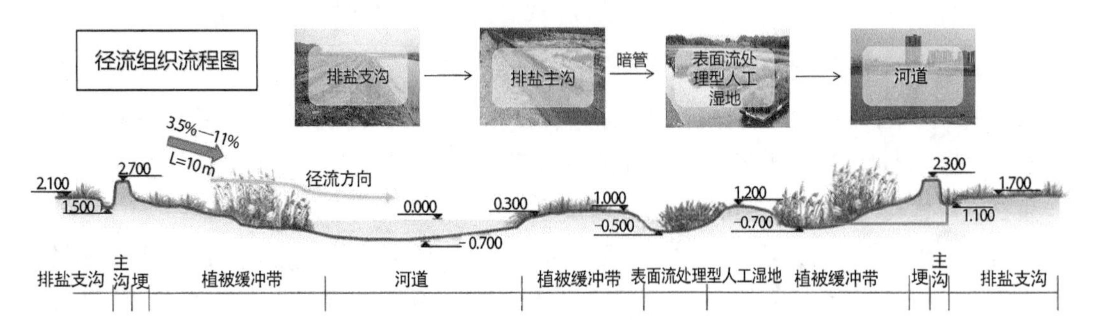

图 7.15　A 段径流组织流程图(单位：m)

(图片来源：作者自绘)

2) B 段——“渔歌唱晚”

B 段的设计(图 7.16)以“海绵水泡”的形式来确定生态与水塘的形状，在生态雨水塘中通过种植不同类别的水生植物来达到水体净化的目的，同时通过芦苇荡、荷花淀等来象征农耕时代，营造出一种“透过苇荡看日出，映日荷花赏夕景”的乡野景观。

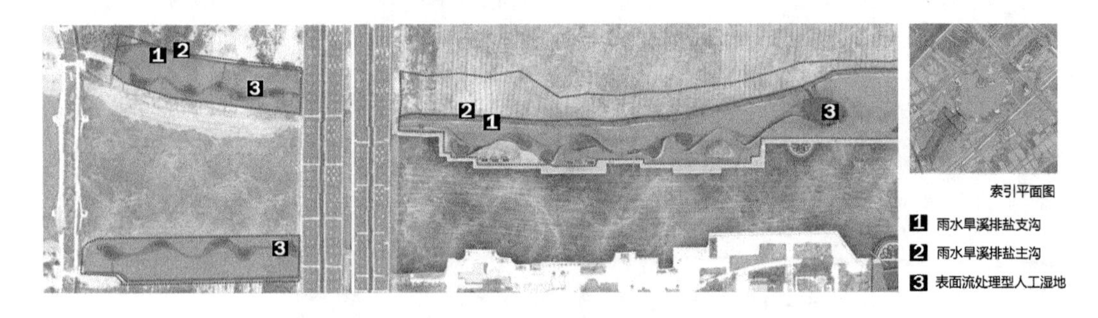

图 7.16　B 段设计平面图

(图片来源：作者自绘)

B 段的海绵设计模式为雨水旱溪排盐沟和生态“海绵水泡”(图 7.17)结合的模式。其策略为设置“海绵水泡”，其本身具有雨水调蓄和净化的功能，可降解径流中的污染物，同时，在“海绵水泡”中种植芦苇等水生植物，对水质进行再次净化。“海绵水泡”的组成包括海绵(深、浅)水泡、水道、水生植物等。整体展示出农耕文明的特征。

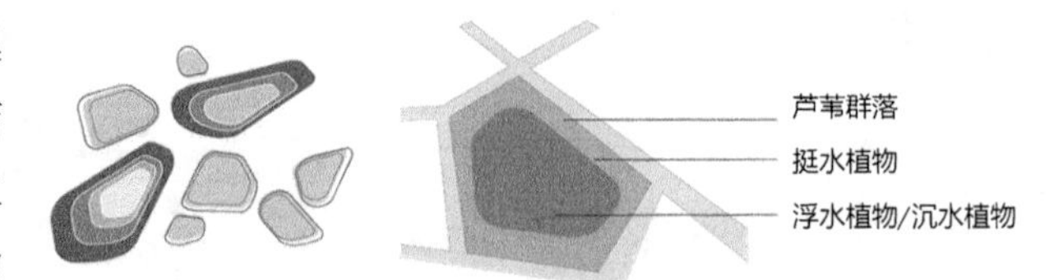

图 7.17　生态海绵水泡模式

(图片来源：作者自绘)

B 河段内的径流主要包括某河流东西两侧的道路径流，以及在河流东西两侧规划的商办用地的径流、完成地形拉垄绿地内的径流。

径流组织[图 7.18(a)(b)]大致流程如下：径流从道路经侧开式路牙流入绿地(绿地内为地形拉垄地区)，再引导进入雨水旱溪排盐支沟，最后汇入雨水旱溪排盐主沟，由排盐主沟接暗管流入海绵水泡，海绵水泡内种植有大量水生植物，径流流经此段，对其水质进行净化，最终汇入河流。

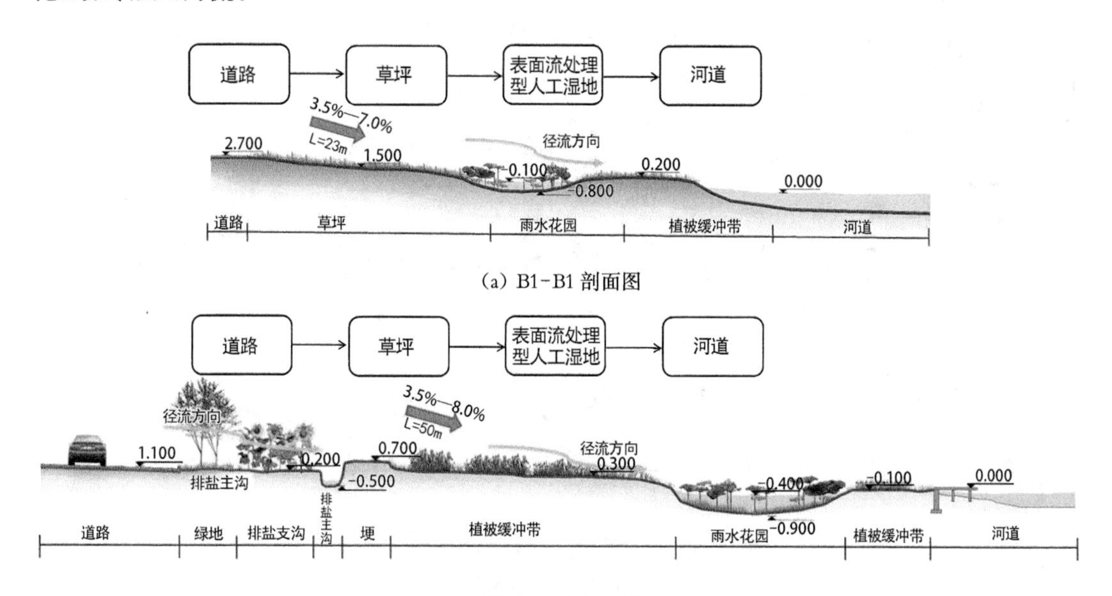

(a) B1-B1 剖面图

(b) B2-B2 剖面图

图 7.18　B 段径流组织流程图(单位:m)

(图片来源：作者自绘)

3) C 段——“工业文明”

C 段的设计(图 7.19)是结合场所内的工业文明特征，以折线形为主要形态来进行雨水塘的设计，同时将生态草坡也融入折线元素。场地内另设置有集装箱景观小品，寓意该城市当前物流行业发展的蓬勃生机。

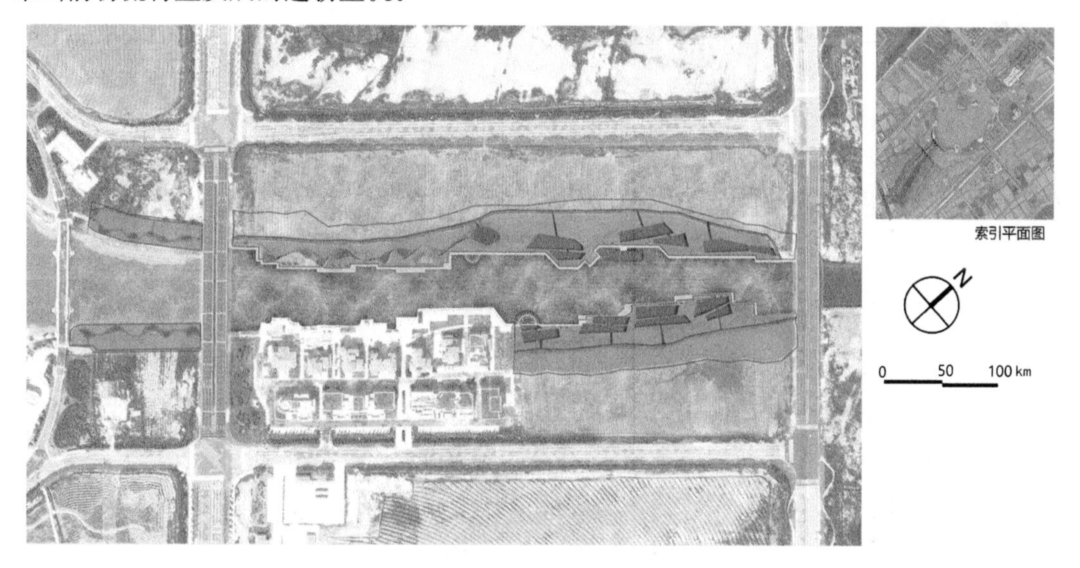

图 7.19　C 段设计平面图

(图片来源：作者自绘)

C段的海绵设计模式为梯级生态雨水塘+人工湿地雨水处理系统模式。

其径流组织策略(图7.20)是将排盐沟内的径流排入底部为卵石的沉淀池，对其杂质进行沉降，接着依次排入挺水植物塘、沉水植物塘、清水塘(或人工垂直流湿地)，最后汇入河流。它的海绵设施包含沉淀池、挺水植物塘、沉水植物塘、清水塘、人工垂直流湿地等。场地设计的整体氛围展示出工业文明的特征。

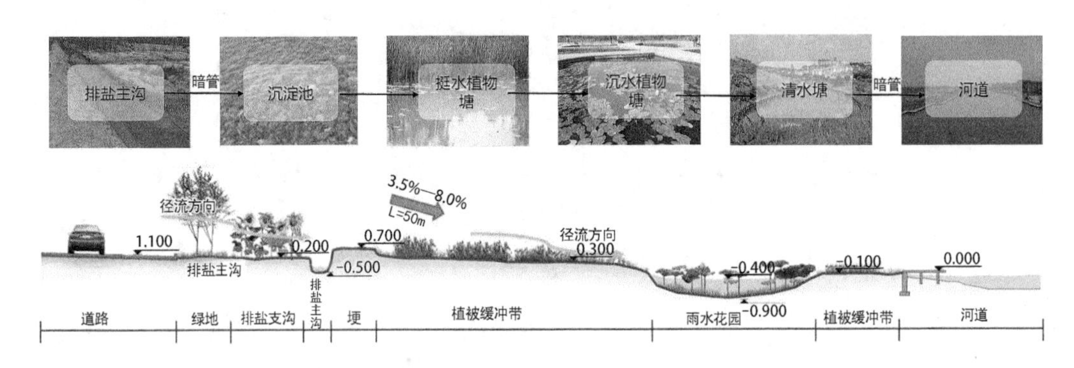

图7.20 C段径流组织流程图(单位:m)

(图片来源：作者自绘)

主要的海绵设施为人工垂直流湿地(图7.21)，其水流在基质床中基本呈由上向下的垂直流，基质床体处于不饱和状态，氧气可通过大气扩散和植物传输进入人工湿地系统，水流流经床体后被铺设在出水端底部的集水管收集而排出处理系统，具有污染物去除效率高、占地小、水力负荷较高等优点，可用于处理氨氧含量较高的污水。

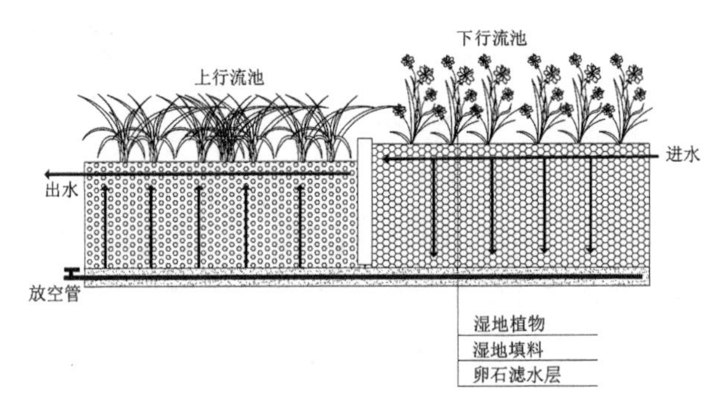

图7.21 人工垂直流湿地构造示意图

(图片来源：作者自绘)

7.3 防护绿地海绵项目

7.3.1 项目概况

场地位于某市应急避难棚宿区，西侧为城市某一级道路，东侧与应急救援医疗中心相接，该应急避难棚宿区总用地面积36 927.56 m^2(图7.22)。本项目设计内容为地块范围内海绵城市设施设计，主要有新增雨水花园、植草沟等。

7.3.2 场地分析

1) 现状问题分析

对场地的现状问题进行分析，在充分调研场地的特性之后，对场地的问题进行总结。

图 7.22　场地设计范围图

（图片来源：作者自绘）

场地东侧是正在修建中的中心应急避难场所，项目进行时地面是经过平整的施工场地，无绿化景观(图 7.23)。

图 7.23　场地东侧现状图

（图片来源：作者自摄）

场地西侧是该城市新区的一级道路，东南侧是一段河流，与道路连接的绿地及河岸均是裸露的土地，不见任何绿色景观，且较为脏乱，没有可供欣赏的游憩空间(图 7.24)。

图 7.24　场地西侧现状图

（图片来源：作者自摄）

场地内部为施工场地，土地裸露，无植物覆盖，地势平缓，无较大地形起伏（图 7.25）。

图 7.25　场地内部现状图

（图片来源：作者自摄）

2）地形分析

场地现状地形从两个层面来考量，一为道路标高，道路在场地内部高差较为平缓；二为绿地标高，场地绿地范围采用微地形手法，绿化场地有较大起伏，平均绿地高差 2 m 左右，场地中部绿地处高差最大为 3 m。现状高程将方案打造成为道路较为平缓而绿化地形丰富的空间布局。其中，内部场地标高均低于左侧道路，能够较好地接纳道路雨水径流（图 7.26）。

3）场地问题及需求

依据以上场所问题的表述，将场地的需求定义为两个方向：一方面是功能融合，其内涵是将应急避难功能与海绵生态功能有机融合，使场地既能发挥应急避难的功能又能达到海绵建设的要求；另一方面是景观营造，由于场地现状是施工场地景观效果较弱，绿地覆盖率极低，所以，结合海绵设施的布局，应用景观手段提升整个场地的观赏性，营造可持续性景观、低碳景观。

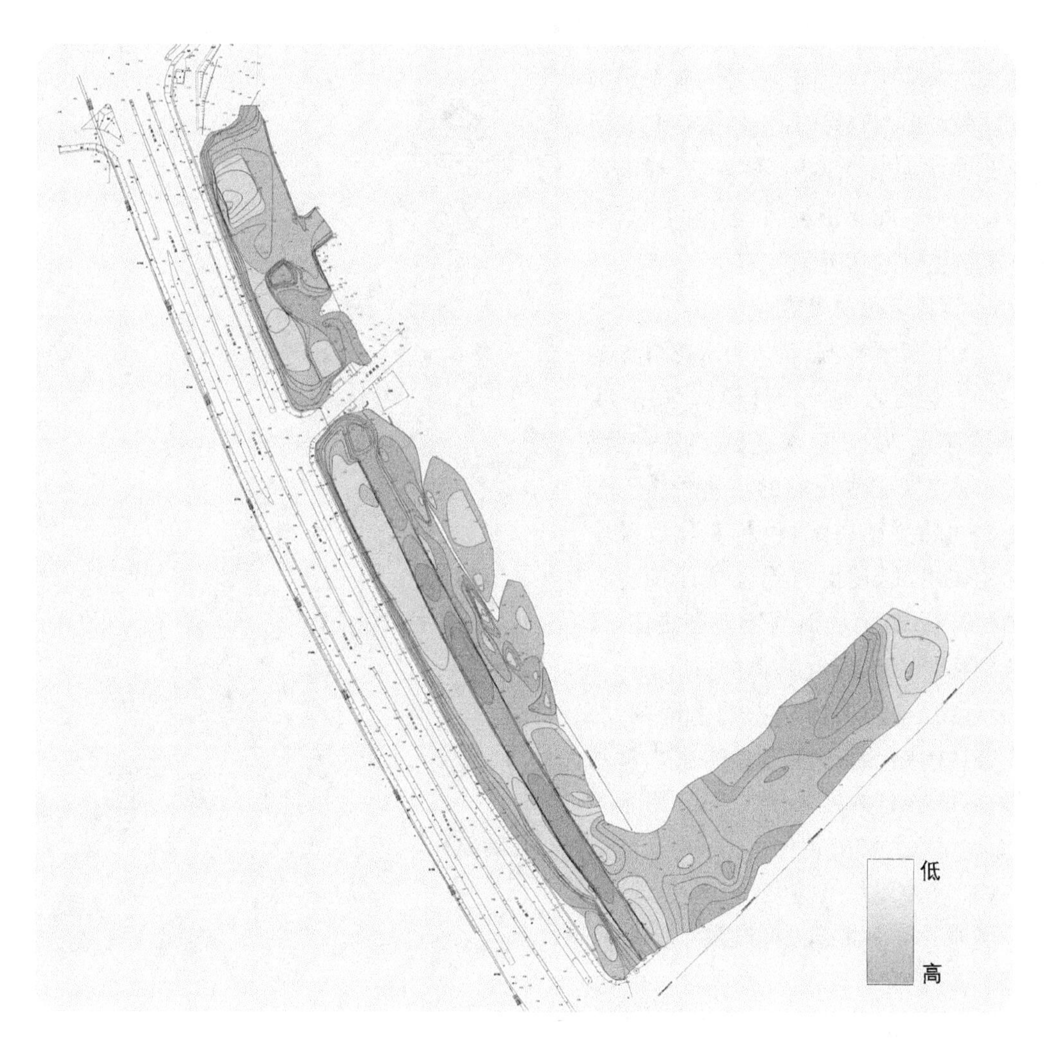

图 7.26　地形分析图

（图片来源：作者自绘）

4）设计目标

本项目的设计目标主要为四点，其内容如下：

（1）将海绵城市理念与应急避难场所绿地设计相结合，减少设计道路与场地积水。

（2）接纳项目西侧城市干道辅路雨水径流，减缓降雨时路侧雨水口排水压力。

（3）对海绵设施雨水花园、旱溪等合理运用，配置适宜植物，既达到良好的景观效果，又利用汇集雨水促进植物生长，降低能耗。

（4）设计指标：年径流总量控制率 85%。

7.3.3　总体方案

1）海绵设施布置

在场地内设置大小、形状不同的雨水花园以消纳场地外部城市机动车道和场地自身的雨水径流，通过源头控制的方式，利用植被浅沟滞蓄雨水。同时，也考虑到地表径流的组织流程，对整体地表径流进行系统的规划。在细节上采用“旱溪”这样随季节变化呈现不同水景观的“变化的景观”，展示充满生机的场所(图 7.27)。

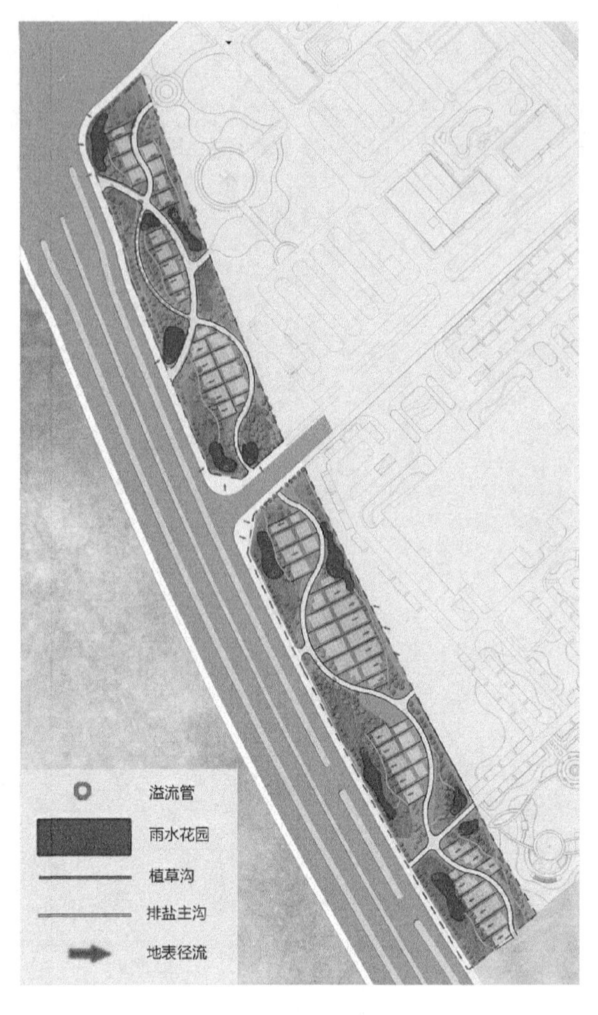

图 7.27　海绵设施布局图

（图片来源：作者自绘）

2）设计定位与模式

（1）生态旱溪排盐沟 + 雨水花园模式

应急避难区海绵设计模式采用“生态旱溪排盐沟 + 雨水花园”模式(图 7.28)，旱溪及雨水花园的植物种植充分考虑植物的群落搭配、色相变化以及生物净化作用，既使得海绵设施四周有良好的植物景观，为场地营造生态之境，又能达到接纳径流、净化水体的目的。

场内所有园路均采用透水铺装，相较于普通的路面，透水铺装的雨水渗透性较高，能够有效地渗透一部分雨水径流，减弱雨水径流处理的压力。

（2）径流组织策略

场地下垫面共有三种形式：道路、透水铺装、绿地。

① 来自城市机动车道的排水，沥青混凝土路面道路径流通过盲管流进路侧的传输型植草沟，经过初步沉淀，汇入景观旱溪，再经由旱溪植物的进一步净化，流入雨水花园，为雨水花园的植物提供水分；当降雨量过大，雨水花园蓄水量超过溢流水位时，再通过溢流管排入市政雨水管网。

图 7.28　生态旱溪排盐沟十雨水花园模式图

（图片来源：作者自绘）

② 场内非机动车道、人行道、广场等所有园路均采用透水铺装，相较于普通的路面，透水铺装的雨水渗透性较高，能够有效地渗透一部分雨水径流，溢出的部分流入园路两侧的植草沟，后续流线与道路径流一致：通过旱溪汇入雨水花园，再流入市政管网。

③ 大片的绿地通过竖向调整，组织地表径流自然汇至周边植草沟、旱溪及雨水花园，再溢流到雨水管网(图7.29)。

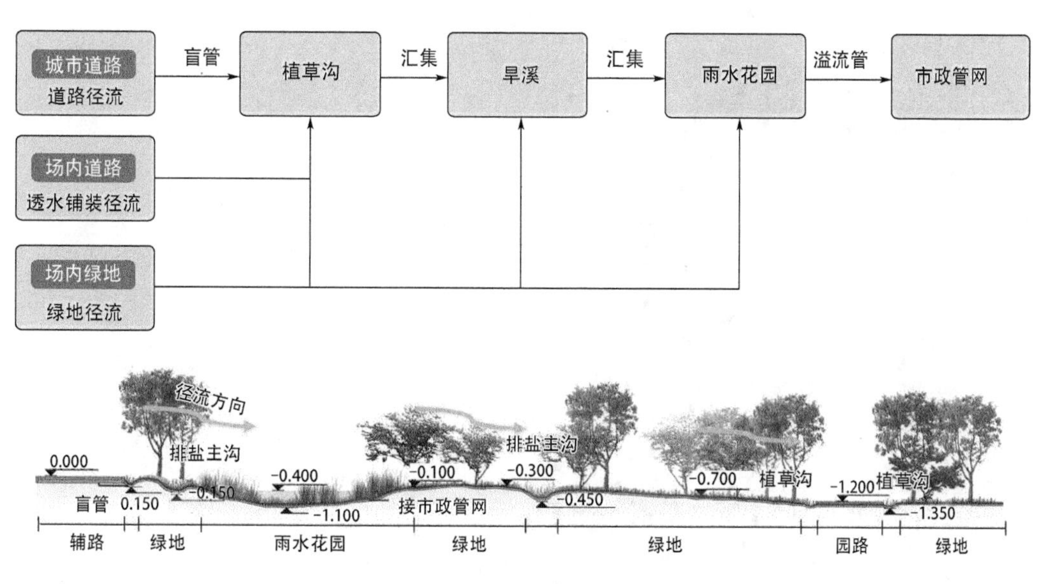

图7.29　径流组织策略剖面示意图(单位:m)

(图片来源：作者自绘)

3) 汇水分区图

根据道路雨水口位置、场内道路布置以及绿地地形将场地分为12个汇水分区(图7.30)。

4) 竖向设计图

在场地高程设计上，充分考虑项目的径流蓄滞功能，尽可能地采用线性排水的方式，使项目范围内的径流经由植草沟、旱溪导流至各分区内地势较低的雨水花园(图7.31)。

设计后可控制降雨量为48.90 mm，大于45.80 m(对应某市年径流总量控制率85%)，根据某市年径流总量控制率与设计降水量关系曲线图可得出，设计后年径流总量控制率在86%左右，取近似值86%，并且能承接城市道路及其他场地的雨水径流。

7.3.4　局部与细部设计

1) 雨水花园

雨水花园是指在低洼区域种有灌木、花草以及树木等植物的工程设施，它主要通过土壤和植物的过滤作用净化雨水。在场地汇水的末端或低洼处设置雨水花园，可以有效去除径流中的污染，还能降低雨水径流速度，削减径流量，减少洪涝灾害以及补充地下水，调节空气湿度以及温度，减轻热岛效应，改善周围的环境条件。

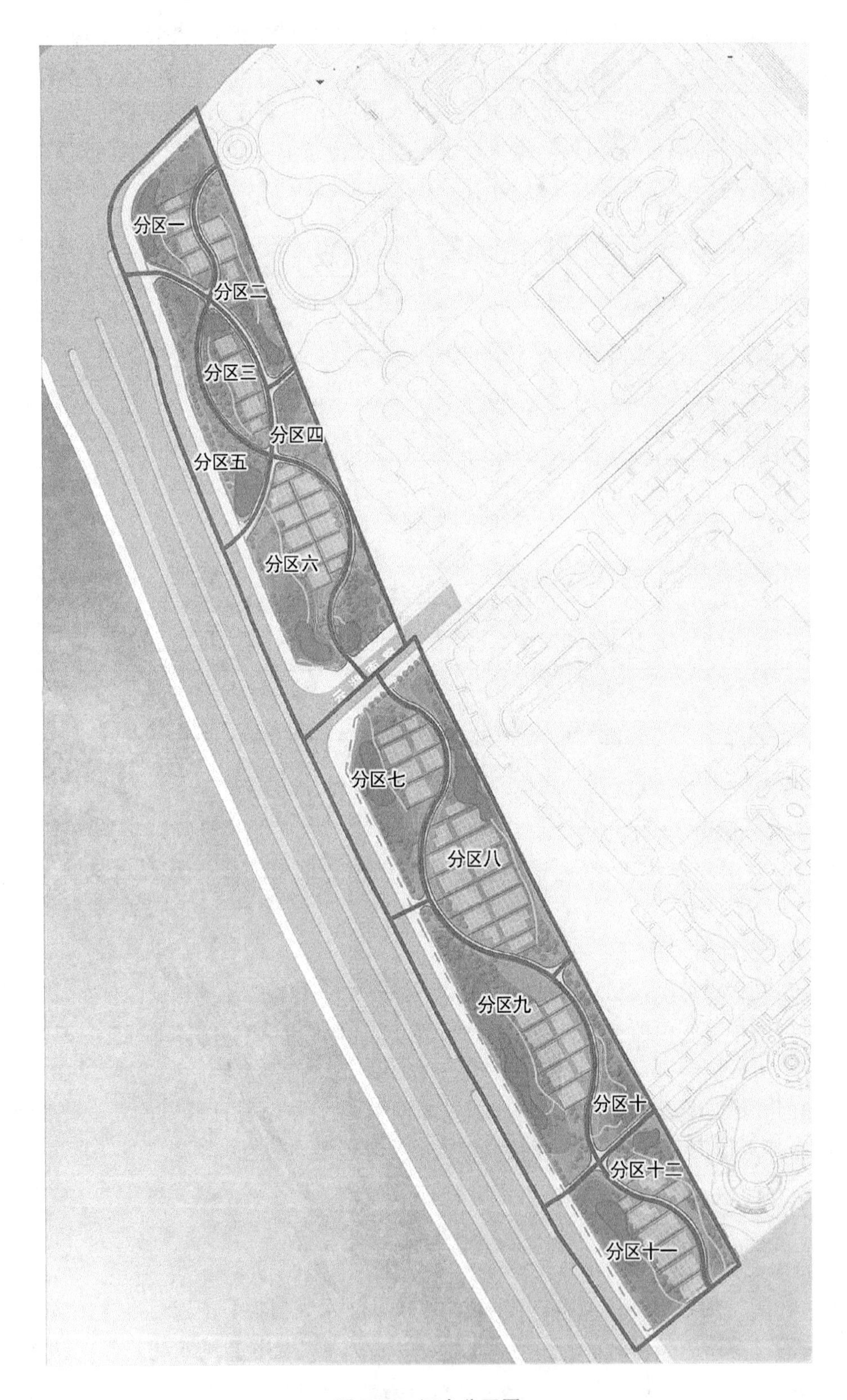

图 7.30 汇水分区图

（图片来源：作者自绘）

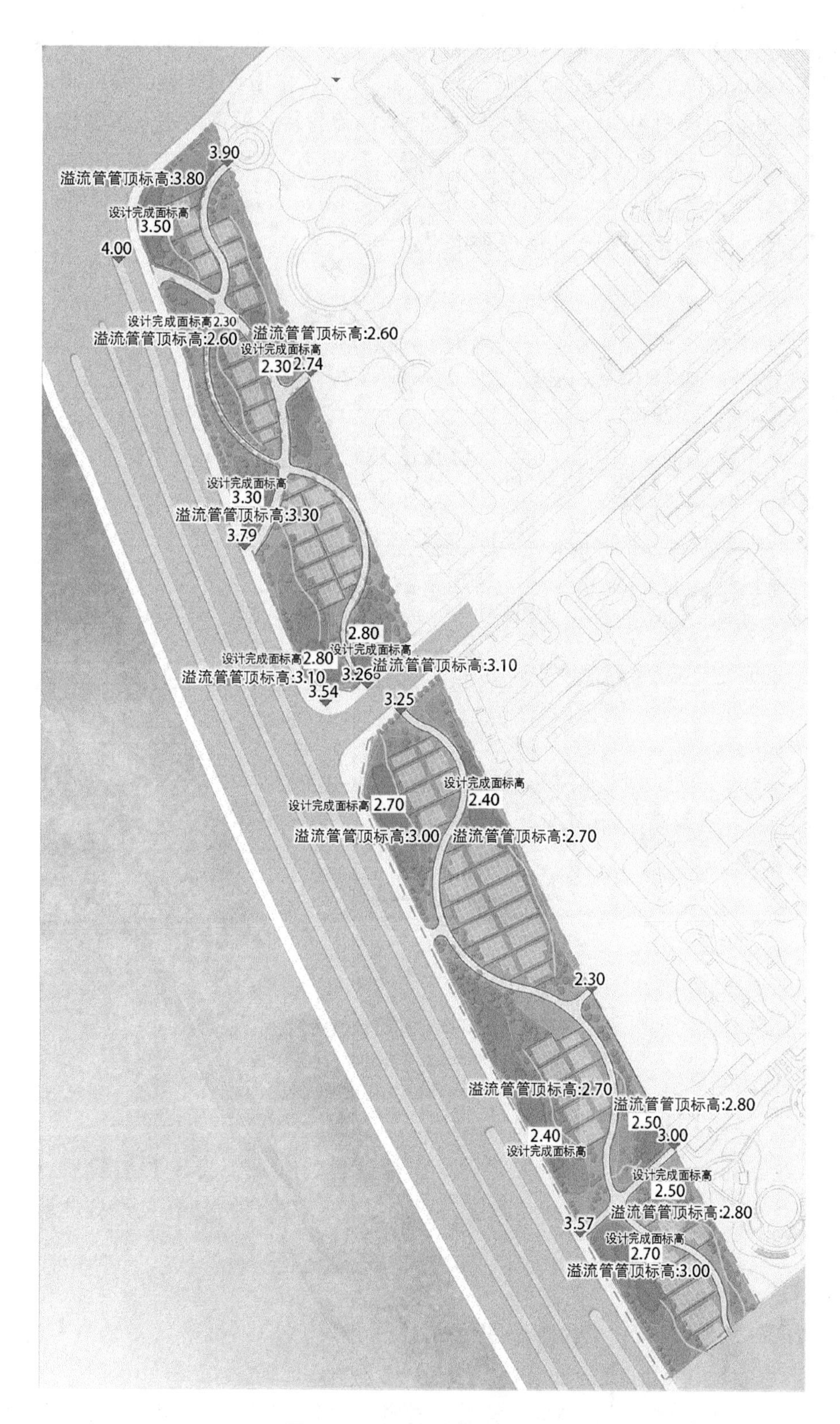

图 7.31　竖向设计图(单位:m)

(图片来源：作者自绘)

在地块较大面积的绿地内设置雨水花园(图7.32),通过局部下凹的微地形收集周边路面或绿地的雨水。雨水花园底部比周边低0.3 m,内设雨水溢流井,溢流井标高高于底部0.3 m,溢流井设置间距为20 m,溢流至雨水管网,溢流管接入就近雨水设备管径DN 300,坡度不小于1.0%。雨水花园基层构造自下而上分别为:素土分层夯实,压实度不小于95%;防渗层;土工布;200 mm厚砾石排水层;(草本100 mm、灌木300 mm)种植土层;覆盖层(卵石碎石φ50-100 mm);300 mm厚蓄水层。

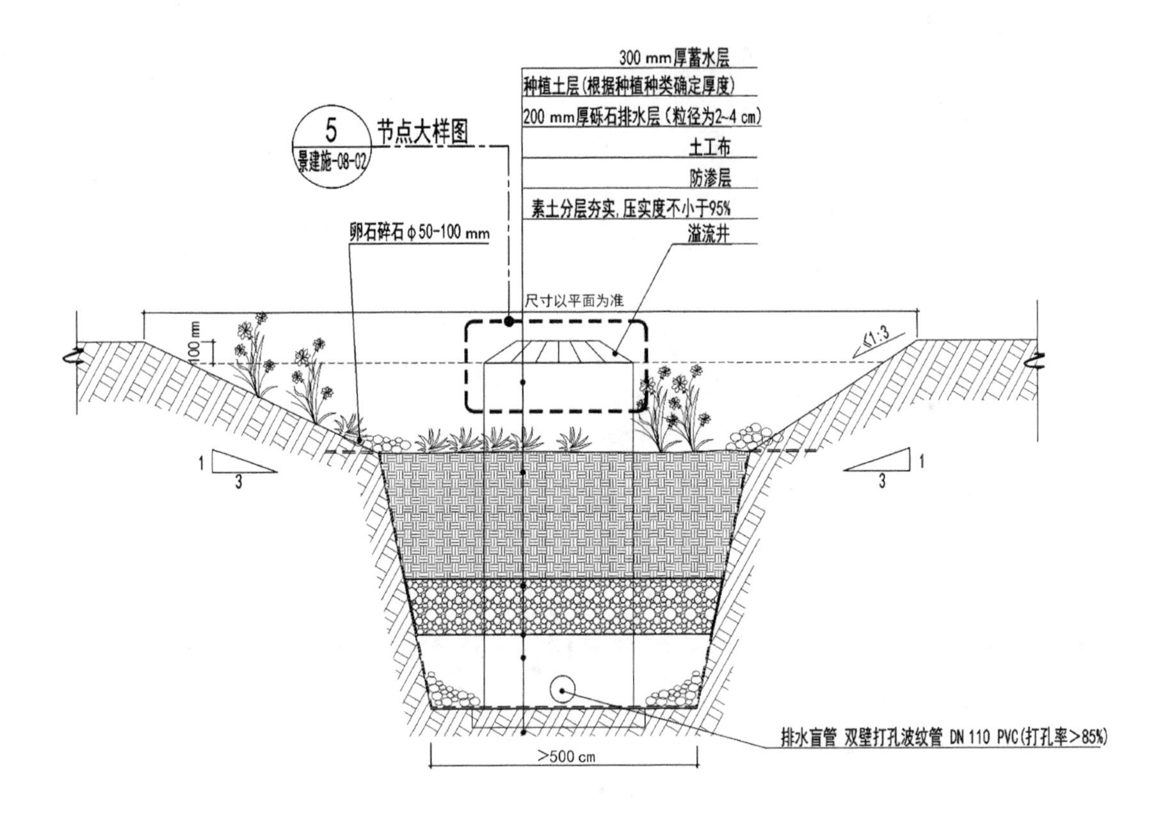

图7.32 雨水花园构造图

(图片来源:作者自绘)

(1) 材料选用及现场试验

雨水花园和雨水花坛设施的主要材料包括管道、碎石、混合土和有机质。这些材料应按设计要求和规范正确配制和施工,从而保证低影响(冲击)开发设施能够发挥设计功能。

① 管道

雨水花园和雨水花坛内的溢流管、排水花管一般采用PVC管。

② 碎石

底部砾石层的石材应进行破碎和筛分。材料样本和粒度分布结果应送交设计单位以验证其粒径分布是否符合要求。

③ 混合土

混合土是由介质、当地土壤、砂按照一定比例混合而成，具体的混合比例应在施工前通过试验确定。

④ 有机质

有机质一般为腐殖土、木屑、椰糠等，施工单位可以根据获得材料的难易程度确定具体采用哪种材料。

(2) 施工顺序

为了保证雨水花园、雨水花坛的设计性能，不但要确定工程中所使用的材料及其配合比，而且应充分重视施工方法和施工顺序。

① 砾石层施工和管道的铺设

雨水花园、雨水花坛的建设施工应在道路建设工作完成、场地上的施工设备和材料堆土移除之后进行，砾石层与管道的铺设交替进行。

② 混合土层

检查确保砾石层和管道高程的连接完整之后，再铺设混合土。砾石层上面的混合土层应平整。土层铺设至达到设计厚度。

③ 有机覆盖土层施工

混合土层完工后，开始铺设有机覆盖土，铺设至达到设计厚度。

④ 景观工程施工

按照设计选择的植物，由专业施工人员栽种植物。

⑤ 移除淤泥围栏

所有的景观工程完工后，设计单位和施工单位应检查是否所有景观工程均已完工，是否存在没有被保护的土壤。检查之后，即可拆除景观区域周围的拦泥网。

(3) 施工工艺

① 砾石层施工和管道的铺设

先铺设约 50 mm 厚的砾石层，再铺设排水花管，接着铺设剩余的砾石层至设计厚度。

② 混合土层施工

坡度在 1∶4～1∶2 之间，应结合阶梯护堤；坡度为 1∶5 以上使用不透水层；坡度为 1∶4 以上必须考虑岩土工程结构设计。填土尽可能保持松散状态，其高程应略高于设计高程，使其自然沉降，构建满足要求的透水性。

③ 有机覆盖土层

有机覆盖土尽可能保持松散状态，铺设厚度大概 30 mm，使其自然沉降。

④ 景观布置

按照设计的草种和密度进行种植，在现场稳固之前去除杂草。

2) 嵌草石块园路铺装

嵌草石块园路铺装基层构造自下而上分别为：素土分层夯实，压实度不小于 95%；100～200 mm 厚级配碎石；50 mm 厚粗砂夯实；30 mm 厚 1∶3 水泥砂浆结合层；80 mm 厚石材平铺分层间隔 100 mm(图 7.33)。

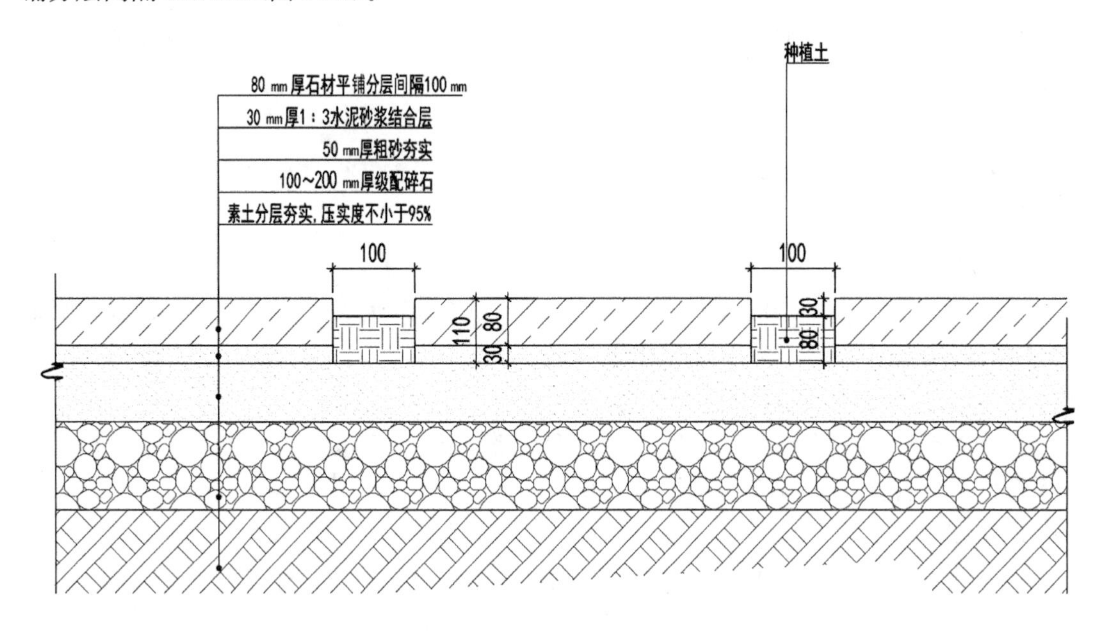

图 7.33 嵌草石块园路铺装构造图(单位：mm)

(图片来源：作者自绘)

3) 透水铺装

透水铺装主要适用于广场、停车场、人行道以及车流量和荷载较小的道路，施工方便，可补充地下水并具有一定的峰值流量削减和雨水净化作用。

场地内供人行的园路均采用透水铺装，使雨水迅速渗入地下，减少地表径流。由于透水地面孔隙多，地表面积大，对粉尘有较强的吸附力，可减少扬尘污染，也可降低噪音。

4) 旱溪

旱溪就是在设计上仿造自然界中干涸的溪床，与植草沟功能类似，但设施规模要大于植草沟，能承载更多的蓄水量。

它接纳植草沟汇集的雨水，是径流流入雨水花园前的最后一道过滤设施。溪底通常铺设卵石或碎石，溪岸种植丰富的灌草丛植物群落尤其是开花植物，既能在降水时达到很好的沉淀过滤效果，又能在干旱时营造良好的植物景观。

5) 植草沟

植草沟可收集、输送和排放径流雨水，具有一定的雨水净化作用。适用于建筑与小区内道路、广场、停车场等周边，也可作为生物滞留设施、湿塘等的预处理设施。植草沟具有建设及维护费用低，易与景观结合的优点，植物配置以草本植物为主。

场地内的植草沟分布于场地道路东侧、透水铺装道路两侧以及帐篷区，收集来自各处的地表径流，等同于海绵系统内的“毛细血管”。

第 8 章

附属海绵绿地规划设计案例

8.1 单位附属海绵绿地项目

8.1.1 某医疗应急救援中心海绵绿地项目

1）项目概况

项目位于某城市新区商务核心区，建设用地呈方形，处于互通立交北偏东位置，三面环路，西临省道，南北紧邻城市道路，南侧为规划的道路。景观设计项目用地面积54 433 m²，其中景观设计总面积 48 189 m²，绿地面积 23 322 m²，铺装面积 24 816 m²（包括停车位面积 6 349 m²）（图 8.1）。

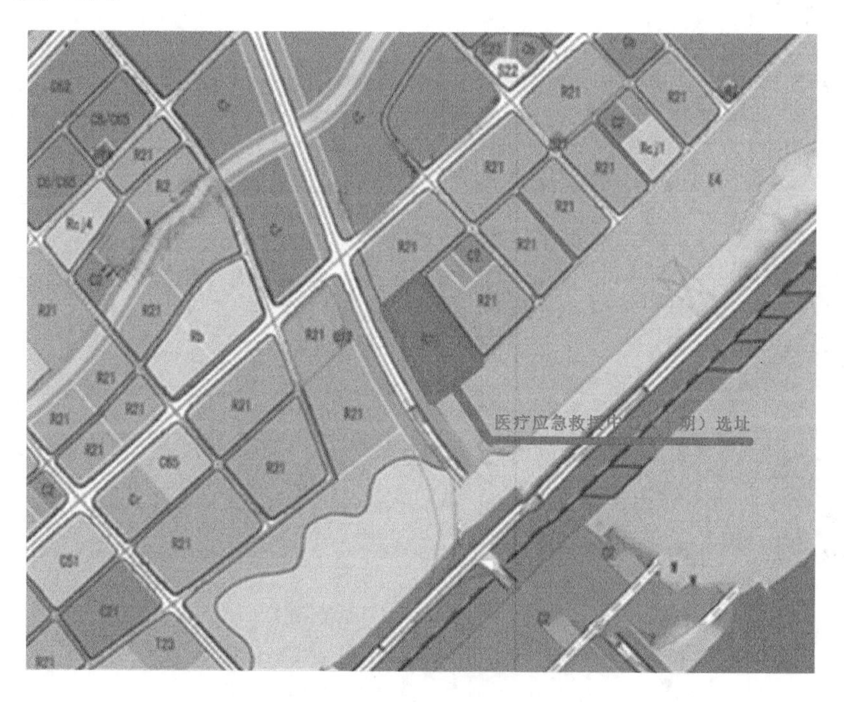

图 8.1　项目区位图

（图片来源：作者自绘）

(1) 竖向条件

场地现状地形较平缓,东西高差仅为 15 cm,可以视同平地。景观方案中局部做微地形,考虑打造高差效果。整个方案最终形成场地较为平缓、植物配置丰富的景观空间布局,无外源水汇入。

(2) 雨水排水系统现状

本项目现状已建成雨水排水系统,场地排水依据主干管网径流走向。其中管道 Y1～Y31 为主干管网,主要分布于道路中线处,其中管网覆土最浅管道为 Y1,覆土厚度 1 m;覆土最深管道为 Y18,覆土厚度 2.463 m。主干管网管径主要为 DN 300,Y10～Y15 雨水管管径为 DN 400,Y16～Y18 管径为 DN 500。主干管道以重力自流管形式与市政管网衔接,衔接处为管道 Y18。

(3) 设计内容

地块范围内海绵城市设施设计内容主要有:部分已建雨落管的断接,新增下凹绿地、植草沟、雨水花园、硅砂蓄水池与监测设施等。

2) 场地分析

(1) 产流阶段分析

① 竖向分析

现状地形较平缓,东西高差仅为 15 cm,可以视同平地。景观方案中局部做微地形,考虑打造高差效果,整个方案最终形成场地较为平缓、植物配置丰富的景观空间布局(图 8.2)。

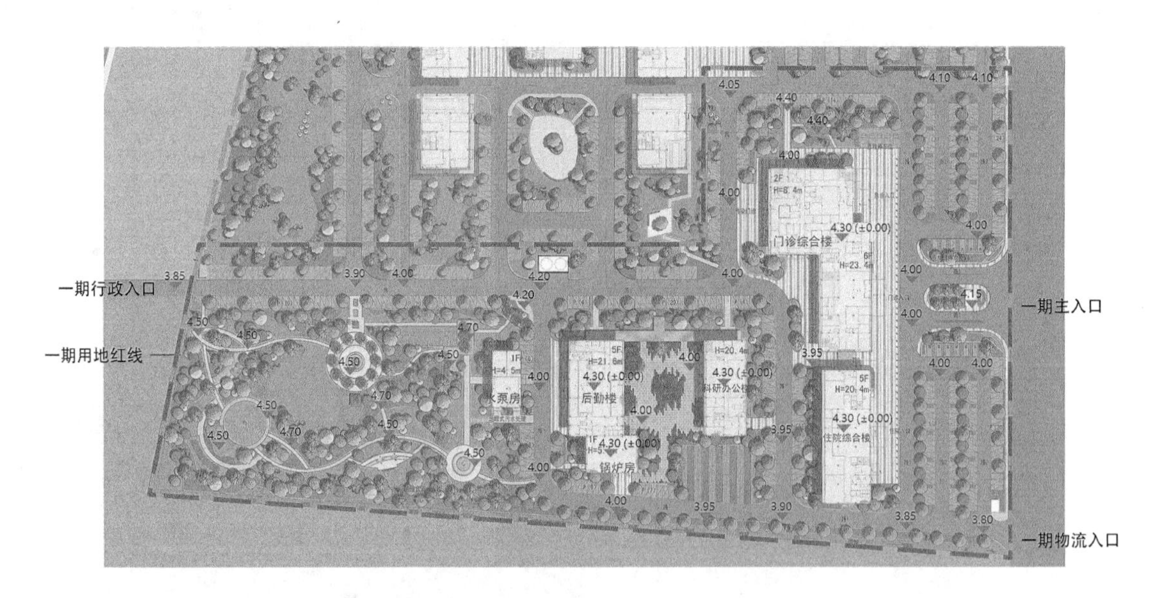

图 8.2　竖向分析图(单位:m)

(图片来源:根据建设单位提供的资料与底图,作者自绘)

② 绿化率分析

绿地面积约 23 322 m²,绿地率约 42.80%,绿化面积较大。总体上,雨水径流量较小,但雨水径流速度快，停留时间短，宜采用滞缓带，防止雨水快速进入水体，增加雨水绿地停留时间(图 8.3)。

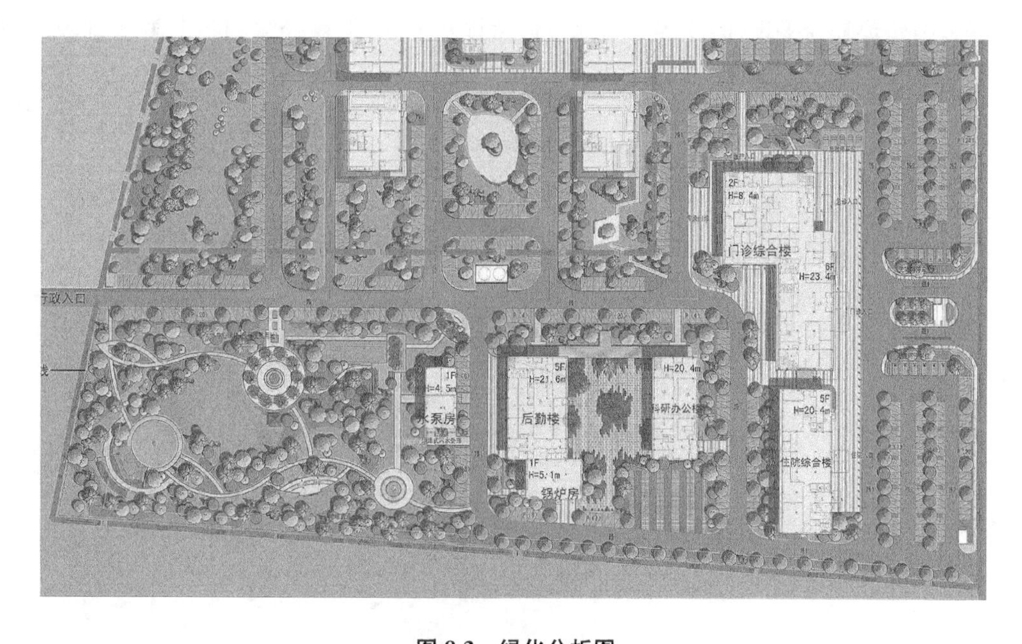

图 8.3　绿化分析图

(图片来源：根据建设单位提供的资料与底图，作者自绘)

③ 交通流线场地分析

本次方案设计采用人车分流方式：小区内部车行环道连接车行主、次入口，采用沥青混凝土路面，合理组织车流，方便人群使用并减少车辆与人的相互干扰(图 8.4)。

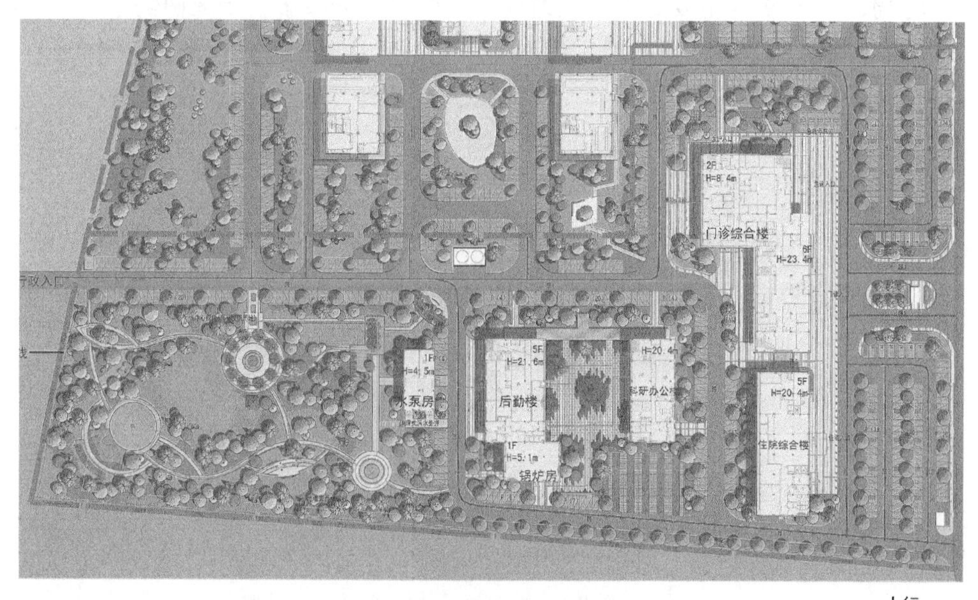

人行
车行

图 8.4　交通流线分析图

(图片来源：根据建设单位提供的资料与底图，作者自绘)

（2）过程传输阶段分析

① 排水体制分析

场地因地势较为平坦，因此多采用地表自然排水方式，汇聚径流到各个雨水口，最终通过地下排水管网排出场地（图 8.5）。

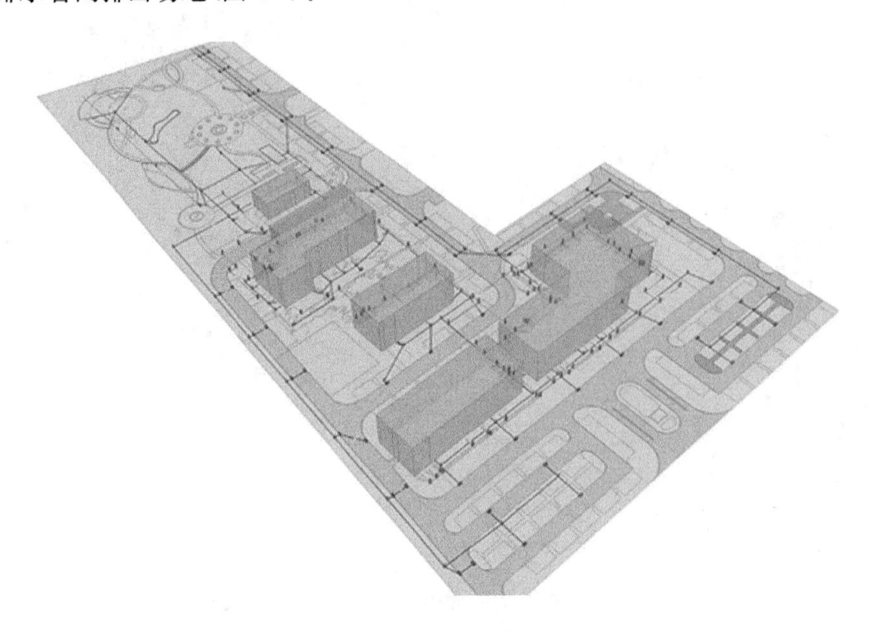

图 8.5　场地排水模型图

（图片来源：作者自绘）

② 排水管网分析

场地排水管网检查井主要分布于建筑周边。雨水篦分布于主干道两侧。场地内径流通过地表自然排水导入管网，最终通过地下排水管汇聚到西侧后勤行政入口处，通过市政管道排出场地（图 8.6）。

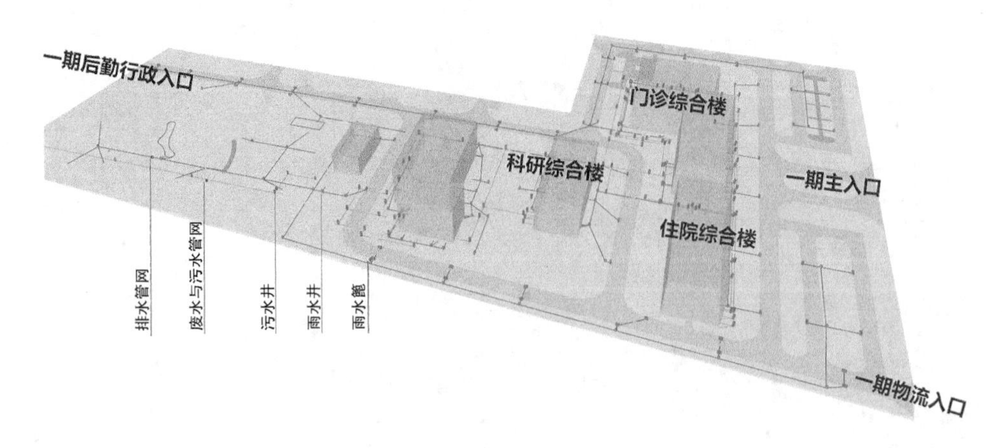

图 8.6　排水管网分析图

（图片来源：作者自绘）

③ 排水路径分析

a. 地表排水路径：通过高差调控雨水排水方向，或是排入绿地当中，或是排入雨水篦、检查井中，场地四周外侧少部分雨水排出至市政道路(图 8.7)。

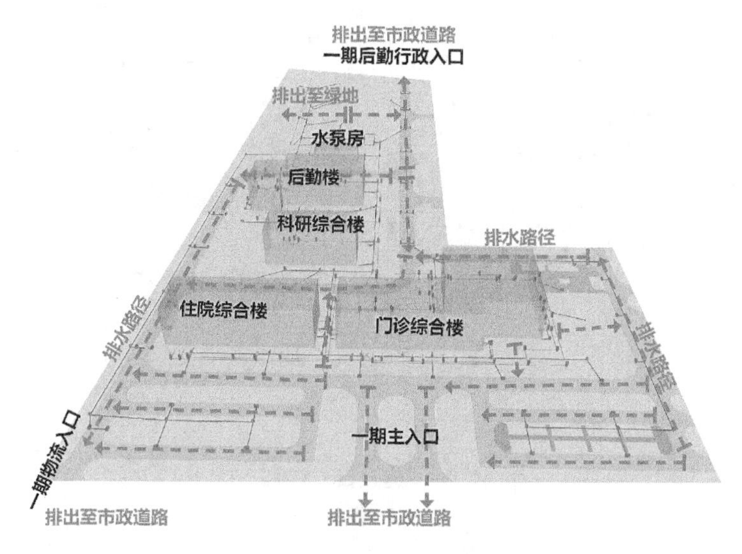

图 8.7　地表排水路径分析图

(图片来源：作者自绘)

b. 地下管网排水路径：管网的主要排水出口为西侧后勤行政入口附近的城市市政管网(图 8.8)。

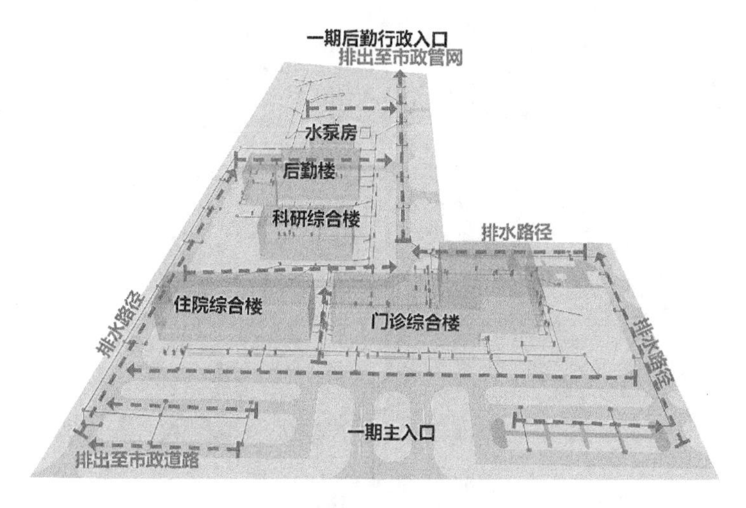

图 8.8　管网排水路径分析图

(图片来源：作者自绘)

(3) 汇流阶段分析

① 出入口分析

通过对地表排水、管网排水方向以及汇聚分析，可以看出主要的汇流区有三处：一处为排出至市政管网处的汇流点，两处为排出至市政道路的汇流点(图 8.9)。

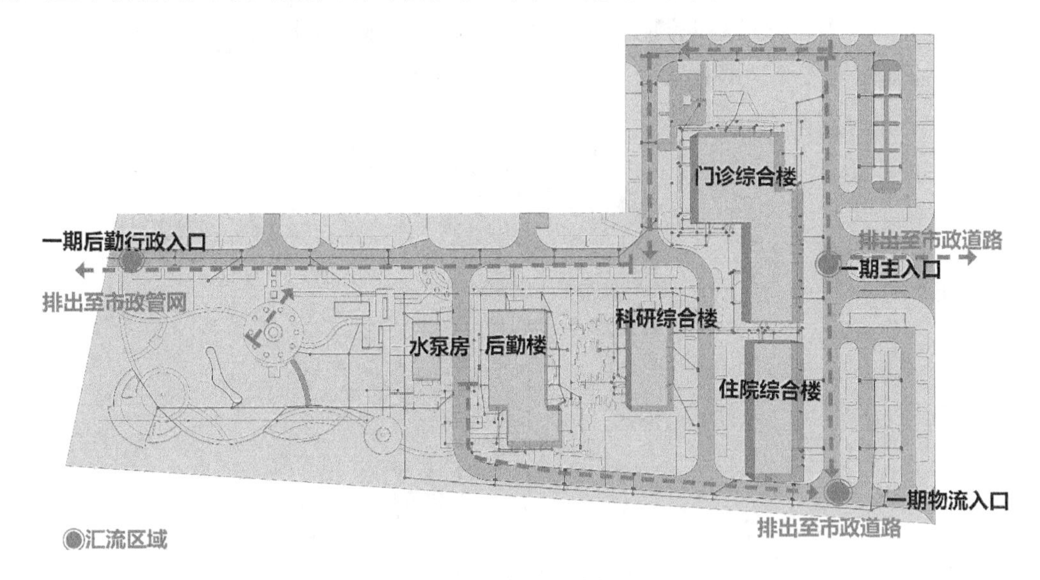

图 8.9　出入口分析图

(图片来源：作者自绘)

② 汇水分区分析

划分依据：区域下垫面组成、区域竖向标高、区域排水特性(图 8.10)。

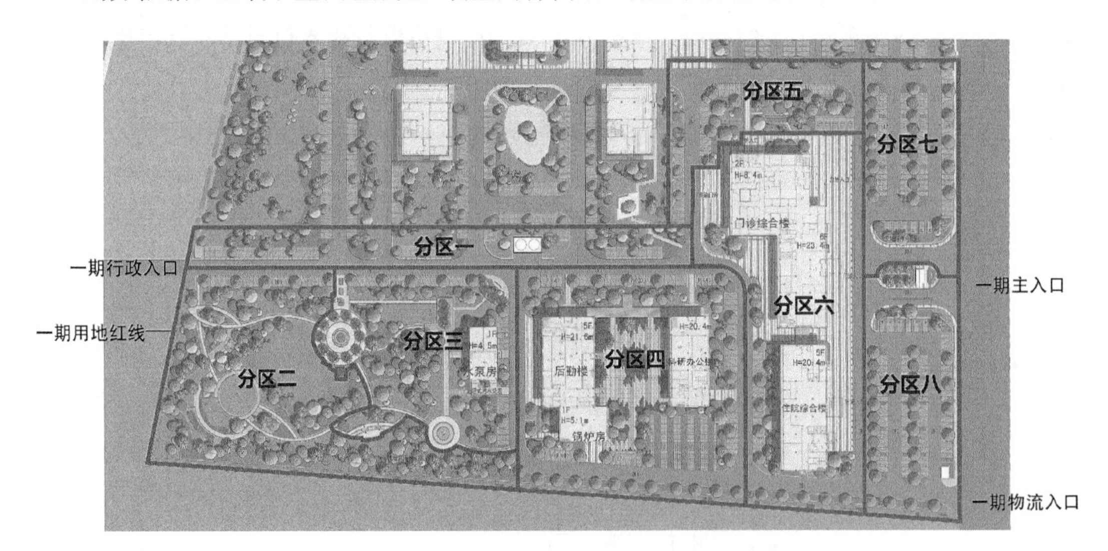

图 8.10　汇水分区分析图

(图片来源：作者自绘)

(4) 设计目标

① 采用“源头削减”的思路，根据实际情况，合理使用不同类型设施，综合“水安全、水生态、水环境、水经济、水景观、水文化”措施实现雨洪利用改造目标；

② 流域规划目标：根据设计的要求，流域的年径流总量控制率为 80%；

③ 径流污染总量目标：本项目年径流污染总量削减率不低于60%；

④ 环境改善目标：本项目通过透水铺装，结合植被覆盖率提高、建设雨水花园等设施，提高绿化品质，从而实现改善医疗环境的目标。

3）总体方案

（1）方案总平面图

方案总平面图（海绵设施布局）（图8.11）的规划设计遵循以下原则：

① 梳理场地与周边的竖向关系，明确场地雨水径流进入市政管线的方式及位置；

② 充分尊重原地形地貌，构建微地形，设计排水路径，保留并合理利用原场地内的雨水调蓄空间；

③ 下凹式绿地、雨水花园等单项设施的下凹深度由滞水深度和溢流深度组成，下凹式绿地滞水深度一般控制在100～150 mm，雨水花园滞水深度一般控制在200～300 mm，溢流深度一般控制在50～150 mm。

图8.11 海绵设施布局图

（图片来源：作者自绘）

（2）海绵设施布局——LID设施排水管线图（图8.12）

（3）海绵设施布局——方案竖向设计图（图8.13）

海绵设施充分尊重原有场地现状，只在小部分区域改变等高线标高做雨水花园和雨水塘。

4）局部与细部设计

（1）雨水立管改造

现状建筑屋面雨水采用传统排放形式，由屋顶雨水斗收集后进入雨水立管，雨水立管与地块雨水管网直接连接，屋面雨水通过立管直接排入雨水管网。传统的建筑雨水排放系统瞬时雨量较大时将对雨水管网造成一定的排放压力，并且初期雨水径流未经处理直接排入管网系统，容易造成污染。因此，本次设计将雨水立管进行改造。

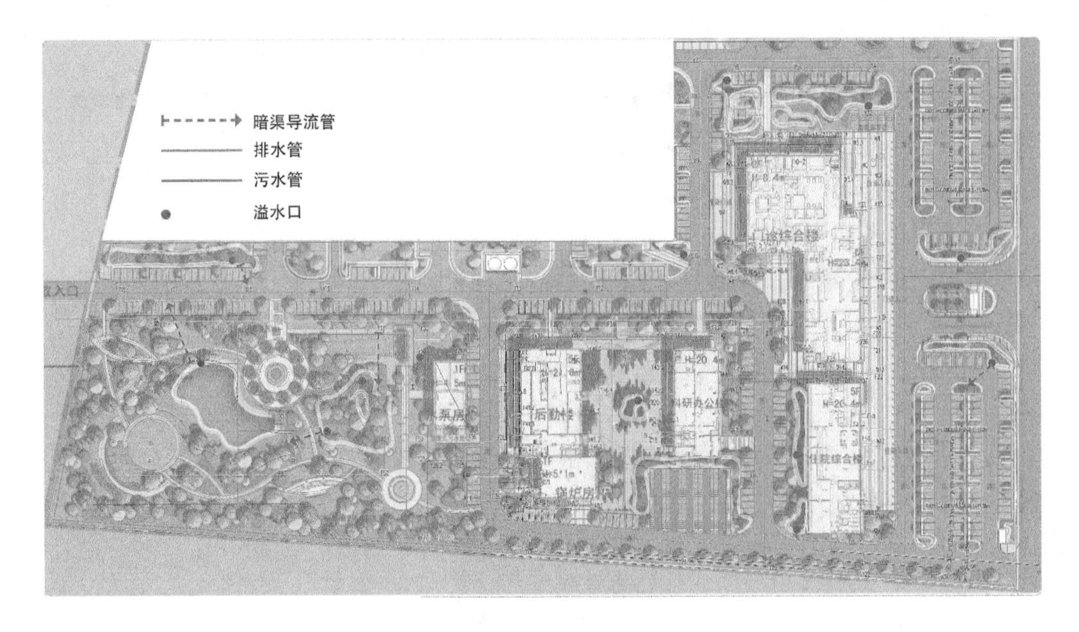

图 8.12　LID 设施排水管线

（图片来源：作者自绘）

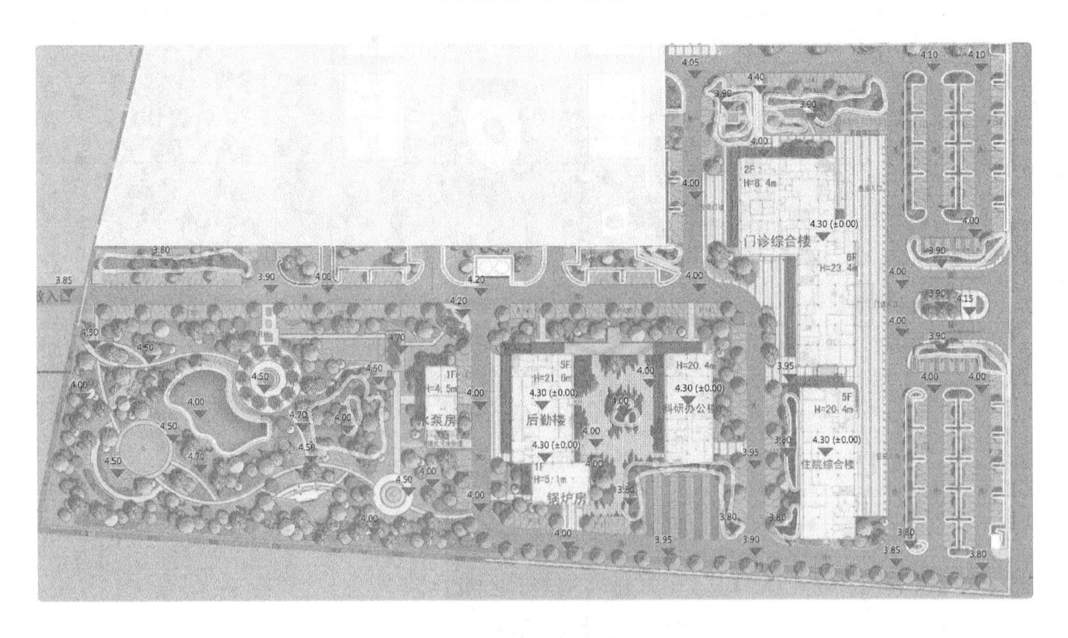

图 8.13　方案竖向设计图

（图片来源：作者自绘）

根据立管位置及场地条件，考虑景观及安全因素，将雨水立管截断，并在立管下设置鹅卵石下凹带，以缓解雨水对绿地的冲刷，同时引流至生物滞留带，对屋面雨水进行滞留与净化，多余雨水从溢流井溢流至管网系统。

图 8.14 是雨水回用工艺图，图 8.15 是建筑落水管与雨水花园衔接处节点大样图，图 8.16 为建筑立面与下凹式绿地连接构造详图，图 8.17 为建筑立面与雨水花园连接构造详图。

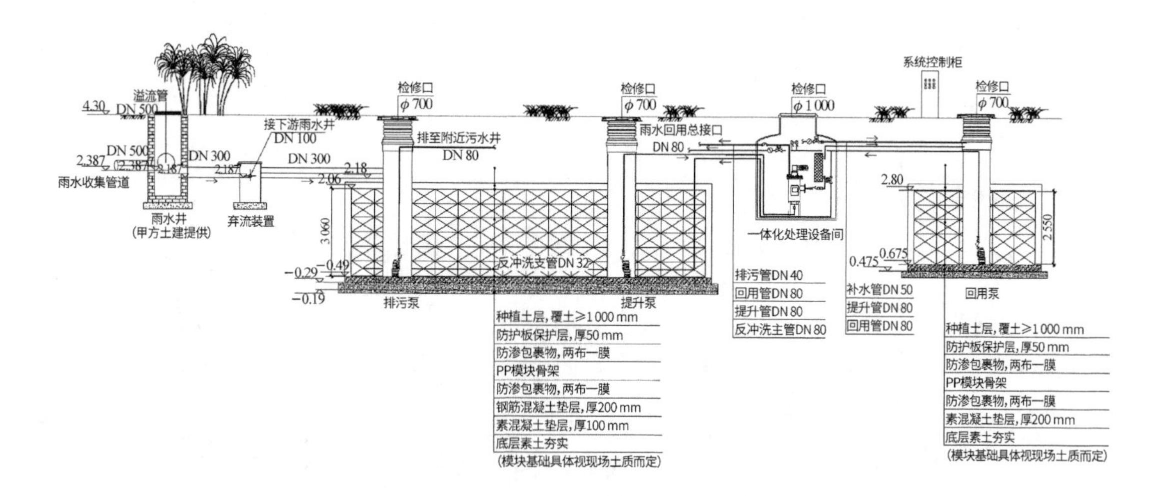

注：1. 下游雨水井的出水管标高应保证弃流雨水能顺利流入下游的雨水管道。
2. 雨水回用水管道严禁与生活饮用水给水管道以任何方式直接连接。
3. 雨水回用水管道外壁应涂浅绿色标志。
4. 本系统须深化，并经设计院确认后方可施工。
5. 设备间应有防腐措施。

图 8.14　雨水回用工艺图

（图片来源：作者自绘）

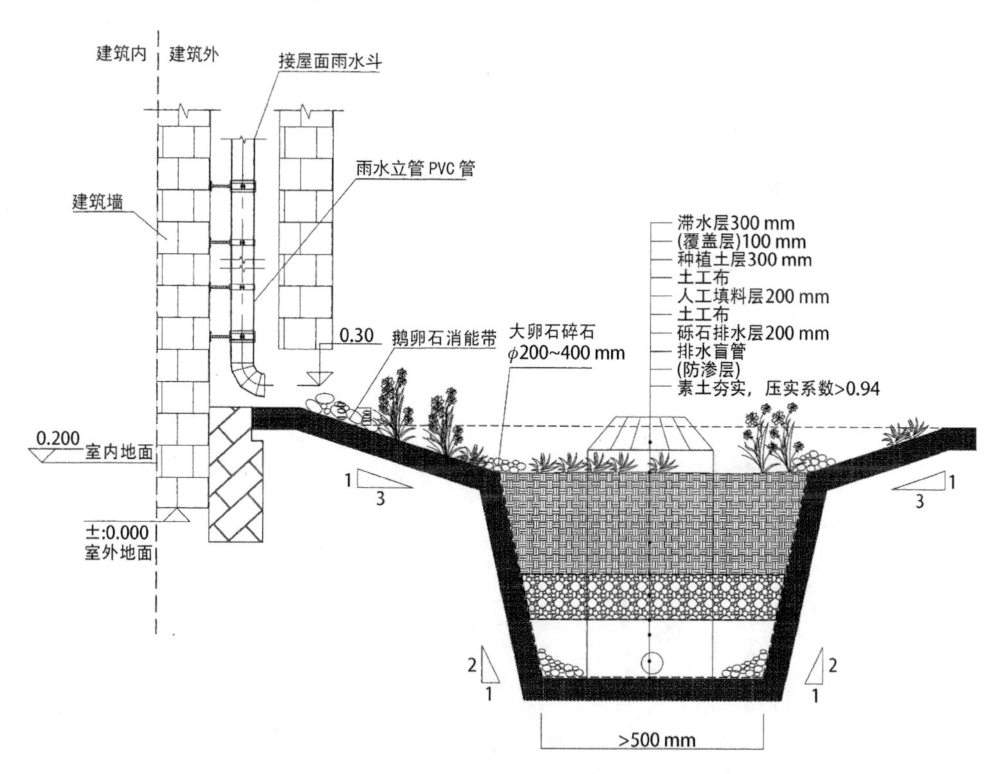

图 8.15　建筑落水管与雨水花园衔接处节点大样图

（图片来源：作者自绘）

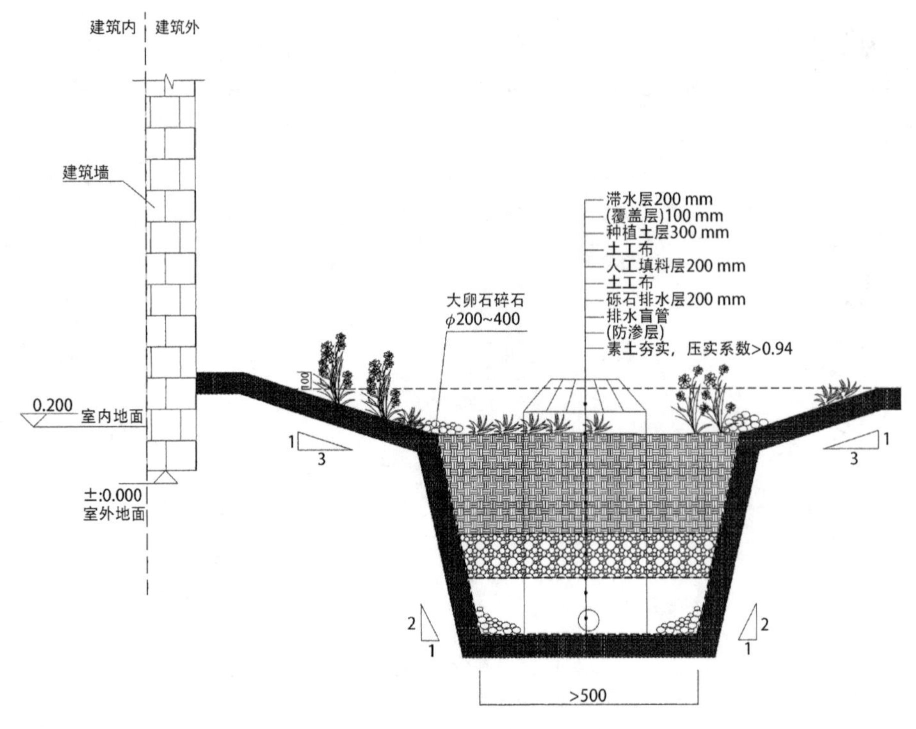

图 8.16　建筑立面与下凹绿地连接构造详图

（图片来源：作者自绘）

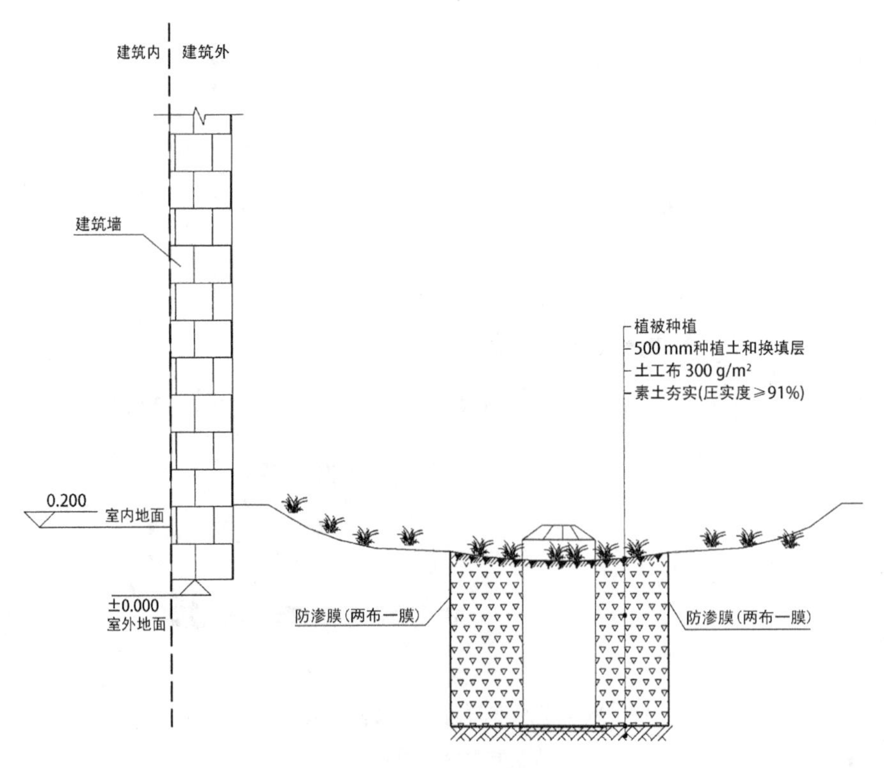

图 8.17　建筑立面与雨水花园连接构造详图

（图片来源：作者自绘）

(2) 下凹式绿地

在建筑物周边及广场周边设置下凹式绿地(图 8.18),收集屋面、路面及周边绿地的雨水,低于道路 0.1 m。生物滞留带内设置雨水溢流井,溢流井标高高于底部 0.15 m,溢流井设置间距为 20 m,溢流至雨水管网,溢流管接入就近雨水设备管径 DN 300,坡度不小于 1.0%。下凹式绿地从下往上依次为:素土分层夯实(压实度≥91%)、土工布(300 g/m²)、500 mm种植土和换填层、植被种植。

下凹式绿地种植土层推荐土壤比为 50%砂 + 30%原土 + 20%椰糠,压实度 80%,施工前应进行土壤渗透试验,保证透水率不小于 120 mm/h。盲管采用 PVC 管,穿孔率大于 85%,管径 DN 110;冲洗管管径 DN 110,PVC 材质,不开孔。

此外,针对不同小区的景观设计风格采用不同的植草沟及雨水花园的布置手法。自由风格的小区中的植草沟和雨水花园采用仿自然溪流形态的布置手法,规则式景观风格的小区中的植草沟和雨水花园则采用相对规则的布置手法,使新增的海绵城市改造措施与原有小区景观风格相一致,能较好地融入整体的景观当中,不仅能满足海绵城市的改造要求,而且还能起到提升建筑小区景观的作用。

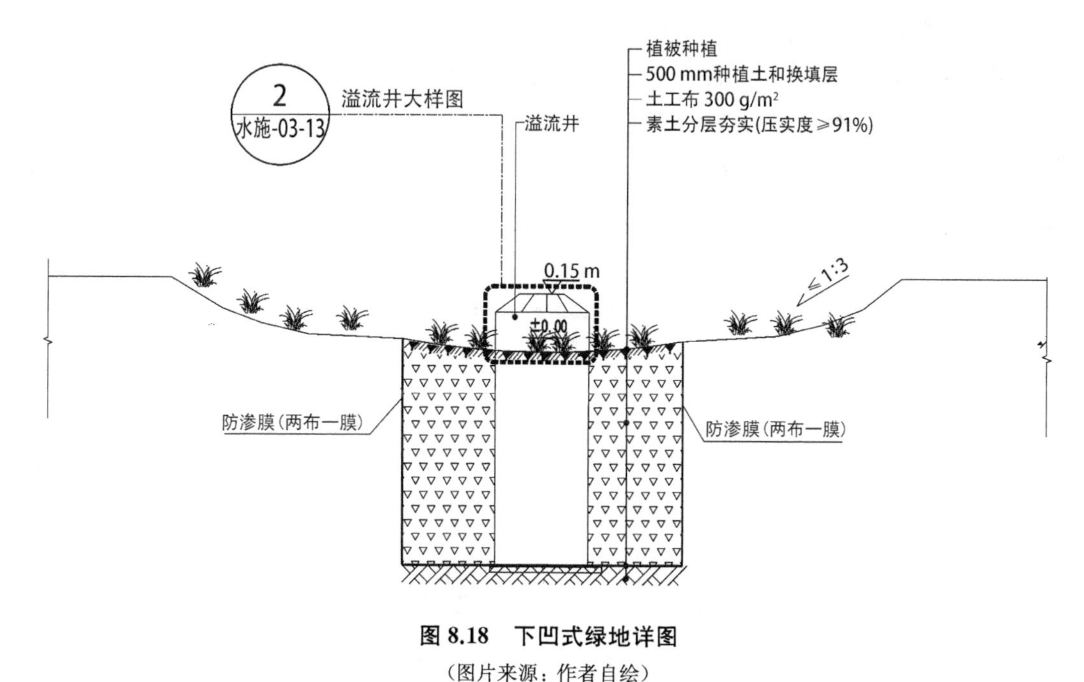

图 8.18　下凹式绿地详图

(图片来源:作者自绘)

(3) 透水铺装

在无地下室底板部分,小区内部道路采用透水水泥混凝土路面,铺装采用透水铺装。有地下室底板的地方不采用透水铺装与透水路面。小区外环道路采用常规路面。道路均为平牙收边。

透水铺装(图 8.19)采用 65 mm 生态砂基透水砖 + 30 mm 厚中砂 + 150 mm C15 透水混凝土 + 100 mm 级配碎石。透水路面采用 50 mm 厚彩色透水水泥混凝土 + 60 mm 厚透

水水泥混凝土 + 150 mm厚多空隙水泥稳定碎石 + 120 mm厚级配碎石。

透水砖孔隙率宜达到20%，保水量在通常状况下约为10 000 mL/min。不考虑机动车荷载步行砖；抗压强度大于35 MPa、抗折破坏荷载大于6 kN；防滑等级R3，防滑性能指标BPN大于65。

透水砖的整度偏差不大于5 mm，相邻两块砖的高差小于等于2 mm。透水砖应按设计挑选规格、品种、颜色一致，无裂痕、无缺边、无掉角及局部污染变色，缝子平直均匀，并力求上下左右纹理顺畅。透水铺装面层出现破损时应进行修补或更换，出现不均匀沉陷时应进行局部修整找平。当渗透能力大幅下降时应用冲洗、负压抽吸等方法及时清理。

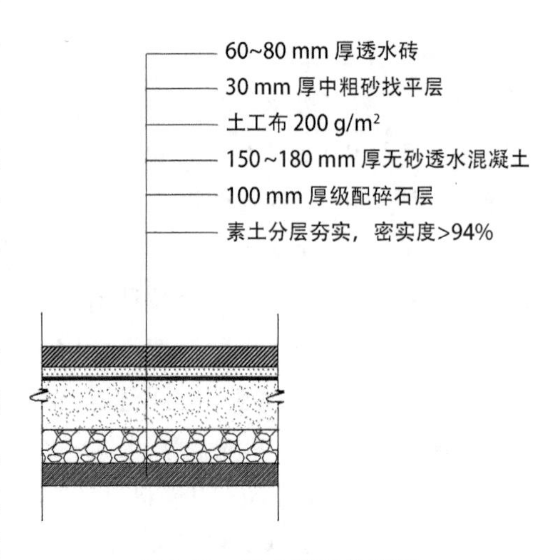

图 8.19　透水铺装构造图

（图片来源：作者自绘）

（4）植草沟

在道路两侧绿化带适当位置设置植草沟，低于道路0.1 m，植草沟纵坡同道路纵坡，宽度根据实际情况调整，可局部放大，以达到一定景观效果。对应原有雨水口位置，溢流雨水排入原有雨水管道。植草沟（图8.20）从下往上依次为：素土夯实（压实度≥94%）、土工布

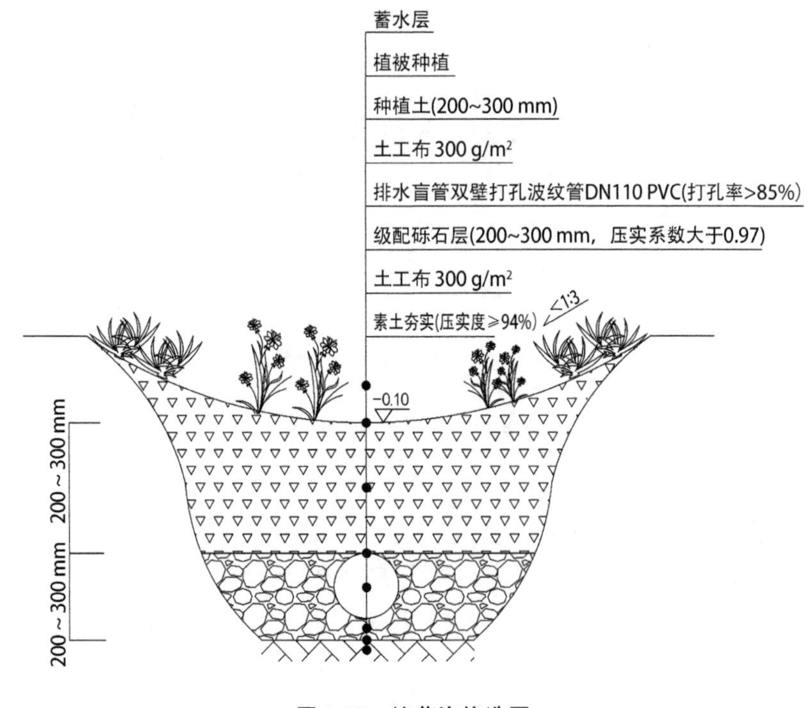

图 8.20　植草沟构造图

（图片来源：作者自绘）

(300 g/m²)、200～300 mm 级配砾石、DN 110 透水盲管、土工布(300 g/m²)、200～300 mm 种植土、植被种植蓄水层。植草沟种植土层推荐土壤比为 50%砂 + 30%原土 + 20%椰糠，压实度 80%，施工前应进行土壤渗透试验，保证透水率不小于 120 mm/h。

(5) 海绵型停车场

海绵型停车场(图 8.21)采用透水路面，停车场附属绿地标高低于路面标高，该海绵型停车场的雨水排放模式为：停车场雨水流入植草沟，汇聚到雨水花园中。绿地标高低于停车场 10～30 cm，停车位铺装采用透水铺装，促进雨水下渗；绿地内设雨水口与市政雨水管衔接，雨水口高于绿地 5～10 cm 且不高于路面，超过渗透能力的雨水通过雨水口进入市政雨水管(图 8.22)。施工时，应严格控制绿地和雨水口的标高，保证蓄水层深度。停车场的透水路面类型可以采用透水混凝土、透水沥青或者嵌草砖，促进雨水下渗。

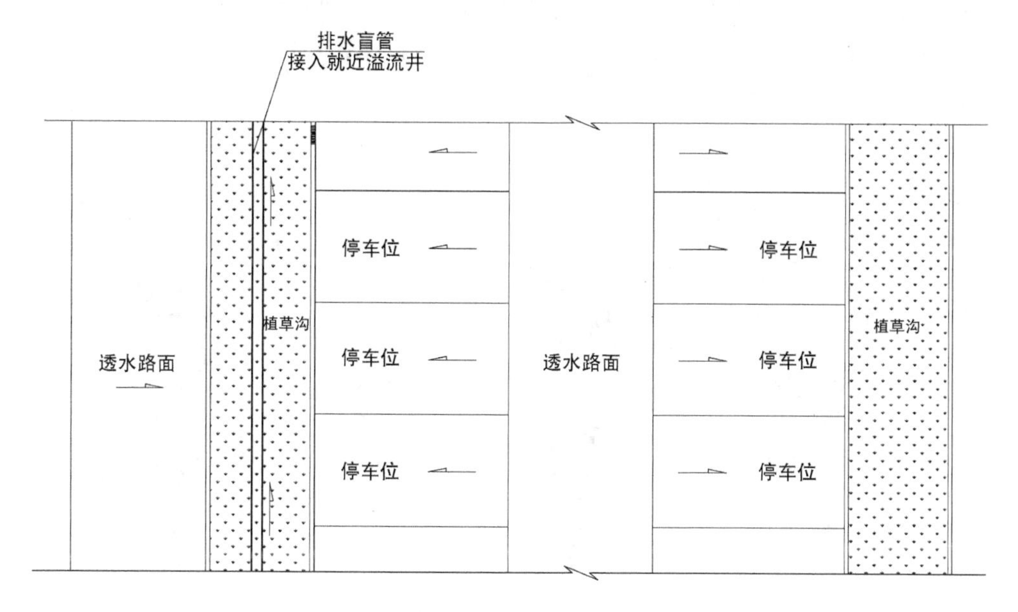

图 8.21　海绵型停车场平面设计图

(图片来源：作者自绘)

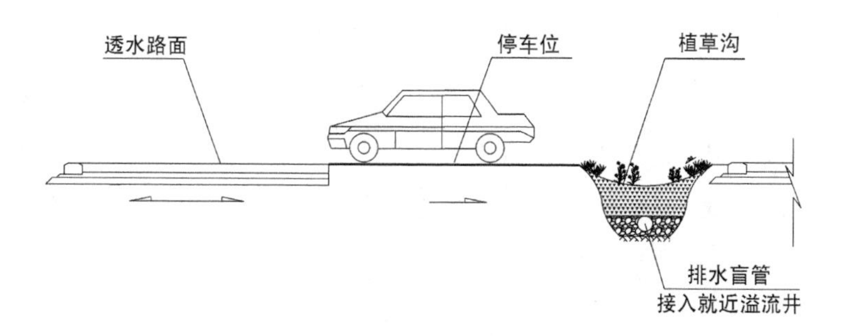

图 8.22　海绵型停车场剖面图

(图片来源：作者自绘)

8.1.2 某战训基地海绵绿地项目

1) 项目概况

该项目位于长江三角洲地区苏南某市，主要的服务对象为当地官兵。营区是部队屯兵、养兵、练兵、储备物资和装备的基地，绿化营地不仅能美化环境，而且还能起到净化空气，调节、改善局部气候的作用。具有良好绿化环境的营区是官兵美丽的家。充分发挥景观的作用，创建生态园林式营区，能够为官兵营造一个生机勃勃、清新愉悦的优美环境，从而起到增强部队凝聚力、战斗力和促进部队建设的重要作用。创造具有“生态园林”特征的绿色新时代警营将成为警营绿化建设的新亮点，也是绿化规划与生态建设相融合的必然产物。

设计场地位于城市新区内(图 8.23)，总面积 92 000 m²，建筑用地面积 20 700 m²(绿地约 13 000 m²)，生产休闲用地面积 71 300 m²。基地位于国家级生态涵养林，北侧为公园，西侧为河流。

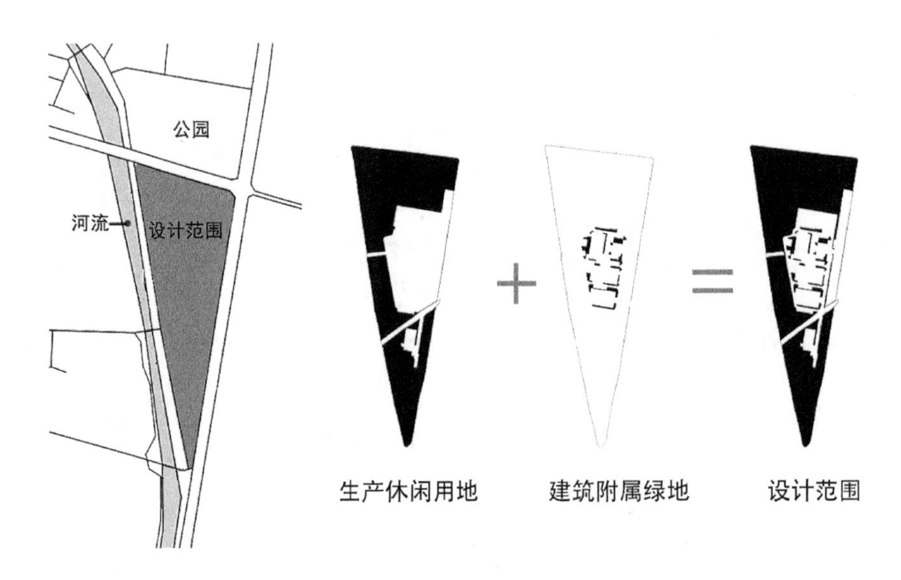

图 8.23 项目区位图

(图片来源：作者自绘)

(1) 目标定位

场地为当地公安服务，以“龙城”“龙骨”为设计原型，分别与场地形态、理水、文脉以及细部设计相结合，目标是打造集绿色环境、绿色生产、绿色体验、绿色训练、绿色教育于一体的全国同级别绿色警营的示范样板。

(2) 场地现状

设计场地位于某城市新区，总面积为 92 000 m²，建筑用地面积 20 700 m²(绿地约 13 000 m²)，生产休闲用地面积 71 300 m²。基地位于国家级生态涵养林，北侧为城市公园，西侧为城市河道。沿河部分地段已进行滨河带绿化，需进一步整合资源，提升滨水景观品质；内部保留现场小河和小桥，重新规划河岸护坡，重修小桥，可形成滨河节点广场；内部保留原有水塘，适当扩大和调整，配以木屋栈桥，可进行湿地景观的营建（图 8.24）。

图 8.24　场地现状照片

（图片来源：作者自摄）

2）场地分析

（1）功能分析

根据原有地块特征，充分利用原有场地条件，分为四大功能片区：农业生产体验区、警营文化展示区、生态湿地休闲区、训练服务管理区，以满足公安人员及社会公众的多种使用和体验需求（图 8.25）。

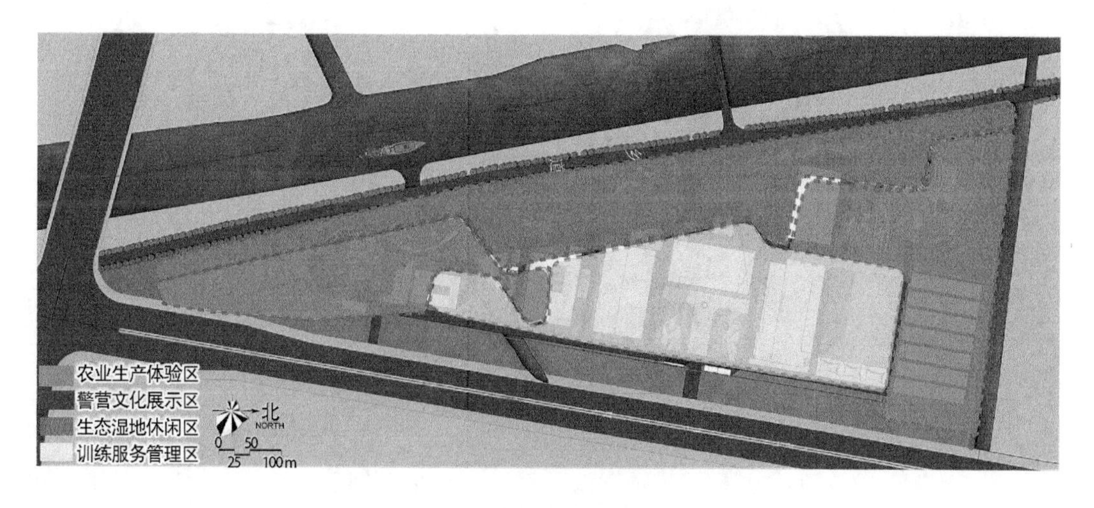

图 8.25　功能分析图

（图片来源：作者自绘）

(2) 空间分析

整个场地设计总面积为 92 000 m²,围绕警营文脉形成"一脉、两带、四核、四片、二十六景"的空间体系规划。一脉为特色警营文化展示龙脉,两带为两条滨河绿带,四核为家文化展示核、廉政文化展示核、英雄文化展示核、水文化展示核,四片为农业景观、林荫景观、湿地景观、建筑景观,二十六景为 26 个景观节点(图 8.26)。

图 8.26　空间分析图

(图片来源:作者自绘)

(3) 交通分析

警营主要活动人群为广大警员,因此仅仅需要满足休闲游憩的交通路线,主干道一定要达到方便行车的目的。因此,交通路线的组织需要满足主干道附近多集结停车场,而休闲游憩道路与之相隔(图 8.27)。

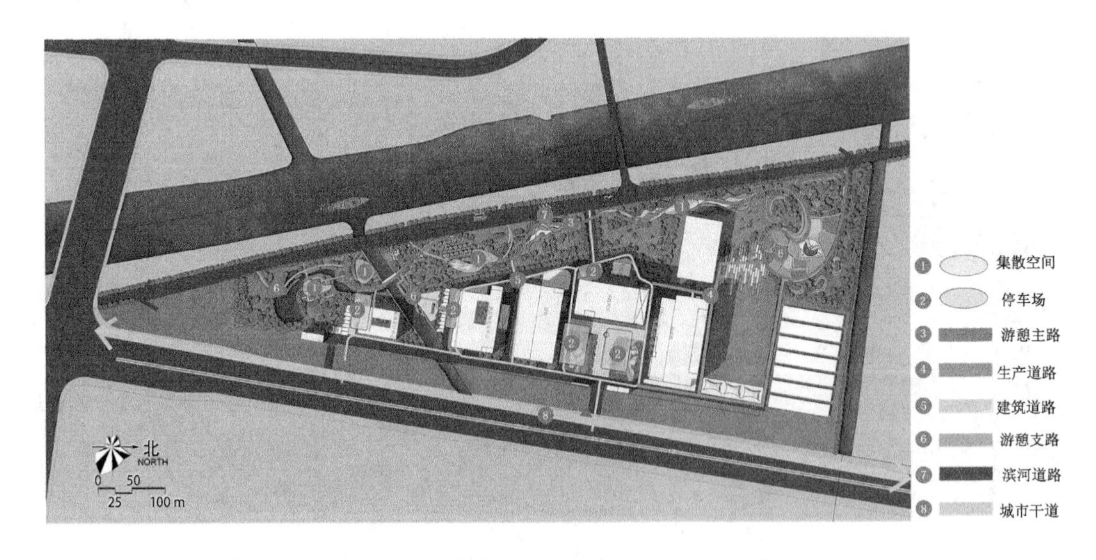

图 8.27　交通分析图

(图片来源:作者自绘)

3）总平面图(图 8.28、图 8.29)

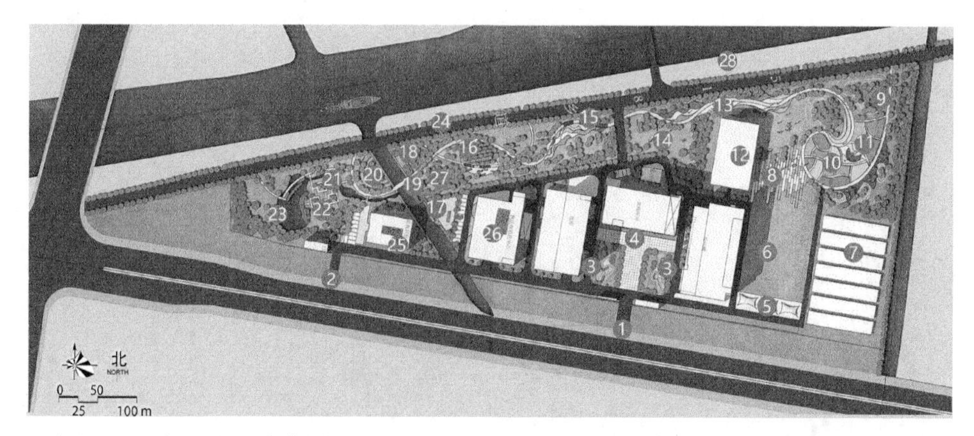

1. 主入口　2. 次入口　3. 方曲之间——雨水花园　4. 庄严肃穆——礼仪广场　5. 扬帆启程——膜结构停车场　6. 青春热血——应急突发训练场　7. 青青乐园——设施蔬果园　8. 幸福农园——亲子农场　9. 春华秋实——自然林果园　10. 相亲相爱——露地蔬果园　11. 荷塘月色——水塘广场　12. 万象万千——智能温室　13. 龙腾虎跃——花境彩带　14. 龙骨硬风——长条石凳　15. 木廊生花——廉政长廊　16. 方正为人——廉政广场　17. 长天一色——荣誉广场　18. 巍巍脊梁——钟山苑(荣誉展厅)　19. 古桥新颜——历史文物　20. 且听风吟——平安广场　21. 溪韵隽秀——自然旱溪　22. 警世通言——警苑书屋　23. 清源之水——休闲之塘　24. 动感活力——滨河跑道　25. 竹影摇曳——建筑内庭 1　26. 枫染红颜——建筑内庭 2　27. 月桂飘香——荣誉林　28. 滠港春晓——滨河绿带

图 8.28　总平面图

(图片来源：作者自绘)

图 8.29　整体鸟瞰图

(图片来源：作者自绘)

4）局部与细部设计

(1) 雨水花园

展示了两种形态的雨水花园的布置，雨水花园Ⅰ(图 8.30、图 8.31)为折线式的雨水花园的形态；雨水花园Ⅱ(图 8.32、图 8.33)为曲线式的雨水花园的形态。

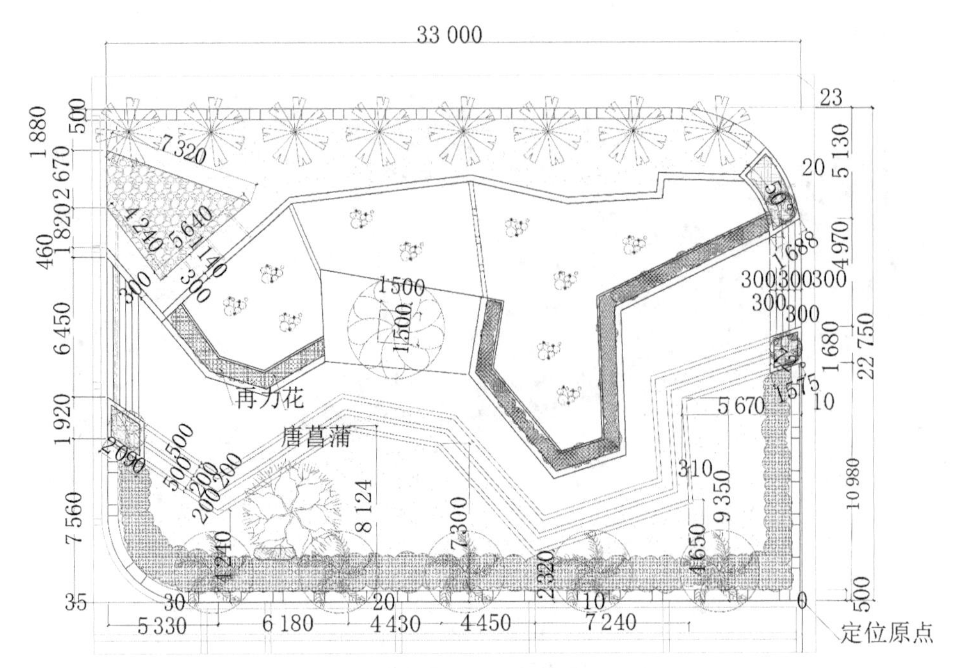

图 8.30　雨水花园Ⅰ平面图(单位:mm)

(图片来源：作者自绘)

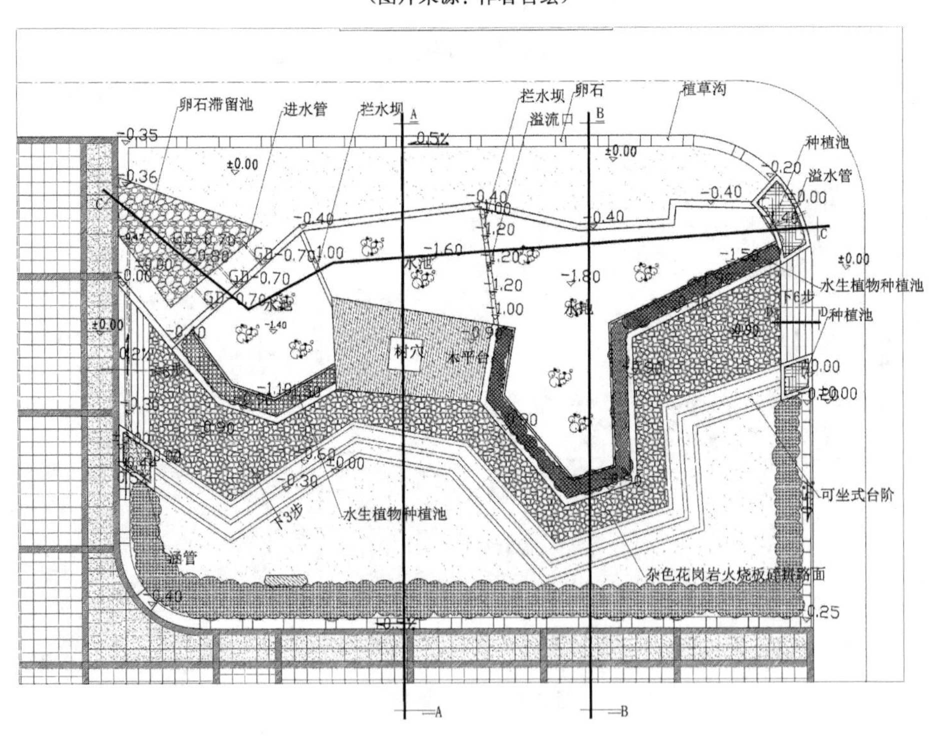

注：A-A、B-B剖面见景施034-1
　　C-C、D-D剖面见景施034-2

图 8.31　雨水花园Ⅰ标高图(单位:m)

(图片来源：作者自绘)

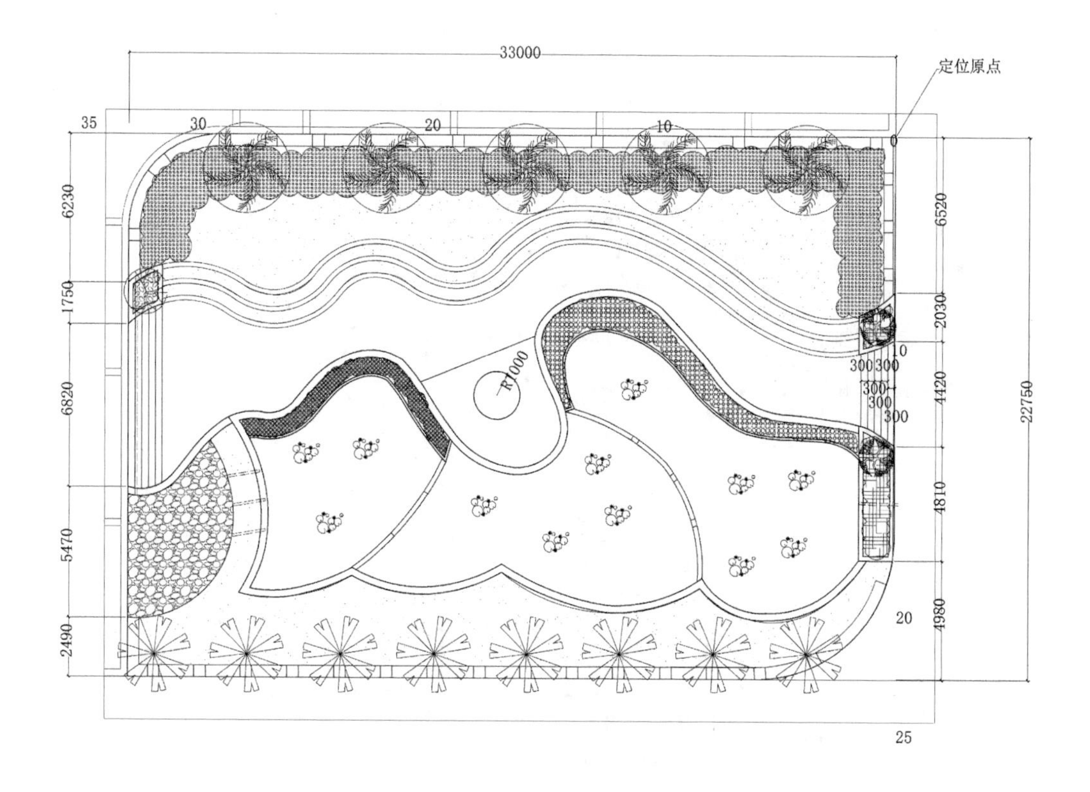

图 8.32 雨水花园Ⅱ平面图(单位:mm)

(图片来源：作者自绘)

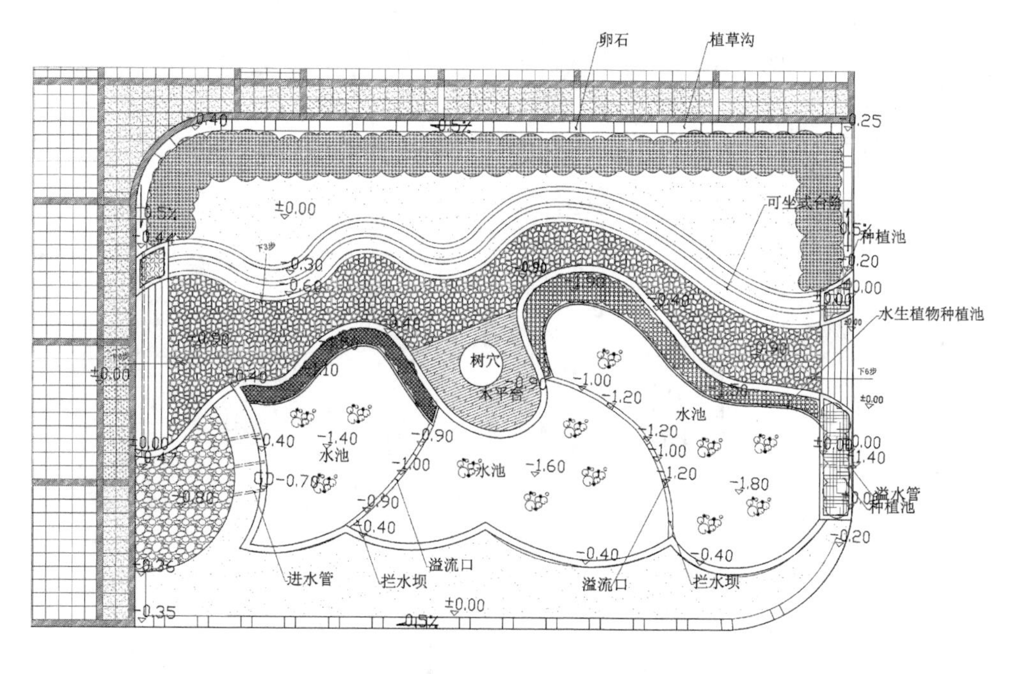

图 8.33 雨水花园Ⅱ标高图(单位:m)

(图片来源：作者自绘)

(2) 屋顶花园(图 8.34)

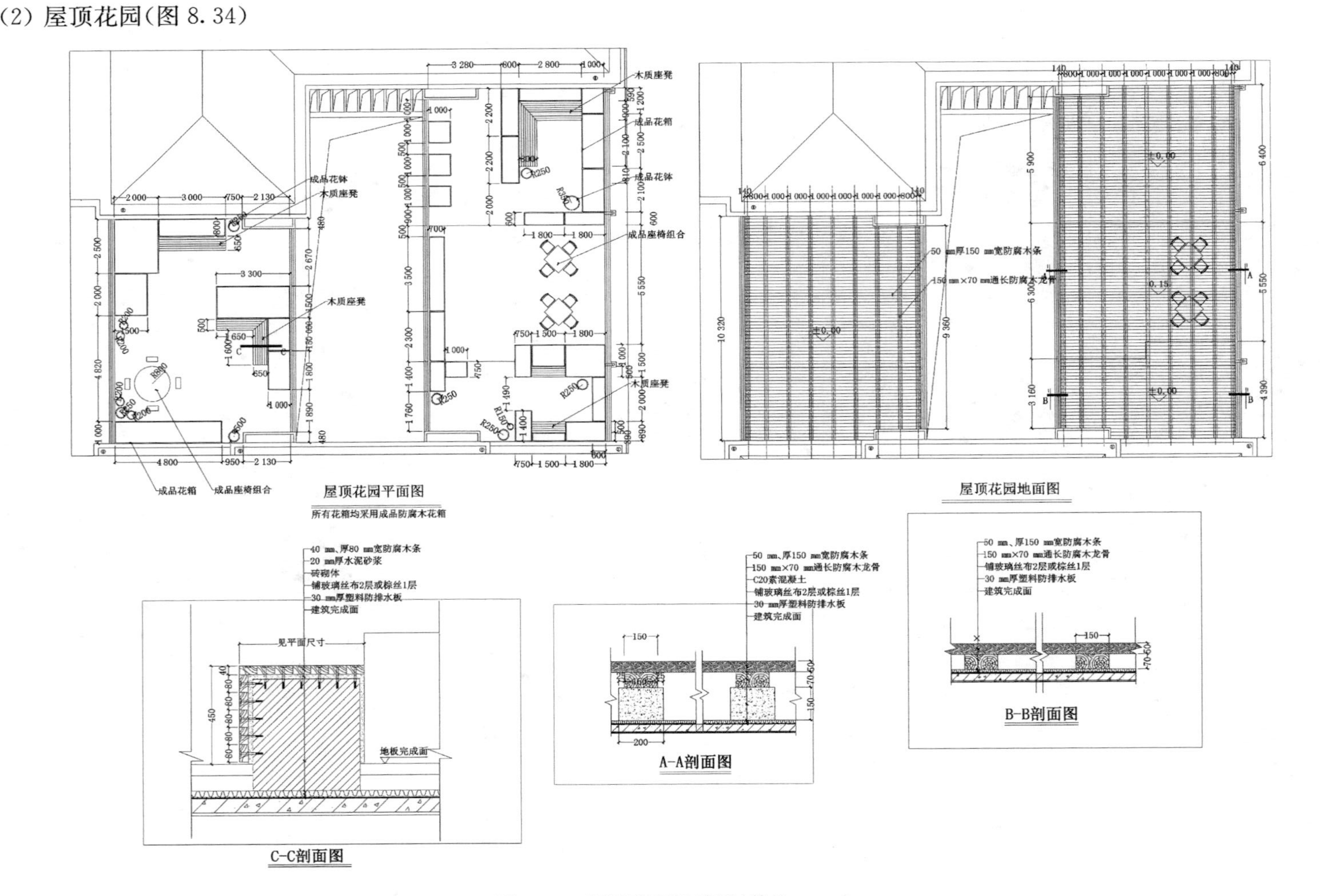

图 8.34 屋顶花园设计图(单位：mm)

(图片来源：作者自绘)

(3) 植草砖停车位

海绵停车场(图 8.35)采用透水路面,停车场附属绿地标高低于路面标高。该海绵型停车场的雨水排放模式为:停车场雨水流入植草沟再汇聚到雨水花园中。绿地标高低于停车场 10～30 cm,停车位铺装采用透水铺装,促进雨水下渗;绿地内设雨水口与市政雨水管衔接,雨水口高于绿地 5～10 cm 但不要高于路面,超过渗透能力的雨水通过雨水口进入市政雨水管。施工时,应严格控制绿地和雨水口的标高,保证蓄水层深度。停车场的透水路面类型可以采用透水混凝土、透水沥青或者嵌草砖,促进雨水下渗。

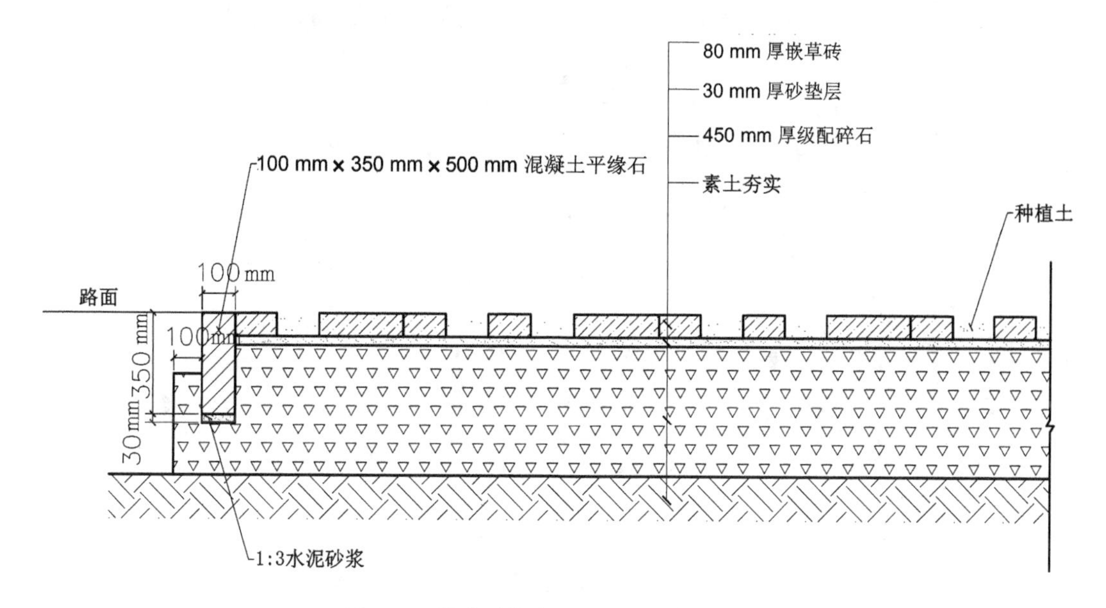

图 8.35　植草砖停车位设计图(单位: mm)

(图片来源: 作者自绘)

8.2　社区海绵绿地项目

8.2.1　项目背景

为实现海绵城市建设目标,必须贯彻"节水优先、空间均衡、系统治理、两手发力"的雨水管理思路。在指导某城市新型城镇化建设过程中,推广海绵城市建设模式,加大城市雨水径流源头减排的刚性约束,实现经济发展与资源环境的协调发展,转变传统的排水防涝思路,让城市"弹性适应"环境变化与自然灾害。

1) 设计原则

规划引领、尊重自然、因地制宜、统筹建设、全面协调(图 8.36)。

2) 海绵城市建设相关指标

(1) 提高该城市新区核心区内涝防治标准

① 防涝总体标准: 有效抵御不低于 30 年一遇的暴雨,并确保居民住宅和工商业建筑

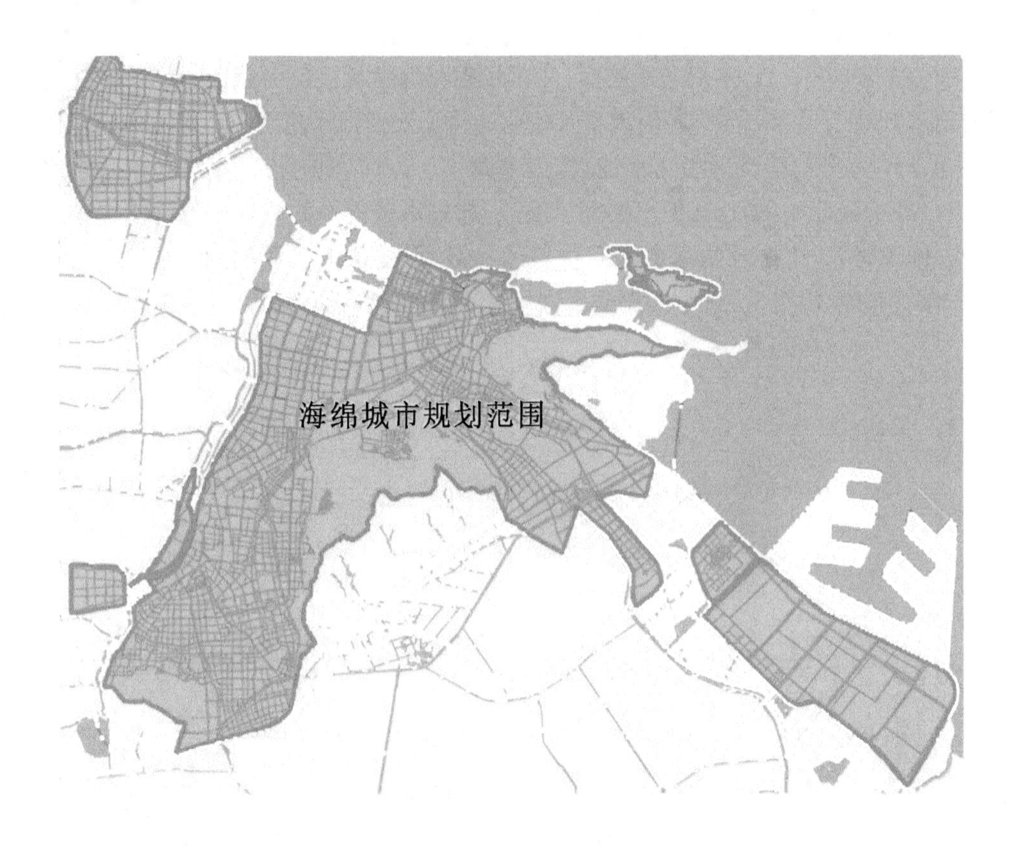

图 8.36　海绵城市规划范围

（图片来源：根据建设单位提供资料与底图，作者自绘）

物的底层不进水；各地块积水深度不超过 15 cm，积水时间不超过 1 h。

② 道路排涝标准：主干道：30 年一遇 3 h 降雨，双向四车道不积水；次干道及支路：30 年一遇 3 h 降雨，双向两车道不积水；人行道：30 年一遇 3 h 降雨，人行道不积水。

（2）年径流总量控制率

建设完成后，年径流总量控制率为 75%。

（3）面源污染控制指标

低影响开发雨水系统的年 SS 总量去除率一般可达到 40%～60%。年 SS 总量去除率可用下述方法进行计算：年 SS 总量去除率 = 年径流总量控制率×LID 设施对 SS 的平均去除率。对于新区核心区，年 SS 总量去除率为 75%×60% = 45%。（注：SS 为固体悬浮物）

（4）提高雨水利用率

确保在规划期末，雨水利用率达到 5%以上。新区核心区总体需求是引入海绵城市建设理念，转变城市发展方式，制定和落实具有针对性和可操作性的制度、目标和指标，构建科学海绵体系。

① 进行系统的排水防涝综合规划，构建包含城市竖向、大小排水系统完整的排水防涝体系，保障水安全；

② 重点研究新区竖向与防涝之间的关系，提出较精准的场地高程方案，降低新区开发成本。

③ 识别及预判现状和未来水环境存在的问题，提出科学应对方案。

④ 改善高盐度地下水对新区生态环境的制约；制定适合新区地质水文特点和开发规划的年径流总量控制率等指标，保证新区水生态的改善及健康发展。

⑤ 加强信息化管理能力，提升管控水平。

8.2.2　场地分析

1) 项目区位

该项目位于某沿海城市东部，南侧为山系，位于河系和海堤之间，规划总面积合计约 467 km^2。规划建设的双堤环抱式港湾呈南北带状，现状多为盐田和海水水库(图 8.37)。

图 8.37　新区规划示意图

(图片来源：根据建设单位提供资料与底图，作者改绘)

设计场地范围在某城市新区核心商务区的西南角，交通极为方便(图 8.38)。周边地块都为待开发居住用地。场地中的建筑风格为现代新古典风格，融入了阳光和活力，建筑外立面色彩明快，既醒目又不过分张扬，且采用柔和的特殊涂料，不产生反射光，不会晃眼，给人以踏实的感觉(图 8.39、图 8.40)。

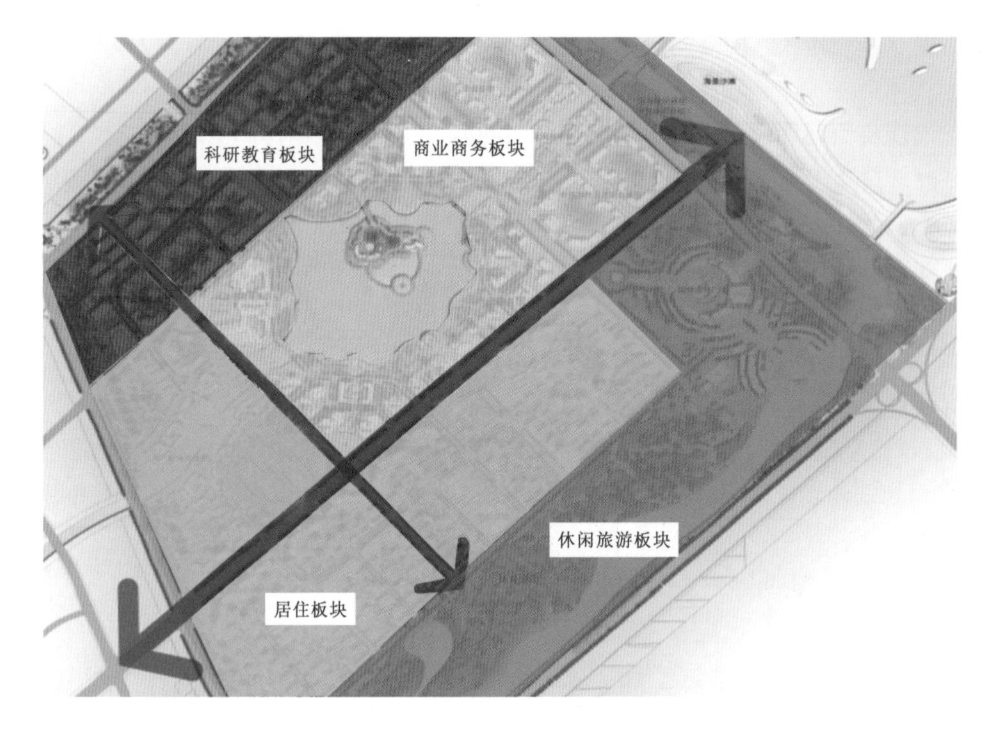

图 8.38 新区平面区位图

（图片来源：根据建设单位提供资料与底图，作者改绘）

图 8.39 社区平面图

（图片来源：根据建设单位提供资料与底图，作者自绘）

图8.40　项目鸟瞰图

（图片来源：根据建设单位提供资料与底图，作者自绘）

景观风格与建筑风格高度统一，对建筑的材料和设计手法进行创新。在设计中将西班牙的鲜活与简约法式的浪漫相结合，提高景观的文化底蕴，使景观与建筑相呼应，增加景观的趣味性。

2）现状分析构架解读

（1）天——降雨阶段分析

年径流总量控制率对应的设计降雨量数值是通过1980—2015年近40年日降雨资料统计得出（图8.41）。扣除小于2 mm的降雨事件的降雨量，将降雨量值由小到大排序，统计小于某降雨量占降雨总量的比率，此比率即为设计降雨量。借鉴发达国家实践经验，年径流总量控制率最佳为80%～85%，主要通过控制比率较高的中、小降雨事件来实现。年径流总量控制比率为80%和85%时，对应的设计降雨量分别为37.05 mm和45.80 mm。

（2）地——土地阶段分析

① 土壤分析

新区现状多为盐田和海水水库，区域地质表层为黏土，其下为较厚的淤泥层，厚度约14 m，区域变质基底为晚太古界东海群（片麻岩、角闪岩和各类混合岩）、元古界海州群（锦屏组、云台组之片岩、片麻岩、大理岩、磷灰岩、变粒岩、浅粒岩、石英岩等），由于海进-海退旋回作用，其上第四系广泛发育，先后沉积了一套硬塑状的棕黄色粉质黏土土层（局部为黄色密实砂性土）及全系统海相淤泥或淤泥质粉质黏土层。

② 竖向分析

整个设计场地作为地产景观，多采用微地形配合乔、灌、草空间搭配以打造丰富自然的

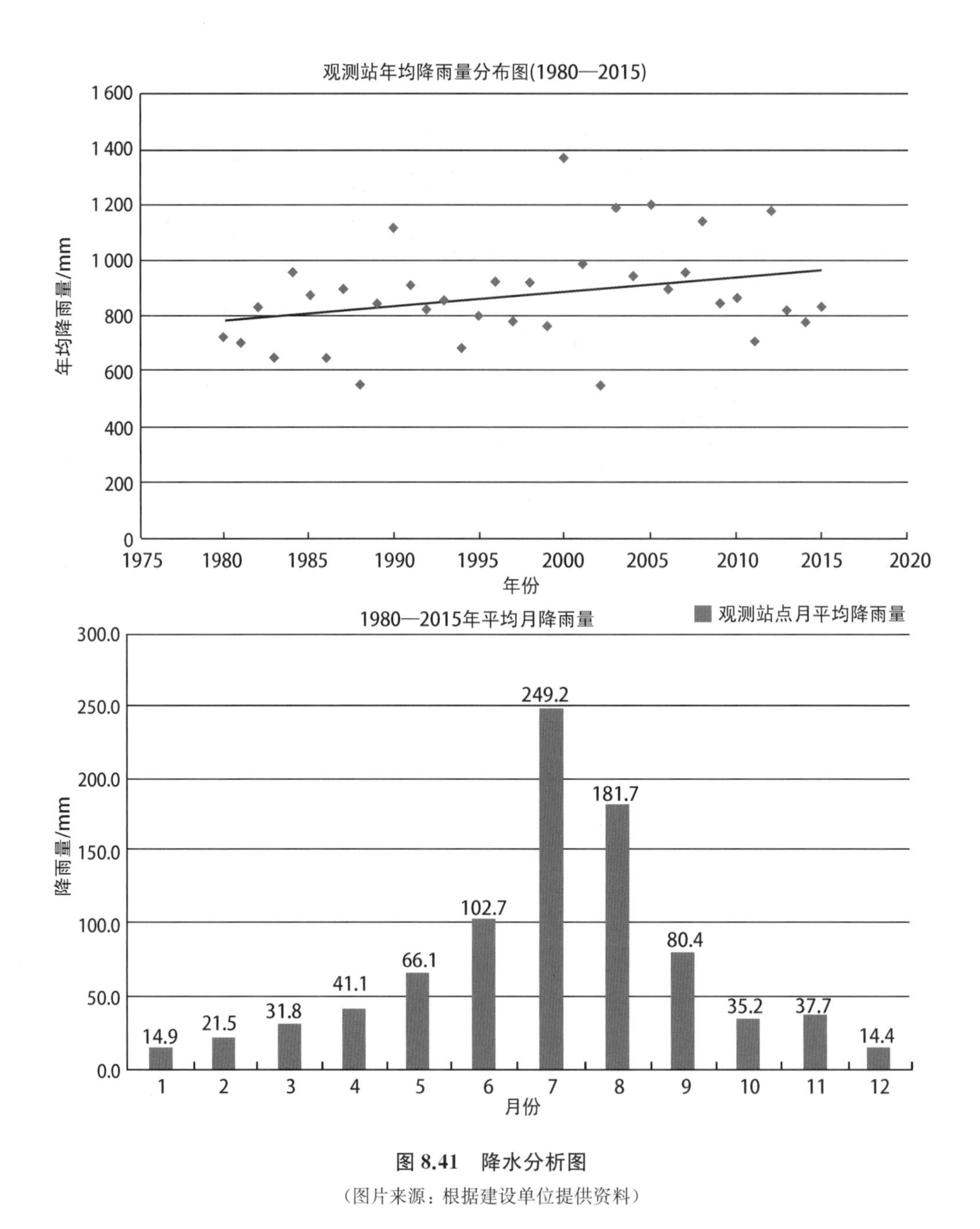

图 8.41　降水分析图

（图片来源：根据建设单位提供资料）

景观效果，因此，在营建海绵设施时要重点考量，如何在不影响景观效果的前提下满足海绵指标要求。场地整体地形是高差在 0.3～1 m 之间的山丘微地形。场地道路则比较平坦，无较大起伏。可以看出景观试图营造古典、优雅、灵动的自然效果（图 8.42）。

③ 绿化率分析

绿地面积约 83 060 m^2，绿地率 55%，绿地面积较多，但地形起伏大，为保证景观效果，可用于做海绵设施的空间较少。

图 8.42　场地竖向分析图

（图片来源：作者自绘）

（3）城——过程传输体系分析

① 排水体制分析

场地绿地采用微地形，采用地表自然排水方式，汇聚雨水到各个雨水口。道路铺装则将雨水多数通过雨水管网最终汇入地下排水管网排出场地（图 8.43）。

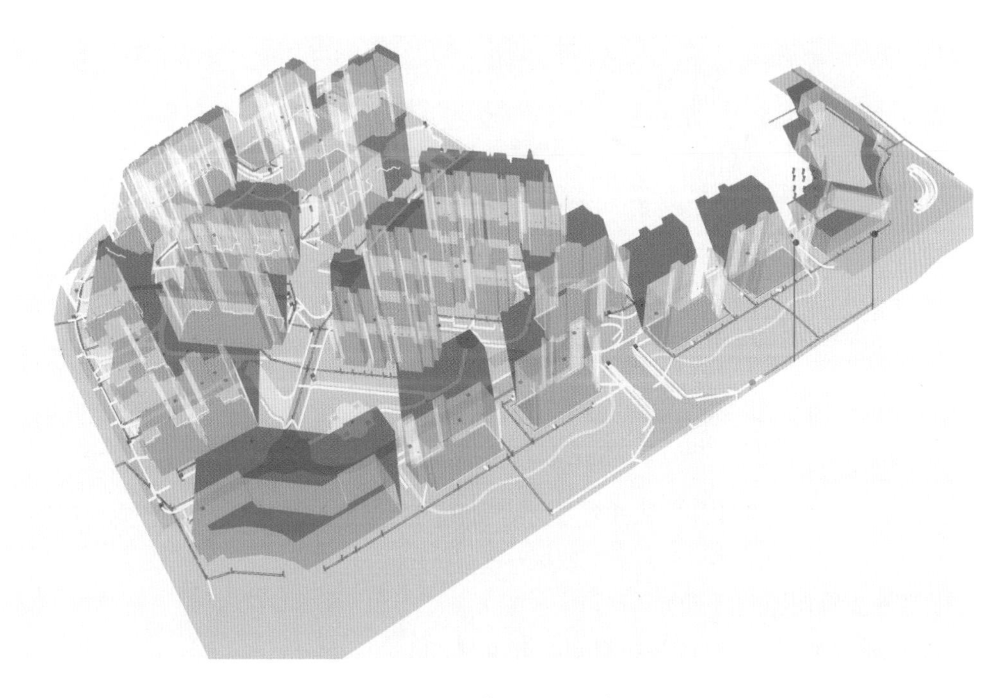

图 8.43　地下管网排水系统图

（图片来源：作者自绘）

② 排水管网分析

场地排水管网主要分为三类：道路排水、建筑周边排水与绿地排水。主要排水措施以道路排水管道为主，建筑四周排水汇聚到道路排水管道中。场地中建筑周边检查井较多，设计时需考虑各个高差关系，保证符合规划及设计效果。

由此得出，地下管网排水体制措施是：海绵设施将雨水引导至绿地，在此滞留净化之后，通过管网排出至市政管道，但需首要考虑是否影响场地景观效果；是否破坏原有景观氛围；更改绿化排水管网方式，以下凹绿地或者植草沟替代。

（4）水——汇流阶段分析

① 汇流区域出水口分析

通过对地表排水、管网排水方向以及汇聚分析，可以看出主要的汇流出水口有 6 处，3 处为排出至市政管网处的汇流点，3 处为排出至市政道路管网的汇流点（图 8.44）。

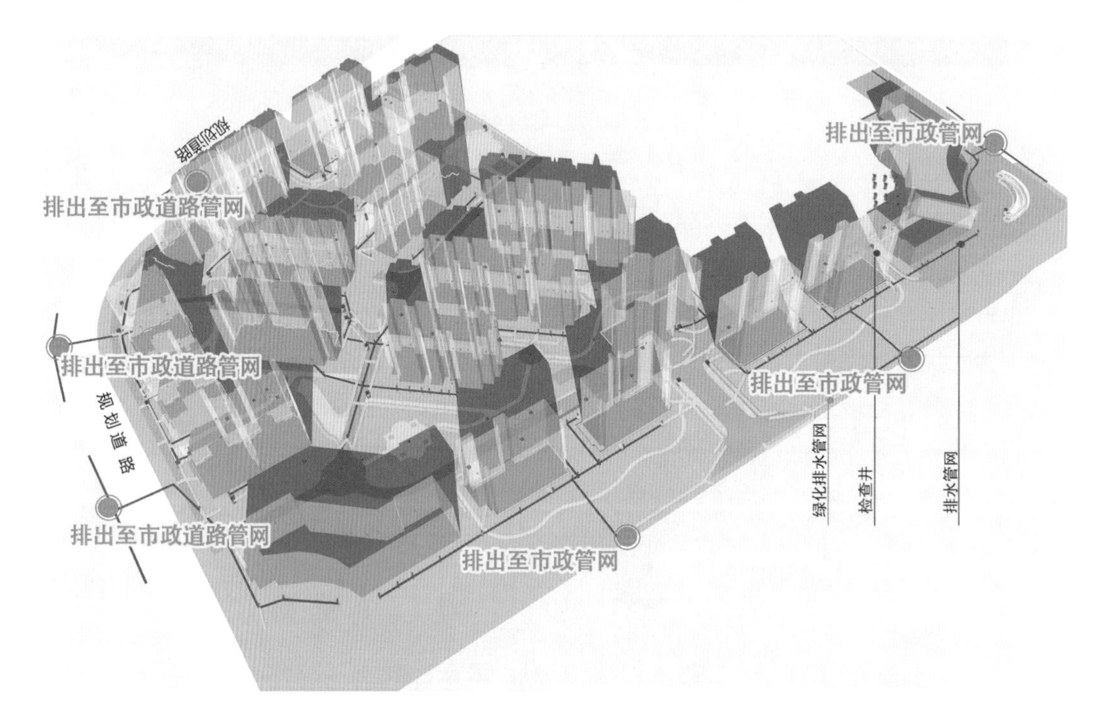

图 8.44　汇流区域出水口分析

（图片来源：作者自绘）

② 汇水区分析

子汇水区划分的依据主要是三个方面的数据：区域下垫面组成、区域竖向标高、区域排水特性，将整体场地划分成 18 个子汇水区（图 8.45）。

3）场地面临问题与需求

（1）水质保持：雨水径流污染得到有效控制。

（2）内涝风险：本项目所在位置高程较高，不受周边影响。自身内部雨水可通过控制进行自我消解，但硬质场地较多，具有一定内涝风险。

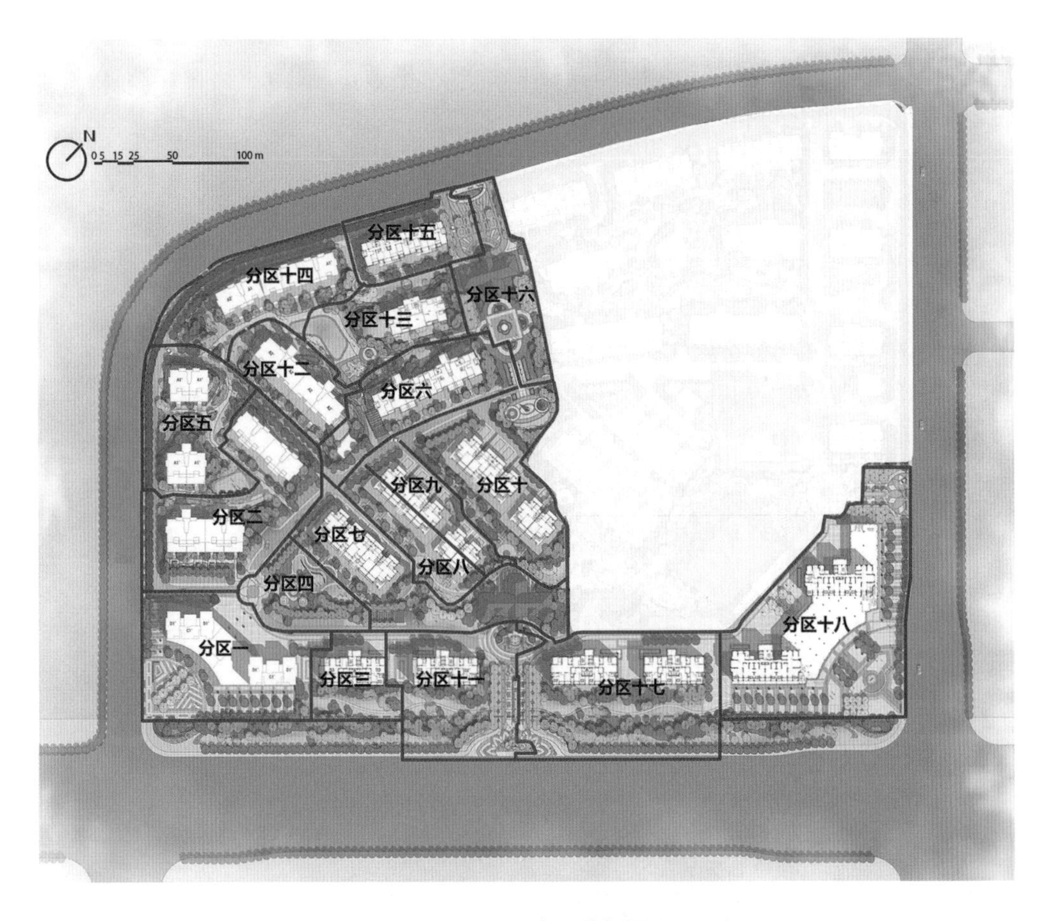

图8.45　汇水区分析图

（图片来源：作者自绘）

（3）雨水利用：净化后的雨水反哺绿地浇灌、打造景观效果。

（4）民众参与：解决居民关心的问题提升环境品质、提高海绵城市建设的公众参与度。

4）设计目标

采用“源头削减”的思路，根据实际情况，合理使用不同类型设施，综合“水安全、水生态、水环境、水经济、水景观、水文化”措施实现雨洪利用改造目标。

（1）流域规划目标：根据设计的要求，流域的年径流总量控制率为75%。

（2）径流污染总量目标：本项目年SS总量削减率不低于50%。

（3）环境改善目标：本项目通过透水铺装，结合植被覆盖率提高、建设雨水花园等设施，提高绿化品质，从而达到改善医疗环境的目标。

5）设计指标

年径流总量控制率75%、面源污染削减率50%、雨水利用替代自来水比例5%。

6）设计原则

结合海绵城市LID的原则，重点施行绿色优先、重视灰色、地上与地下结合、景观与功能并行的设计原则。

（1）经济适用原则

充分利用现状条件，采用综合手段，在保证一流效果的基础上，采用最低的经济造价，实现经济效益的最大化。

（2）简单有效原则

因地制宜地综合使用各项手段，采用最简单有效的办法解决雨水问题，一切以效果为先，以落地与切合实际为本。

（3）景观协调原则

在收集、净化与储存雨水的同时提高景观效果，用最少的造价得到最好的效果，为百姓提供更加良好的生活与活动空间。

（4）降低维护原则

充分考虑各种不同用地的限制条件和效益，设计易于维护的雨水设施，或是将不易维护的设施进行简化，降低后期成本，延长使用周期。

（5）安全可靠原则

使用安全可靠的设施，保证暴雨与大雨情况下的安全性。

8.2.3 总体方案

1）海绵设施布置

根据现状与指标分析，选取雨水花园、下凹绿地、净化池作为主要措施，另根据场地现状，设置透水铺装、生态树池作为辅助手段，根据规划指标，需设置雨水回收设备(图 8.46、图 8.47)。

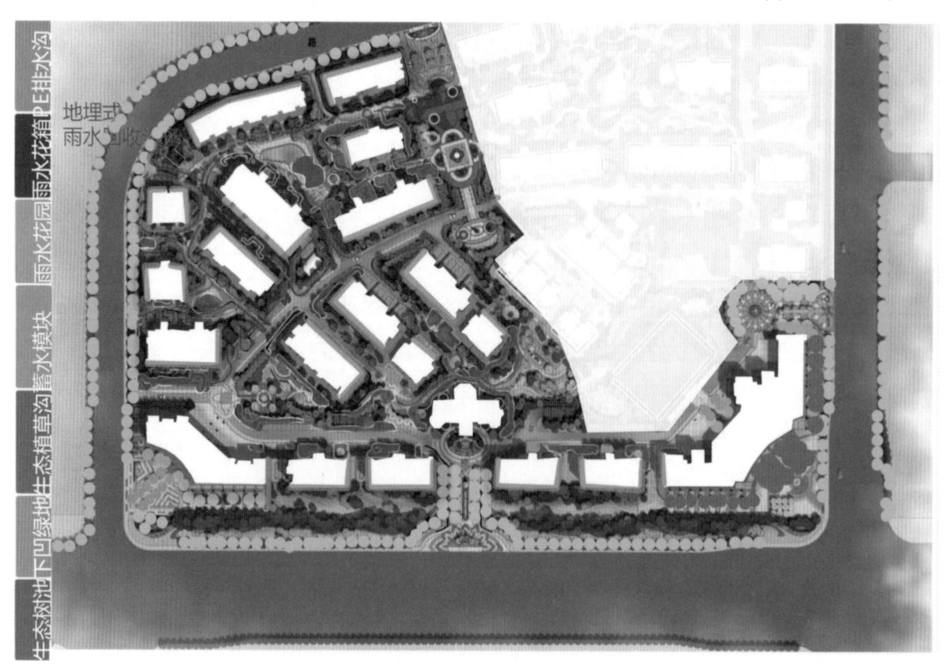

图 8.46 海绵设施布置图

（图片来源：作者自绘）

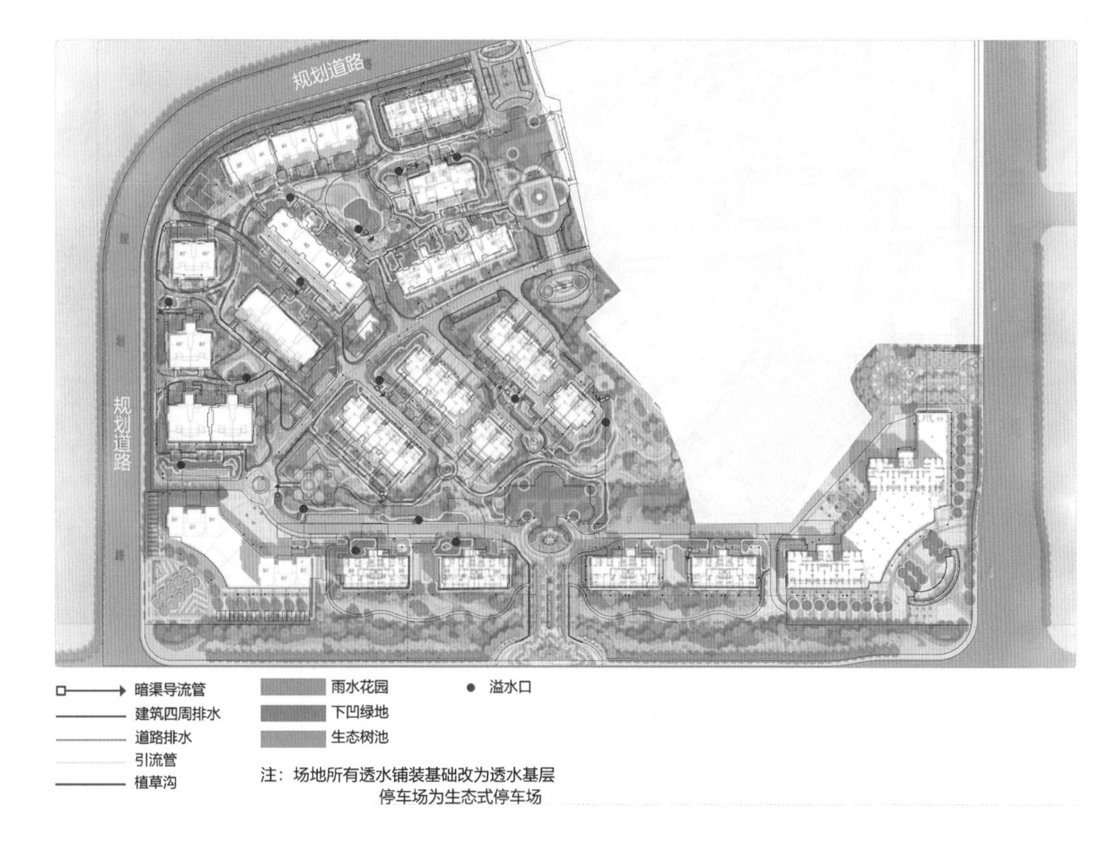

图 8.47　海绵设施布局——LID 设施布置平面图

（图片来源：作者自绘）

2）项目总体规划

① 梳理场地与周边环境的竖向关系(图 8.48)，包含海绵设施完成面标高、溢流口标高等，明确小区雨水径流进入市政管线的方式及位置。

② 充分尊重原地形地貌，构建微地形，设计排水路径，保留并合理利用原场地内的雨水调蓄空间。海绵设施充分尊重原有场地现状，只在小部分区域改变等高线标高做雨水花园和净水池，完整保留景观轴线方案(图 8.49)。最大限度地保留原有方案对地形和空间氛围的塑造，只变动局部标高，其余地块均按照原有设计方案进行。场地因海绵设施方案调整变更的地形范畴与原景观设计方案对比，最大高差不超过 0.3 mm。

③ 下凹式绿地、雨水花园等单项设施的下凹深度由滞水深度和溢流深度组成，下凹式绿地滞水深度一般控制在 100～150 mm；雨水花园滞水深度一般控制在 200～300 mm，溢流深度一般控制在 100～250 mm。

3）保留景观设计策略

① 为了维持景观设计打造的效果，海绵设施充分考虑原有设计地形，在局部做抬高后空出部分做下凹型场地用以打造海绵设施。

② 在植配选择上最大限度地保证原有设计风格，以自然为主，只在溢流管或导流管处做卵石与湿生、水生植物搭配，既遮挡了导管又可以丰富空间。

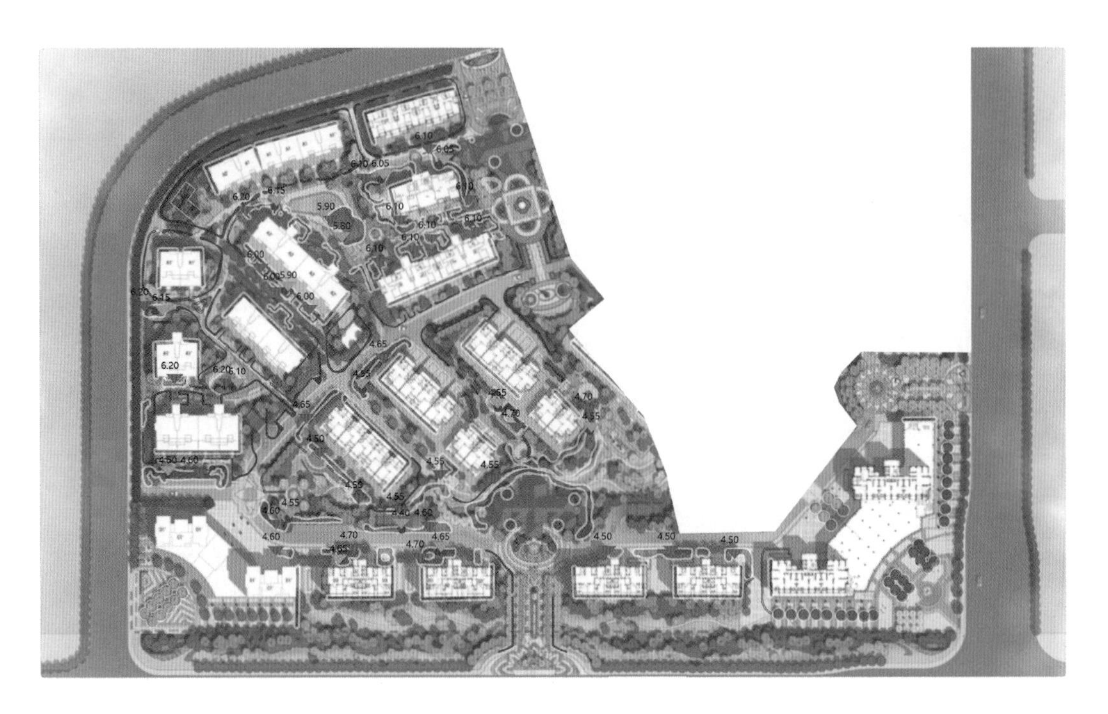

图 8.48　海绵设施标高设计图

（图片来源：作者自绘）

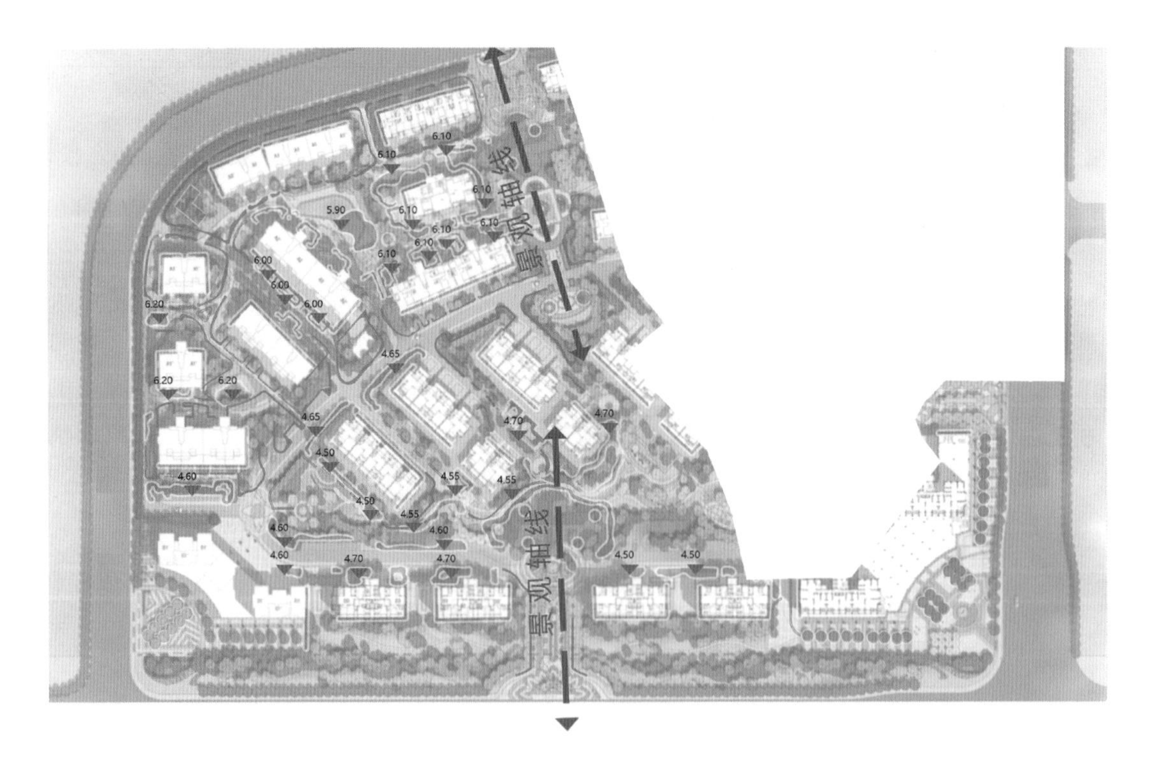

图 8.49　场地景观轴线图

（图片来源：作者自绘）

③ 海绵设施充分尊重原有场地现状，只在小部分区域改变等高线标高做雨水花园和净水池，在原有场地基础上增加起伏感，完整保留景观轴线方案，最大限度地保留原有方案对地形和空间氛围的塑造。

8.2.4　局部与细部设计

1）雨水花园

在地块较大面积的绿地内设置雨水花园（图 8.50），通过局部下凹的微地形收集周边路面或绿地的雨水，在原有场地基础上增加起伏感。溢流管设置于隐蔽区域。以原有景观设计手法为基底，仅在溢流管处做水生植物、卵石布置。

图 8.50　雨水花园示意图

（图片来源：作者自绘）

根据汇水面积布置大小不一的雨水花园，同时在道路交叉口位置、视线节点等处结合景观布置雨水花园及雨水花园周边绿化，改造结合原有小区的景观设计。通过利用植物、微生物和土壤的化学、生物及物理特性进行污染物的移除，从而达到水量和水质调控的目的。

雨水花园（图 8.51）底部比周边低 0.3 m，内设雨水溢流井，溢流井标高高于底部0.3 m，溢流井设置间距为 20 m，溢流至雨水管网，溢流管接入就近雨水设备管径 DN 300，坡度不小于 1.0%。雨水花园从下往上依次为：200 mm 砾石层、100 mm 砂层、500 mm 人工填料层、200 mm 植被层、50 mm 覆盖层、200 mm 蓄水层。雨水花园种植土层推荐土壤比为 50%砂＋30%原土＋20%椰糠，压实度 80%，施工前应进行土壤渗透试验，保证透水率不小于 120 mm/h，盲管采用 PVC 管，穿孔率大于 85%，管径 DN 110；冲洗管管径 DN 110，PVC 材质，不开孔。

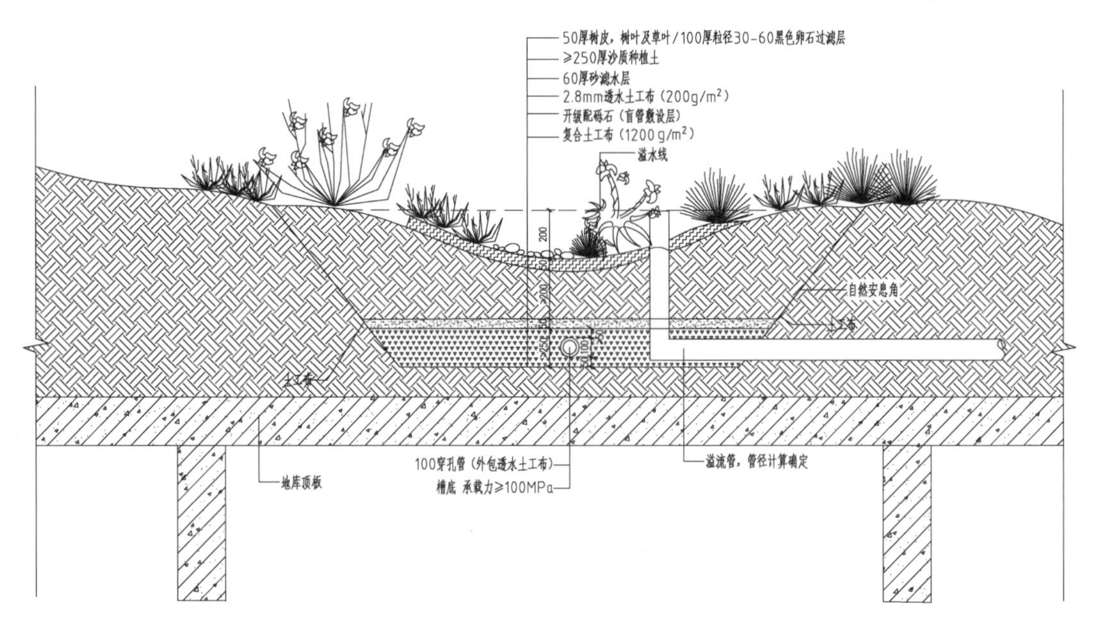

图 8.51　雨水花园构造详图(单位：mm)

(图片来源：作者自绘)

2）生态树池

采用雨水收集型结构土树池，增加雨水调蓄能力。

生态树池布置在场地入口的节点上(图 8.52)，生态树池标高略低于路面标高，能够有效使路面上超量的雨水径流渗透。生态树池的种植土的类型和厚度可以根据植被类型和数量确定，草本宜为 300 mm 以上、灌木宜为 600 mm 以上、乔木宜为 1 000 mm 以上。树池篦子应采用透水材料或形式。砾石石层孔隙率 35%～40%，有效孔径＞80%。种植池内植物宜选用耐水淹、耐污能力强的乡土树种，其构造详图如图 8.53。

3）植草沟

植草沟(图 8.54)用于收集、输送和排放人才公寓内径流雨水，衔接其他各单项设施、城市雨水管渠系统和超标雨水径流排放系统，由植被层或砾石覆盖层、种植土层及原土层组成。植草沟可收集、输送和排放径流雨水，具有一定的雨水净化作用，适用于建筑与小区内道路、广场、停车场等周边，也可作为生物滞留设施、湿塘等的预处理设施。

植草沟构造详见图 8.55。在道路两侧绿化带适当位置设置植草沟，低于道路 0.15 m。植草沟纵坡同道路纵坡，宽度根据实际情况调整，可局部放大，以达到一定的景观效果。对应原有雨水口位置，溢流雨水排入原有雨水管道。植草沟从下往上依次为：素土分层夯实(压实度≥90%)、300 mm×300 mm 排盐沟内填级配石、土工布(300 g/m²)、200～300 mm 级配砾石、土工布(300 g/m²)、1 500 mm 种植土和填料层、蓄水层(下凹 150 mm)。

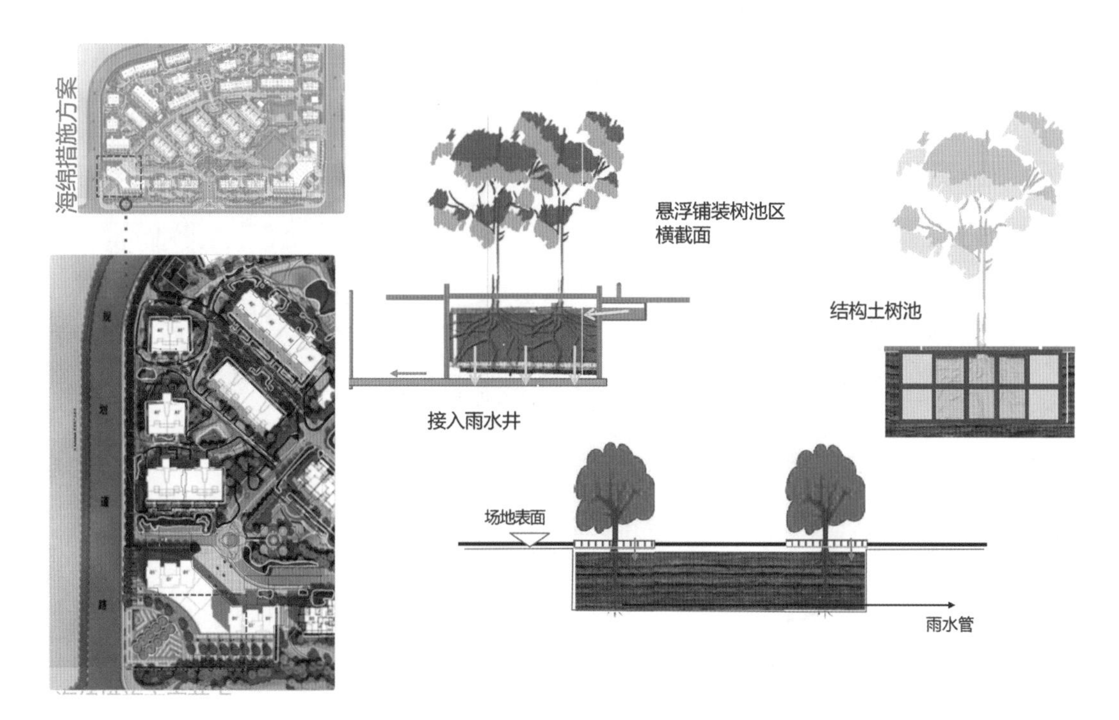

图 8.52　生态树池设计图

（图片来源：作者自绘）

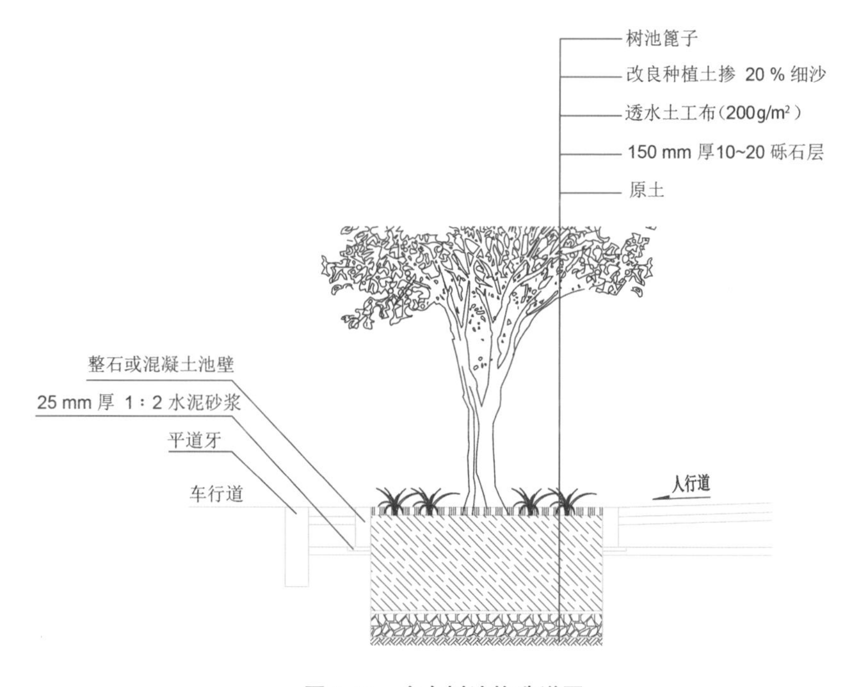

图 8.53　生态树池构造详图

（图片来源：作者自绘）

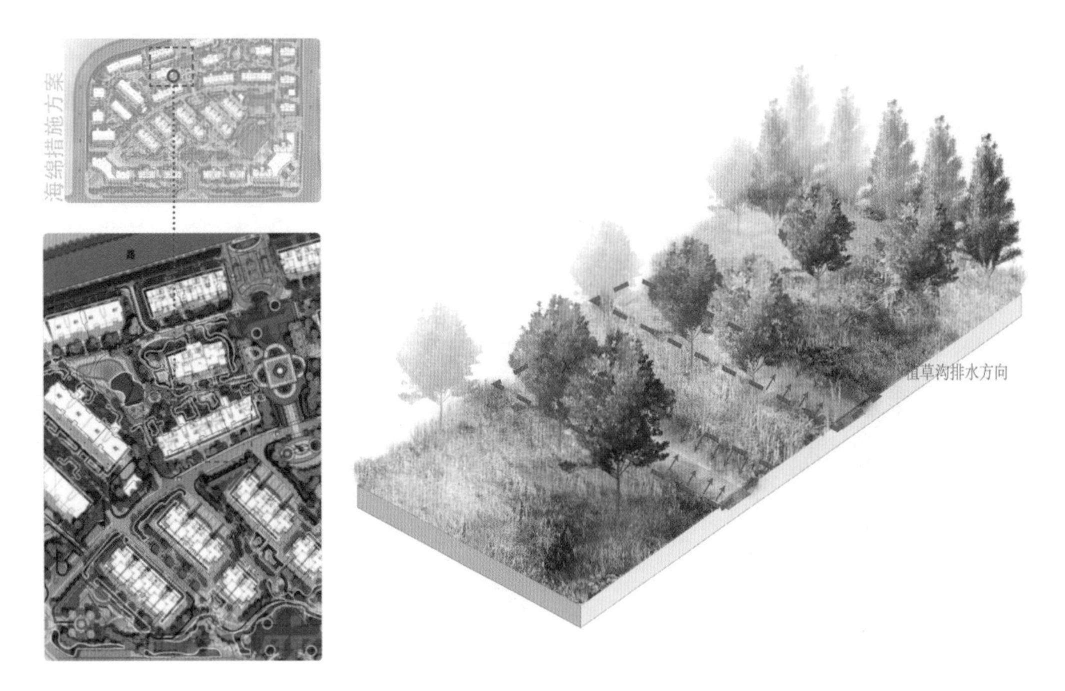

图 8.54　植草沟示意图

（图片来源：作者自绘）

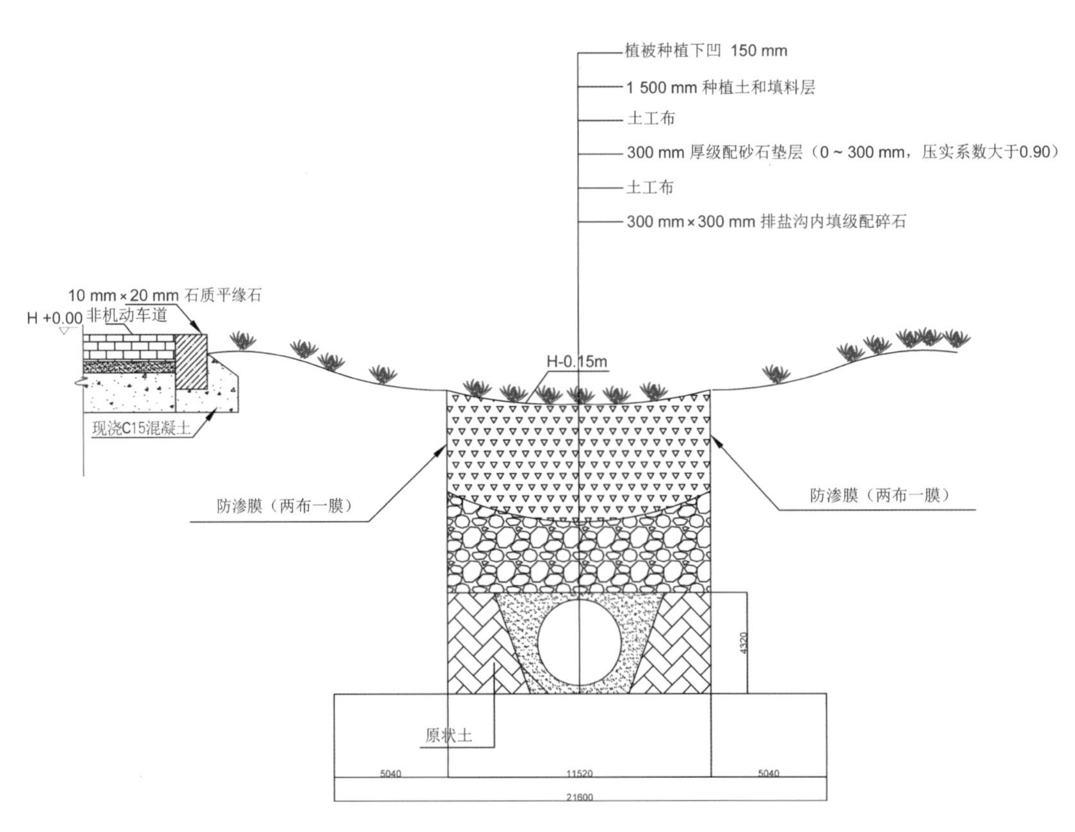

图 8.55　植草沟构造详图(单位：mm)

（图片来源：作者自绘）

4）下凹式绿地

原有方案中此处也为下凹式绿地(图 8.56),海绵设施在此方案基础上强化下凹绿地功能。下凹式绿地利用地形优势聚集雨水,同时采用渗透管过滤雨水,其构造如图 8.57 所示。

图 8.56　下凹式绿地示意图

（图片来源：作者自绘）

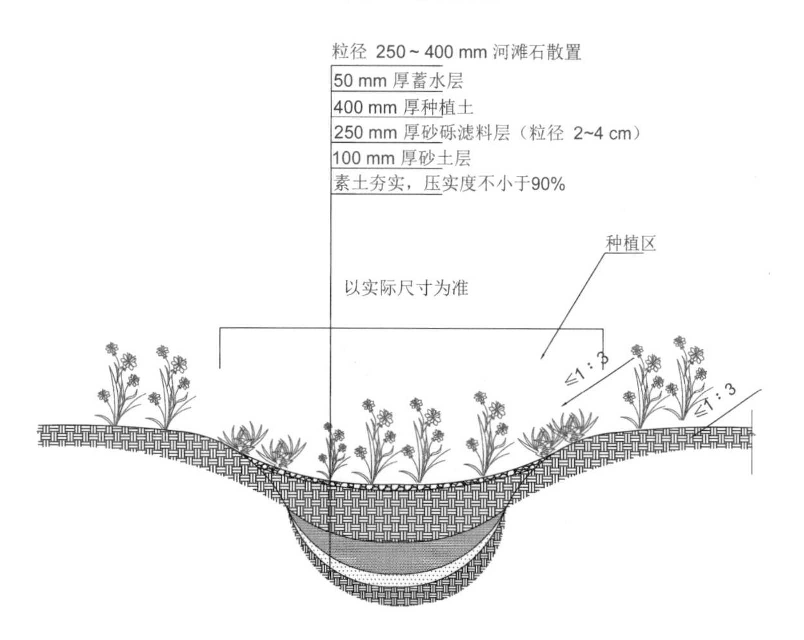

图 8.57　下凹式绿地构造详图

（图片来源：作者自绘）

8.2.5 效益分析

1）经济效益

（1）雨水利用率分析

雨水利用率指收集雨水后用于道路浇洒、园林绿地灌溉、市政杂用、工农业生产、冷却等的雨水总量（按年计算，不包括汇入景观、水体的雨水量和自然渗透的雨水量）与年均降雨量（折算成毫米数）的比值。

本项目年径流总控制率为76.0%，雨水调蓄模块中存储的雨水占总调蓄容积的81.05%，假设雨水调蓄模块中存储的雨水85%全部回用，则雨水的利用率为(76.00% × 81.05% × 85% × 年径流总量)/年降雨总量 × 100% = (76.00% × 81.05% × 85% × 28 644.646)/86 163.24 × 100% = 17.4%。

（2）雨水回用经济效益分析

雨水经净化处理后主要用于小区绿化浇灌、道路浇洒，一次雨水收集量可供3天至7天用水量，考虑到实际降雨频率及持续干旱时间的间隔，雨水储存池的有效容积按3天的用水量来计算，有效容积为200 m^3。

项目场地绿化浇灌与道路浇洒日用水量为158.262 1 m^3，一年以40天计数，年用水量为6 330.48 m^3。不考虑折旧费用，按经验数据，雨水收集处理回收运营成本为0.4元/m^3，该市自来水费用平均约3.05元/m^3，则本项目每年节约水费19 307.964元。

2）社会效益

雨水集蓄利用能有效拦蓄径流，削减洪峰，减少洪水危害，有利于水土保持，改善生态环境。水资源的合理分布，对调节城市温度、湿度、净化空气等具有重要的作用。通过雨水收集，使城市的水资源得到有效改善，让城市更加健康、城市环境更加美丽怡人。

3）生态效益

对城市生态有着重要的作用，可缓解城市内涝；改善微气候；转变城市弹性空间；增加生物多样性；缓解城市空气污染等。海绵设施灵活多变，可作为景观设计中的一个重要组成部分，通过生态手法完成雨水沉淀、除污和净化工作。

参考文献

[1] Alley W M, Veenhuis J E. Effective Impervious Area in Urban Runoff Modeling[J]. Journal of Hydraulic Engineering. 1983, 109(2): 313-319.

[2] Ballo S, Liu M, Hou L J, et al. Pollutants in Stormwater Runoff in Shanghai(China): Implications for Management of Urban Runoff Pollution[J]. Progress in Natural Science. 2009(7): 873-880.

[3] Barraud S, Gautier A, Bardin J P, et al. The Impact of Intentional Stormwater Infiltration on Soil and Groundwater[J]. Water Science and Technology, 1999, 39(2): 185-192.

[4] Beatley T. Green Urbanism: Learning From European Cities[M]. Washington D.C.: Island Press, 2000.

[5] Beighley R E, Kargar M, He Y P. Effects of Impervious Area Estimation Methods on Simulated Peak Discharges[J]. Journal of Hydrologic Engineering, 2009, 14(4): 388-398.

[6] Benedict Mark, Edward McMahon. Green Infrastructure: Linking Landscape and Communities [M]. New York: Island Press, 2006.

[7] Benedict M, Mc Mahon E. Green Infrastructure: Linking Communities and Landscapes[M]. Washington D.C.: Island Press,2006: 1-3.

[8] Beyers C. Mobilising "community" for justice in District Six: Stakeholder Politics Early in the Land Restitution Process[J]. South African Historical Journal, 2007, 58(1): 253-276.

[9] Booth D B, Hartley D, Jackson R. Forest Cover, Impervious-surface Area, and the Mitigation of Stormwater impactsl[J]. JAWRA Journal of The American Water Resources Association, 2002, 38(3): 835-845.

[10] Boucher A B, Tremwel T K, Campbell K L. Best Management Practices for Water Quality Improvement in the Lake Okeechobee watershed[J]. Ecological Engineering ,1995, 5(23): 341-356.

[11] Bratieres K, Fletcher T D, Deletic A, et al. Nutrient and Sediment Removal by Stormwater Biofilters: A Large-scale Design Optimisation Study[J]. Water Research, 2008, 42(14): 3930-3940.

[12] Braune M J, Wood A. Best management Practices Applied to Urban Runoff Quantity and Quality Control[J]. Water Science and Technology. 1999, 39(12): 117-121.

[13] Byström O, Andersson H, Gren I M. Economic Criteria for Using Wetlands As Nitrogen Sinks Under Uncertainty[J]. Ecological Economics, 2000, 35(1): 35-45.

[14] Byström O. The Nitrogen Abatement Cost in Wetlands [J]. Ecological Economics, 1998, 26(3): 321-331.

[15] Carleton J N, Grizzard T J, Godrej A N, et al. Factors Affecting The Performance of Stormwater Treatment Wetlands[J], Water Research, 2001, 35(6): 1552-1562.

[16] Castelle A J, Johnson A W, Conolly C. Wetland and Stream Buffer Size Requirements: A Review[J].

Journal of Environmental Quality, 1994, 23(5): 878-882.

[17] Center for Neighborhood Technology (CNT). A Sustainable Community-Based Approach to Reducing Non-Point Source Pollution[R]. Chicago, USA, 2009.

[18] Center for Neighborhood Technology(CNT), American Rivers. The Value of Green Infrastructure: A Guide to Recognizing Its Economic, Environmental and Social Benefits [EB/OL]. http://www.cnt.org/repository/gi-values-guide.pdf, 2010.

[19] Centner T J, Houston J E, Keeler A G, et al. The Adoption of Best Management Practices to Reduce Agricultural Water Contamination[J]. Limnologica, 1999, 29(3): 366-373.

[20] CIRIA U K. Sustainable Urban Drainage Systems: Design Manual for England Scotland and Wales Northern Ireland[M]. London, U.K.: Cromwell Press, 2000.

[21] Clark D L, Asplund R, et al. Composite Sampling of Highway Runoff [J]. Journal of the Environmental Engineering Division, 1981, 107(5): 1067-1081.

[22] Clark M J. Dealing With Uncertainty: Adaptive Approaches to Sustainable River Management[J]. Aquatic Conservation: Marine and Freshwater Ecosystems, 2002, 12(4): 347-363.

[23] Corwin D L, Vaughan P J, Loague K. Modeling Nonpoint Source Pollutants in The Vadose Zone With GIS [J]. Environmental Science & Technology, 1997, 31(8): 2157-2175.

[24] Costanza R, d'Arge R, de Groot R, et al. The Value of The World's Ecosystem Services and Natural Capital[J]. Ecological Economics, 1998, 25(1): 3-15.

[25] Daily G. Nature's Services: Society Dependence on Natural Ecosystems[M]. Washington D.C.: Island Press, 1997.

[26] Tilley D R, Brown M T. Wetland Networks for Stormwater Management in Subtropical Urban Watersheds[J]. Ecological Engineering, 1998,10(2): 131-158.

[27] Davis A P, McCuen R H. Stormwater Management for Smart Growth[M]. New York: Springer Verlag, 2005.

[28] Dayaratne S T, Perera B J C. Regionalization of Impervious Area Parameters of Urban Drainage Models [J]. Urban Water Journal, 2008, 5(3): 231-246.

[29] Department of Environmental Resources Programs and Planning Division. Low-Impact Development Hydrologic Analysis[S]. Prince George's County, Maryland, 1999.

[30] Duda A M. Addressing Nonpoint Sources of Water Pollution Must Become An International Priority[J]. Water Science and Technology, 1993, 28(3/4/5): 1-11.

[31] Duke J M, Aull-Hyde R. Identifying Public Preferences for Land Preservation Using The Analytic Hierarchy Process[J]. Ecological Economics,. 2002, 42(1/2): 131-145.

[32] Dunphy A, Beecham S, Jones C, et al. Confined Water Sensitive Urban Design (WSUD) Stormwater Filtration/Infiltration Systems for Australian Conditions[EB/OL], 2005.

[33] Ongley E D, Zhang X L, Yu T. Current Status of Agricultural and Rural Non-point Source Pollution Assessment in China[J]. Environmental Pollution, 2010, 158(5): 1159-1168.

[34] Environment Australia. Department of the Environment and Heritage. Introduction to Urban Stormwater Management in Australia [M]. Common Wealth of Australia, 2002.

[35] Ristenpart E. Planning of Stormwater Management with a New Model for Drainage Best Management

Practices[J]. Water Science and Technology, 1999, 39(9): 253-260.

[36] Figueira J, Greco S, Ehrogott M. Multiple Criteria Decision Analysis: State of the Art Surveys[M]. New York: Springer, 2005.

[37] Forman R T T, Godron M. Landscape Ecology[M]. New York: John Wiley & Sons, 1986.

[38] Goriup P. The Pan-European Biological and Landscape Diversity Strategy: Integration of Ecological Agriculture and Grassland Conservation[J]. Parks, 1998, 8(3): 37-46.

[39] Gromaire-Mertz M C, Garnaud S, Gonzalez A, et al. Characterisation of Urban Runoff Pollution in Paris [J]. Water Science and Technology, 1999, 39(2): 1-8.

[40] Han W S, Burian S J. Determining Effective Impervious Area for Urban Hydrologic Modeling[J]. Journal of Hydrologic Engineering, 2009, 14(2): 111-120.

[41] Hancock D. "Low Impact Design — A Critical Evaluation of Long Term Benefits Versus Short Term Impact."[C]. The Fourth South Pacific Conference on Stormwater and Aquatic Resource Protection, Auckland, New Zealand 2005.

[42] Change Intergovernmental Panel on Climate. Climate Change 2013 — The Physical Science Basis[M]. Cambrige: Cambrige University Press, 2009.

[43] Jang S, Cho M, Yoon J, et al. Using SWMM as A Tool for Hydrologic Impact Assessment[J]. Desalination, 2007, 212(1/2/3): 344-356.

[44] Jennings D B, Taylor Jarnagin S. Changes in Anthropogenic Impervious Surfaces, Precipitation and Daily Stream Taylor flow Discharge: A Historical Perspective in a Mid-Atlantic Subwatershed[J]. Landscape Ecology, 2002, 17(5): 471-489.

[45] Jessel B, Jacobs J. Land Use Scenario Development and Stakeholder Involvement As Tools for Watershed Management within the Havel River Basin[J]. Limnological, 2005, 35(3): 220-233.

[46] Marsalek J, Schreier H. Innovation in Stormwater Management in Canada: The Way Forward[J]. Water Quality Research Journal , 2009, 44(1): v-x.

[47] Johnson L. Cities in Nature: Case Studies of Urban Greening Partnerships [M]. Evergreen: Toronto, 2002.

[48] Johnson M S, Coon W.F., Mehta V.K., et al. Application of Two Hydrologic Models with Different Runoff Mechanisms to A Hillslope Dominated Watershed in The Northeastern US: A Comparison of HSPF and SMR[J]. Journal of Hydrology, 2003, 284(1/2/3/4): 57-76.

[49] Jones J E, Earles T A, Fassman E. A., et al. Urban storm—water Regulations — Are Impervious Area Limits A Good Idea? [J]. Journal of Environmental Engineering, 2005, 131(2): 176-179.

[50] Kibler D F Kibler. Urban Stormwater storm—water Hydrologyhydrology[D]. American Geo physical Union's Water Resources Monograph 7, USA: Washington, 1982, 48-60.

[51] Kline J, Wichelns D. Measuring Heterogeneous Preferences for Preserving Farmland and Open Space[J]. Ecological Economics, 1998, 26(2): 211-224.

[52] Koontz T M. We Finished The Plan, So Now What? Impacts of Collaborative Stakeholder Participation on Land Use Policy[J]. Policy Studies Journal, 2005, 33(3): 459-481.

[53] Leeflang M, Monster N, Van De Ven F. Design Graphs for Storm Water Infiltration Facilities[J]. Hydrological Sciences Journal, 1998, 43(2): 173-180.

[54] Leopold L B. Hydrology for Urban Land Planning: A Guidebook on the Hydrologic Effects of Urban Land Use. Geological Survey Circular, 1968.

[55] Lewis A. Rossman. Storm Water Management Model User's Manual Version5.0[S]. National Risk Management Research Laboratory Office of Research and Development U.S. Environmental Protection Agency Cincinnati, OH.USEAP. 2004.

[56] Line D E, White N M. Effects of Development on Runoff and Pollutant Export[J]. Water Environment Research, 2007, 79(2): 185-190.

[57] Low impact Development Center. Low Impact Development (LID) A Literature Review [M]. Washington: United States Environmental Protection Agency, 2000.

[58] Makepeace D K, Smith D W, Stanley S J. Urban Stormwater Quality: Summary of Contaminant Data [J]. Critical Reviews in Environmental Science and Technology, 1995, 25(2): 93-139.

[59] Stenstrōm T A. Strategic Planning of Sustainable Urban Waster Management[EB/OL], 2006.

[60] ManderÜ, Jagomägi J, KülvikM. Network of Compensative Area as an Ecological Infrastructure of Territories[C]. Connectivity in Landscape Ecology, Proceedings of the 2nd International Seminar of the International Association for Landscape Ecology, Ferdinand Sconingh,Paderborn,1988: 35-38.

[61] Marsalek J, Jimenez-Cisneros B E, Maimquist P A, et al. Urban Water Cycle Processes and Interactions [EB/OL], 2007.

[62] Martin C, Ruperd Y, Legret M. Urban Stormwater Drainage Management: The Development of A Multicriteria Decision Aid Approach for Best Management Practices[J]. European Journal of Operational Research, 2007, 181(1): 338-349.

[63] Maryland Department of the Environment. Maryland Stormwater Design Manual Volumes I & II[S]. Maryland, 2000.

[64] Mays L. Stormwater Collection Systems Design Handbook[M]. New York, USA: McGraw-Hill, 2001.

[65] McAlister T. National Guidelines for Evaluating Water Sensitive Urban Design (WSUD)[R]. BMT WBM Pty Ltd, 2007.

[66] McCarthy D T, Deletic A, Mitchell V G, et al. Uncertainties in Stormwater E. coli levels[J]. Water Research, 2008, 42(6/7): 1812-1824.

[67] Water M. WSUD Engineering Procedures: Stormwater [M]. Melbourne, Australia: CSIRO publishing, 2005.

[68] Michael L Clar, Billy J Barfield, Thomas P. O'Connor. Stormwater Best Management Practice Design Guide Volume 2: Vegetative Biofilters[S]. The U.S. Environmental Protection Agency, 2004.

[69] Mishra S K, Geetha K, Rastogi, A. K., et al. Long-term Hydrologic Simulation Using Storage and Source Area Concepts[J]. Hydrological Processes, 2005, 19(14): 2845-2861.

[70] Mishra S K, Singh VP. SCS-CN methodpart-1: Derivation of SCS-CN Based Models[J]. Acta Geophys Polonica, 2002, 50(3): 457-477.

[71] Mitsch W J, Gosselink J G. The Value of Wetlands: Importance of Scale and Landscape Setting[J]. Ecological Economics, 2000, 35(1): 25-33.

[72] Morari F, Lugato E, Borin M. An Integrated Non-point Source Model-GIS System for Selecting Criteria of Best Management Practices in The Po Valley, North Italy [J]. Agriculture, Ecosystems &

Environment, 2004, 102(3): 247-262.

[73] New Low Impact Design: Site Planning and Design Techniques for Stormwater Management[EB/OL]. http://design.asu.edu/apa/proceedings98/Coffmn/coffmn.html.2008.

[74] Nidumolu U B, van Keulen H, Lubbers M, et al. Combining Interactive Multiple Goal Linear Programming with An Inter-stakeholder Communication Matrix to Generate Land Use Options[J]. Environmental Modelling & Software, 2007, 22(1): 73-83.

[75] Noel Corkery, Andrew Kielniacz, David Chubb. Water Sensitive Urban Design Technical Guidelines for Western Sydney[S]. URS Australia Pty Ltd(URS), 2004.

[76] Novotny V. Cities of The Future: Towards Integrated Sustainable Water and Landscape Management [M]. IWA Publishing, London, U.K., 2007.

[77] Olress A. Water Quality: Prevention, Identification and Management of Diffuse Pollution[M]. U. S. New York: Van Nostrand Reinhold Company, 1994.

[78] O'Connell I J, Keller C P. Design of Decision Support for Stakeholder-driven Collaborative Land Valuation[J]. Environment and Planning B-Planning and Design, 2002, 29(4): 607-628.

[79] Office of Research and Development Washington. The Use of Best Management Practices (BMPs) in Urban Watersheds [M]. Washington: United States Environmental Protection Agency, 2004, EPA/600/R-04/184.

[80] Omerinik J M. The Iinfluence of Land Use on Stream Nutrient Level. USEPA Ecological Research Series EPA-60013-76-014[R]. Corvallis, Oregon: USEPA, 1976.

[81] Pandit A, Gopalakrishnan G. Estimation of Annual Storm Runoff Coefficients by Continuous Simulation[J]. Journal of Irrigation and Drainage Engineering, 122: 211-220.

[82] Park S Y, Lee K W, Park I H, et al. Effect of the Aggregation Level of Surface Runoff Fields and Sewer Network for A SWMM Simulation [J]. Desalination 10th IWA International Specialized Conference on Diffuse Pollution and Sustainable Basin Management-18-22 September 2006, Istanbul, Turkey, 10th IWA International Specialized Conference on Diffuse Pollution and Sustainable Basin Management, 2008, 226(1-3): 328-337.

[83] Patel M, Kok K, Rothman D S. Participatory Scenario Construction in Land Use Analysis: An Insight into The Experiences Created by Stakeholder Involvement in The Northern Mediterranean[J]. Land Use Policy, 2007, 24(3): 546-561.

[84] Pauleit S, Duhme F. Assessing The Environmental Performance of Land Cover Types For Urban Planning[J]. Landscape and Urban Planning, 2000, 52(1): 1-20.

[85] Pauleit S, Ennos R, Golding Y. Modeling The Environmental Impacts of Urban Land Use and Land Cover Change-A Study in Merseyside, UK [J]. Landscape and Urban Planning, 2005, 71(2/3/4): 295-310.

[86] Peterson E W, Wicks C M. Assessing The Importance of Conduit Geometry and Physical Parameters in Karst Systems Using The Storm—water Management Model (SWMM)[J]. Journal of Hydrology, 2006, 329(1/2): 294-305.

[87] PGC Prince George's County, Maryland. Low Impact Development Design Strategies: An Integrated Design Approach.[R]. Maryland, 1999.

[88] Powell S L, Cohen W B, Yang Z Q, et al. Quantification of Impervious Surface in the Snohomish Water Resources Inventory Area of Western Washington from 1972 - 2006 [J]. Remote Sensing of Environment, 2008, 112(4): 1895-1908.

[89] Yang R R, Cui B S. Framework of Integrated Stormwater Management of Jinan City, China [J]. Procedia Environmental Sciences, 2012, 13: 2346-2352.

[90] Rao N S, Easton Z M, Schneiderman E M, et al. Modeling Watershed-scale Effectiveness of Agricultural Best Management Practices to Reduce Phosphorus Loading [J]. Journal of Environmental Management, 2009, 90(3): 1385-1395.

[91] Sanders R A. Urban Vegetation Impacts on the Hydrology of Dayton, Ohio[J]. Urban Ecology, 1986, 9 (3/4): 361-376.

[92] Scholz-Barth K. Green Roofs: Stormwater Management From the Top Down[EB/OL].

[93] Schwilch G, Bachmann F, Liniger H. Appraising and Selecting Conservation Measures to Mitigate Desertification and Land Degradation Based on Stakeholder Participation and Global Best Practices[J]. Land Degradation & Development, 2009, 20(3): 308-326.

[94] Selm A J. Van. Ecological Infrastructure: A Conceptual Framework for Designing Habitat Network[C]. In Schrieiber, K.-F. (ed.), Connectivity in Landscape Ecology, Proceedings of the 2nd International Seminar of the International Association for Landscape Ecology. Ferdinand Schoningh. Paderborn.1988: 63-66.

[95] Sharifan R A, Roshan A, Aflatoni M, et al. Uncertainty and Sensitivity Analysis of SWMM Model in Computation of Manhole Water Depth and Subcatchment Peak Flood [J]. Procedia - Social and Behavioral Sciences , 2010, 2(6): 7739-7740.

[96] Shaver E. Low Impact Design Manual for the Auckland Region[R]. Auckland Regional Council, New Zealand, 2000.

[97] Sieker F. On-site Stormwater Management as an Alternative to Conventional Sewer Systems: A New Concept Spreading in Germany[J]. Water Science and Technology, 1998, 38(10): 65-71.

[98] Sieker H, Klein M. Best Management Practices for Stormwater-runoff with Alternative Methods in a Large Urban Catchment in Berlin, Germany[J]. Water Science and Technology, 1998, 38(10): 91-97.

[99] Singh P K, Bhunya P K, Mishra S K, et al. A Sediment Graph Model Based on SCS-CN method[J]. Journal of Hydrology, 2008, 349(2): 244-255.

[100] Soil Conservation Service. National Engineering Handbook, Section 4: Hydrology [S]. USDA, Springfield, VA, 1972.

[101] Stender I. Policy Incentives for Green Roofs in Germany [Z]. The Green Roof Infrastructure Monitor. 2002.

[102] Steve Wise. Green Infrastructure Rising: Best Practices in Stormwater Management [EB/OLJ]. Planning. 2008, 74 (8): 14 - 19. http://www.cnt.Org/repository/APA-article.Green infrastructure. 080108. Pdf, 2008-12-14.

[103] Stewart T A. Citical Survey on the Status of Multiple Criteria Decision Making: Theory and Practice [J]. OMEGA, 1992, 20(5/6): 569-586.

[104] Stormwater Committee. Best Practice Environmental Management Guidelines [S]. CSIRO,

Australia, 2006.

[105] Stormwater Steering Committee(SSC). The Minnesota Stormwater Manual[S]. Minnesota, USA, 2007. 43-57.

[106] Stormwater/ Sediment Team Auckland Regional Council. Stormwater management devices design manual[M]. Auckland: Stormwater/Sediment Team Auckland Regional Council, 2003.

[107] Strager M P, Rosenberger R S. Incorporating Stakeholder Preferences for Land Conservation: Weights and Measures in Spatial MCA[J]. Ecological Economics, 2006, 58(1): 79-92.

[108] Ted Weber, Anne Sloan, John Wolf. Maryland's Green Infrastructure Assessment: Development of a Comprehensive Approach to Land Conservation[J]. Landscape and Urban Planning, 2006, 77(1/2): 94-110.

[109] Tian Y W, Huang Z L, Xiao W F. Reductions in Non-point Source Pollution Through Different Management Practices for an Agricultural Watershed in the Three Gorges Reservoir Area[J]. Journal of Environmental Sciences, 2010, 22(2): 184-191.

[110] Tillinghast E D, Hunt W F, Jennings G D. Stormwater Control Measure (SCM) Design Standards to Limit Stream Erosion for Piedmont North Carolina[J]. Journal of Hydrology, 2011, 411(3/4): 185-196.

[111] Tracy Tackett. Seattle's Policy and Pilots to Support Green Stormwater Infrastructure [C]// International Low Impact Development Conference. Washington D. C.: Environmental and Water Resources Institute of ASCE, 2008.

[112] Turner M G. Landscape Ecology: The Effect of Pattern on Process[J]. Annual Review of Ecology and Systematics, 1989, 20(1): 171-197.

[113] U.S. Green Building Council. Green Building Rating System for New Construction & Major Renovations Version 2.2[M]. U. S.: Green Building Council, 2005: 11-12.

[114] U.S. Environmental Protection Agency (USEPA). Guidance Manual for Developing Best Management Practices[S]. Washington D.C., 1993. EPA-833-B-93-004.7-11.

[115] U.S. EPA. Low Impact Development (LID): A Literature Review. United States Environmental Protection Agency [R]. EPA-841-B-00-005, Washington DC: United States Environmental Protection Agency, 2000.

[116] U.S. EPA. Stormwater Best Management Practice Design Guide (Volume 1) [M]. Washington DC: Office of Research and Development, 2004.

[117] U.S. Soil Conservation Service. National Engineering Handbook Section 4, Hydrology[M]. USA: U. S. Government Printing Office, 1972.

[118] Unified Facilities Criteria(UFC) Design. Low impact Development Manual[M]. U.S. Army Corps of Engineers, 2000.

[119] United States Environmental Protection Agency (USEPA). The Use of Best Management Practices (BMPs) in Urban Watersheds [M]. Washington: United States Environmental Protection Agency, 2004, EPA/600/R-04/184. 21-71.

[120] USEPA. Low Impact Development (LID): A Literature Review. United States Environmental Protection Agency [R]. Washington DC: United States Environmental Protection Agency, 2000, EPA-

841-B-00-005.

[121] USEPA. National Management Measures to Control Nonpoint Source Pollution from Urban Area[R]. USA，2005.

[122] USEPA. Stormwater Best Management Practice Design Guide（Volume 1）[S]. Washington DC：Office of Research and Development，2004.

[123] Van Roon M，Van Roon H. Low Impact Urban Design and Development：The Big Picture[M]. Lincoln，New Zealand：Manaaki Whenua Press，2009.

[124] Van Roon M. Emerging Approaches to Urban Ecosystem Management：The Potential of Low Impact Urban Design and Development Principles[J]. Journal of Environmental Assessment Policy and Management，2005，7(1)：125-148.

[125] Van Roon M. Water Localisation and Reclamation：Steps towards Low Impact Urban Design and Development[J]. Journal of Environmental Management，2007，83(4)：437-447.

[126] Vernon B，Tiwari R. Place-Making through Water Sensitive Urban Design[J]. Sustainability，2009，1(4)：789-814.

[127] Wattage P，Mardle S. Stakeholder Preferences towards Conservation Versus Development for a Wetland in Sri Lanka[J]. Journal of Environmental Management，2005，77(2)：122-132.

[128] Wayne C Huber，Robert E，Dickinson et al. Stormwater Management Model，Version 4：User's Manual[S]. Environmental Research Laboratory Office of Research and Development U. S. Environmental Protection Agency Athens，Georgia，2004.

[129] Weber T，Aviram R. Forestand Green Infrastructure loss in Maryland 1997—2000，and implications for the future. Maryland Department Nat. Res.，Annapolis，MD，36pp.，plus appendices. 2002，Online：available at http://www.dnr.state.md.us/greenways/gi/gi.html.

[130] Weber T. Maryland's Green Infrastructure Assessment：A Comprehensive Strategy for Land conservation and Restoration[J]. Maryland Department Nat. Res.，Annapolis，MD，246pp.，plus appendices. 2003，Online：available at http://www.dnr.state.md.us/greenways/gi/gi.html.

[131] Whitford V，Ennos A R，Handley J F. "City Form and Natural process" — Indicators for the Ecological Performance of Urban Areas and Their Application to Merseyside UK[J]. Landscape and Urban Planning，2001，57(2)：91-103.

[132] Wilson S，Bray R，Cooper P. Sustainable Drainage Systems[R]. London，UK：Hydraulic，Structural and Water Quality Advice. Construction Industry Research and Information Association(CIRIA)，2004.

[133] Wise S. Green Infrastructure rising best practices in storm water management[J]. Planning，2008(9)：14-19.

[134] Wood-Ballard B，Kellagher R，Martin P，et al. The SUDS Manual[S]. CIRIA，Classic House，174-180 Old Street，London ECIV 9BP，UK，2007.

[135] Wu J，Hobbs R. Key Issues and Research Priorities in Landscape Ecology：An Idiosyncratic Synthesis[J]. Landscape Ecology，2002，17(4)：355-365.

[136] Yin X Q，Saha U K，Ma L Q. Effectiveness of Best Management Practices in Reducing Pb-bullet Weathering in a Shooting Range in Florida[J]. Journal of Hazardous Materials，2010，179(1/2/3)：895-900.

[137] Yu K J. Security Patterns and Surface Model in Landscape Ecological Planning[J]. Landscape and Urban Planning, 1996, 36(1): 1-17.

[138] Yu K J. Security Patterns in Landscape Planning with a Case Study in South China[D]. Graduate School of Design, Harvard University, MA, USA, 1995.

[139] Zaghloul N A, Abu Kiefa M A. Neural Network Solution of Inverse Parameters Used in the Sensitivity-calibration Analyses of the SWMM Model Simulations[J]. Advances in Engineering Software, 2001, 32(7): 587-595.

[140]《海绵城市建设技术指南——低影响开发雨水系统构建(试行)》发布实施[J].城市规划通讯,2014(21): 8.

[141] 巴永娣,张玉霞,赵淑琴,等.兰州市城市园林绿地雨水收集利用现状及分析[J].农业科技与信息(现代园林),2015,12(9): 727-730.

[142] 包雄伟.上海临港新城：21世纪新城规划实施模式的有益探索[J].上海城市规划,2010(1): 19-23.

[143] 鲍超,方创琳.水资源约束力的内涵、研究意义及战略框架[J].自然资源学报,2006, 21(5): 844-852.

[144] 暴丽杰.基于情景的上海浦东暴雨洪涝灾害脆弱性评估[D].上海：上海师范大学,2009: 40-46.

[145] 毕华松,崔心红,陈国霞,等.上海临港新城滨海盐渍土壤年内盐水动态及其分析[J].安徽农业科学,2007, 35(34): 11149-11151.

[146] 蔡凌豪.适用于"海绵城市"的水文水力模型概述[J].风景园林,2016(2): 33-43.

[147] 蔡新立.海绵型城市绿地设计理念和路径研究[J].城市建设理论研究(电子版),2016(22): 166-168.

[148] 曹峰.基于海绵城市的城市道路系统化设计研究[J].科技资讯,2017,15(15): 82-83.

[149] 曹秀芹,车武.城市屋面雨水收集利用系统方案设计分析[J].给水排水,2002, 28(1): 13-15.

[150] 岑国平,沈晋,范荣生.城市设计暴雨雨型研究[J].水科学进展,1998, 9(1): 41-46.

[151] 曾立雄,黄志霖,肖文发,等.河岸植被缓冲带的功能及其设计与管理[J].林业科学,2010, 46(2): 128-133.

[152] 曾艳.生态住宅水资源的再利用研究[D].成都：西南交通大学,2007.

[153] 常静,刘敏,许世远,等.上海城市降雨径流污染时空分布与初始冲刷效应[J].地理研究,2006, 25(6): 994-1002.

[154] 车生泉,谢长坤,陈丹,等.海绵城市理论与技术发展沿革及构建途径[J].中国园林,2015,31(6): 11-15.

[155] 车伍,刘燕,李俊奇.国内外城市雨水水质及污染控制[J].给水排水,2003, 29(10): 38-42.

[156] 车伍,吕放放,李俊奇,等.发达国家典型雨洪管理体系及启示[J].中国给水排水,2009, 25(20): 12-17.

[157] 车伍,马震.针对城市雨洪控制利用的不同目标合理设计调蓄设施[J].中国给水排水,2009, 25(24): 5-10.

[158] 车伍,王建龙,何卫华,等.城市雨洪控制利用：理念与实践[J].建设科技,2008(21): 30-31.

[159] 车伍,张炜,李俊奇,等.城市雨水径流污染的初期弃流控制[J].中国给水排水,2007, 23(6): 1-5.

[160] 车伍,周晓兵.城市风景园林设计中的新型雨洪控制利用[J].中国园林,2008, 24(11): 52-56.

[161] 车伍,吕放放,李俊奇,等.发达国家典型雨洪管理体系及启示[J].中国给水排水,2009,25(20): 12-17.

[162] 车越.中国东部平原河网地区水源地的环境管理：理论、方法与实践[D].上海：华东师范大学,2005.

[163] 陈丁江.流域非点源污染物输移通量与总量控制研究[D].杭州：浙江大学，2007.

[164] 陈利顶，傅伯杰，赵文武."源""汇"景观理论及其生态学意义[J].生态学报，2006，26(5)：1444-1449.

[165] 陈利顶，吕一河，傅伯杰，等.基于模式识别的景观格局分析与尺度转换研究框架[J].生态学报，2006，26(3)：663-670.

[166] 陈利群，王召森，石炼.暴雨内涝后城市排水规划管理的思考[J].给水排水，2011，47(10)：29-33.

[167] 陈守珊.城市化地区雨洪模拟及雨洪资源化利用研究[D].南京：河海大学，2007.

[168] 陈爽，张秀英，彭立华.基于高分辨卫星影像的城市用地不透水率分析[J].资源科学，2006，28(2)：41-46.

[169] 陈蔚镇，朱俊，樊正球，等.上海临港新城总体规划的生态学思考[J].城市规划，2007，31(6)：32-38.

[170] 陈晓菲.基于生物多样性的海绵城市景观途径探讨[J].生态经济，2015，31(10)：194-199.

[171] 陈莹，赵剑强，胡博.西安市城市主干道路面径流污染特征研究[J].中国环境科学，2011，31(5)：781-788.

[172] 陈永贵，郝红科，李鹏飞.GIS在园林规划设计中的应用[J].西北林学院学报，2005，20(4)：174-176.

[173] 程江，吕永鹏，黄小芳，等.上海中心城区合流制排水系统调蓄池环境效应研究[J].环境科学，2009，30(8)：2234-2240.

[174] 程江，吴阿娜，车越，等.平原河网地区水体黑臭预测评价关键指标研究[J].中国给水排水，2006，22(9)：18-22.

[175] 程江，徐启新，杨凯，等.国外城市雨水资源利用管理体系的比较及启示[J].中国给水排水，2007，23(12)：68-72.

[176] 程江，徐启新，杨凯，等.下凹式绿地雨水渗蓄效应及其影响因素[J].给水排水，2007，33(5)：45-49.

[177] 程江，杨凯，黄民生，等.下凹式绿地对城市降雨径流污染的削减效应[J].中国环境科学，2009，29(6)：611-616.

[178] 程江，杨凯，黄小芳，等.上海中心城区苏州河沿岸排水系统降雨径流水文水质特性研究[J].环境科学，2009，30(7)：1893-1900.

[179] 程江，杨凯，吕永鹏，等.城市绿地削减降雨地表径流污染效应的试验研究[J].环境科学，2009，30(11)：3236-3242.

[180] 程涛.城市雨水资源化技术应用研究[D].武汉：武汉理工大学，2008.

[181] 仇保兴.海绵城市(LID)的内涵、途径与展望[J].建设科技，2015(1)：11-18.

[182] 丛翔宇，倪广恒，惠士博，等.基于SWMM的北京市典型城区暴雨洪水模拟分析[J].水利水电技术，2006，37(4)：64-67.

[183] 崔成.适合海绵城市建设的城市新区控规设计策略研究[D].昆明：昆明理工大学，2017.

[184] 单保庆，陈庆锋，尹澄.塘-湿地组合系统对城市旅游区降雨径流污染的在线截控作用研究[J].环境科学学报，2006，26(7)：1068-1075.

[185] 邓春凤，龚克.中心城区空间管制方法研究[J].城市问题，2010(10)：34-38.

[186] 董静静.上海临港新城雨水资源化利用中试研究[D].上海：华东师范大学，2012.

[187] 董淑秋，韩志刚.基于"生态海绵城市"构建的雨水利用规划研究[J].城市发展研究，2011，18(12)：37-41.

[188] 董欣，陈吉宁，赵冬泉.SWMM模型在城市排水系统规划中的应用[J].给水排水，2006，32(5)：106-109.

[189] 董欣，杜鹏飞，李志一，等.SWMM模型在城市不透水区地表径流模拟中的参数识别与验证[J].环境科学，2008，29(6)：1495-1501.

[190] 樊在义，宋兵魁，杨勇，等.非点源污染负荷估算方法探讨[J].环境科学导刊，2011，30(3)：1-6.

[191] 冯伟，王建龙，车伍.不同地表雨水径流冲刷特性分析[J].环境工程学报，2012，6(3)：817-822.

[192] 傅伯杰，陈利顶，马克明，等.景观生态学原理及应用[M].北京：科学出版社，2001.

[193] 甘华阳，卓慕宁，李定强，等.广州城市道路雨水径流的水质特征[J].生态环境，2006，15(5)：969-973.

[194] 高超，朱继业，窦贻俭，等.基于非点源污染控制的景观格局优化方法与原则[J].生态学报，2004，24(1)：109-116.

[195] 弓亚栋.建设海绵城市的研究与实践探索：以西安市某小区为例[D].西安：长安大学，2015：18-21.

[196] 龚清宇，王林超，苏毅.可渗水面积率在控规中的估算方法与设计应用[J].城市规划，2006，30(3)：68-72.

[197] 苟红英.绿色居住小区节水与水资源利用技术研究[D].重庆：重庆大学，2007.

[198] 关春华.城市开放空间建设的理论与实践初探：以广州花卉博览园为例[D].广州：中山大学，2001.

[199] 关丹桔，吕伟娅，秦海燕.居住区雨水收集利用及景观水循环处理运行总结[J].给水排水，2009，45(5)：86-89.

[200] 郭青海，马克明，赵景柱，等.城市非点源污染控制的景观生态学途径[J].应用生态学报，2005，16(5)：977-981.

[201] 海绵城市建设技术指南：低影响开发雨水系统构建(试行)[S].住房和城乡建设部，2014：11.

[202] 韩冰，王效科，欧阳志云.北京市城市非点源污染特征的研究[J].中国环境监测，2005，21(6)：63-65.

[203] 韩冰，王效科，欧阳志云.城市面源污染特征的分析[J].水资源保护，2005，21(2)：1-4.

[204] 韩文晓.城市雨水综合利用决策及调蓄、渗透技术研究[D].西安：西安建筑科技大学，2008.

[205] 韩秀娣.最佳管理措施在非点源污染防治中的应用[J].上海环境科学，2000，19(3)：102-105.

[206] 韩易.基于“总量控制”的城市径流污染模拟及生态化处理技术研究[D].重庆：重庆大学，2010.

[207] 韩志刚，董淑秋，杜娟，等.基于生态城构建的雨水利用规划[C]//转型与重构：2011中国城市规划年会论文集.南京，2011：5399-5407.

[208] 贺宝根，陈春根，周乃晟.城市化地区径流系数及其应用[J].上海环境科学，2003，22(7)：472-475.

[209] 贺艳华，周国华.紧凑城市理论在土地利用总体规划中的应用[J].国土资源科技管理，2007，24(3)：26-30.

[210] 侯爱中，唐莉华，张思聪.下凹式绿地和蓄水池对城市型洪水的影响[J].北京水务，2007(2)：42-45.

[211] 侯立柱，丁跃元，冯绍元，等.北京城区不同下垫面的雨水径流水质比较[J].中国给水排水，2006，22(23)：35-38.

[212] 胡爱兵，张书函，陈建刚.生物滞留池改善城市雨水径流水质的研究进展[J].环境污染与防治，2011，33(1)：74-77.

[213] 胡楠，李雄，戈晓宇.因水而变：从城市绿地系统视角谈对海绵城市体系的理性认知[J].中国园林，2015(6)：21-25.

[214] 胡倩.城市雨水利用系统研究[D].北京：北京林业大学，2008.

[215] 黄光宇，陈勇.生态城市理论与规划设计方法[M].北京：科学出版社，2002.

[216] 黄国如，黄晶，喻海军，等.基于GIS的城市雨洪模型SWMM二次开发研究[J].水电能源科学，2011，29(4)：43-45.

[217] 黄金良，杜鹏飞，何万谦，等.城市降雨径流模型的参数局部灵敏度分析[J].中国环境科学，2007，27(4)：549-553.

[218] 黄莉.生态滤沟处理城市降雨径流的中试研究[D].重庆：重庆大学，2006.

[219] 黄群贤，刘红梅，李海燕，等.石家庄市多年降水分析及雨水利用研究[J].河北科技大学学报，2006，27(4)：332-336.

[220] 黄玮.人工土快速渗滤系统削减城市面源污染负荷的试验研究[D].南京：河海大学，2006.

[221] 黄亚伟.西安市城市雨水利用可行性与技术方案研究[D].西安：西安建筑科技大学，2006.

[222] 黄勇强，吴涛，杨飚，等.镇江市雨水利用示范工程水量平衡计算及效益分析[J].工业安全与环保，2011，37(1)：41-43.

[223] 黄肇义，杨东援.国内外生态城市理论研究综述[J].城市规划，2001，25(1)：59-66.

[224] 季冬兰，李婷，甄斌.武汉园林绿地中海绵城市建设的思考[J].华中建筑，2015，(9)：125-127.

[225] 季叶.基于生物多样性的海绵城市景观途径探讨[J].中国住宅设施，2016，(06)：65-67.

[226] 贾海峰，姚海蓉，唐颖，等.城市降雨径流控制LID BMPs规划方法及案例[J].水科学进展，2014，25(2)：260-267.

[227] 蒋玮，沙爱民，肖晶晶，等.透水沥青路面的储水-渗透模型与效能[J].同济大学学报(自然科学版)，2013，41(1)：72-77.

[228] 蒋文燕.平原海岛地区非点源污染负荷估算及水环境效应研究：以上海崇明岛为例[D].上海：华东师范大学，2008.

[229] 金可礼，陈俊，龚利民.最佳管理措施及其在非点源污染控制中的应用[J].水资源与水工程学报，2007，18(1)：37-40.

[230] 金树权，吕军.水环境非点源污染模型的研究进展和展望[J].土壤通报，2006，37(5)：1022-1026.

[231] 金云峰，刘颂，李瑞冬，等.城市绿地系统规划编制："子系统"规划方法研究[J].中国园林，2013，(12)：56-59.

[232] 景辉.海绵城市(LID)理论视角下延安新区绿色开敞空间规划布局研究[D].西安：长安大学，2016.

[233] 景垠娜，尹占娥，殷杰，等.基于GIS的上海浦东新区暴雨内涝灾害危险性分析[J].灾害学，2010，25(2)：58-63.

[234] 李博.上海高度城市化地区土地利用变化对雨水径流影响的研究[D].上海：华东师范大学，2008.

[235] 李方正，胡楠，李雄，等.海绵城市建设背景下的城市绿地系统规划响应研究[J].城市发展研究，2016，23(7)：39-45.

[236] 李海军.北京城区水文地质条件分区及老城区雨洪利用示范工程研究[D].长春：吉林大学，2005.

[237] 李涵，裘鸿菲.基于雨水渗透利用的公园绿地地形微改造设计[J].南方建筑，2015，(6)：115-119.

[238] 李家科，李亚娇，李怀恩.城市地表径流污染负荷计算方法研究[J].水资源与水工程学报，2010，21(2)：5-13.

[239] 李家科，李亚，沈冰，等.基于SWMM模型的城市雨水花园调控措施的效果模拟[J].水力发电学报，2014，33(4)：60-67.

[240] 李靖.生态城市给水排水系统综合规划体系研究[D].上海：同济大学，2006.

[241] 李俊奇，曾新宇，何建平.激励机制在环境管理中的运用[J].北京建筑工程学院学报，2005，21(2)：

17-20.

[242] 李俊奇，曾新宇，鹿佳明.城市雨水排放费征收标准的量化方法探讨[J].中国给水排水，2008，24(10)：1-6.

[243] 李俊奇，车伍，池莲，等.住区低势绿地设计的关键参数及其影响因素分析[J].给水排水，2004，30(9)：41-46.

[244] 李俊奇，车武，孟光辉，等.城市雨水利用方案设计与技术经济分析[J].给水排水，2001，27(12)：25-28.

[245] 李俊奇，邝诺，刘洋，等.北京城市雨水利用政策剖析与启示[J].中国给水排水，2008，24(12)：75-78.

[246] 李俊奇，向璐璐，毛坤，等.雨水花园蓄渗处置屋面径流案例分析[J].中国给水排水，2010，26(10)：1-133.

[247] 李俊奇，车武.德国城市雨水利用技术考察分析[J].城市环境与城市生态，2002，15(1)：47-49.

[248] 李立青，尹澄清，何庆慈，等.城市降水径流的污染来源与排放特征研究进展[J].水科学进展，2006，17(2)：288-294.

[249] 李立青，尹澄清，何庆慈，等.武汉市城区降雨径流污染负荷对受纳水体的贡献[J].中国环境科学，2007，27(3)：312-316.

[250] 李林林.滨海区域生态环境建设及雨水资源利用研究[D].大连：大连理工大学，2006.

[251] 李帅杰，程晓陶.福建福州市屋顶绿化及雨水收集对雨洪的调节作用[J].中国防汛抗旱，2012，22(2)：16-21.

[252] 李霞，石宇亭，李国金.基于 SWMM 和低影响开发模式的老城区雨水控制模拟研究[J].给水排水，2015,51(5)：152-156.

[253] 李永福，王冬梅.下凹式绿地对城市雨水集蓄利用作用研究进展[J].南水北调与水利科技，2011，9(1)：160-165+176.

[254] 李兆富，杨桂山，李恒鹏.西笤溪流域不同土地利用类型营养盐输出系数估算[J].水土保持学报，2007，21(1)：1-5.

[255] 李志宏.控制性详细规划中几个值得注意的问题[J].规划师，1999，15(4)：69-72.

[256] 练雄.上海滴水湖集水区土地利用动态及其对径流污染的影响[D].上海：华东师范大学，2011.

[257] 梁伟.控制性详细规划中建设环境宜居度控制研究[J].城市规划，2006，30(5)：27-31.

[258] 林莉峰，李田，李贺.上海市城区非渗透性地面径流的污染特性研究[J].环境科学，2007，28(7)：1430-1434.

[259] 刘海龙，李迪华，韩西丽.生态基础设施概念及其研究进展综述[J].城市规划，2005，29(9)：70-75.

[260] 刘俊，郭亮辉，张建涛，等.基于 SWMM 模拟上海市区排水及地面淹水过程[J].中国给水排水，2006，22(21)：156-168.

[261] 刘兰岚.上海市中心城区土地利用变化对径流的影响及其水环境效应研究[D].上海：华东师范大学，2007.

[262] 刘森，闫红伟.论地理信息系统 GIS 在景观规划设计场地分析中的价值及应用[J].沈阳农业大学学报(社会科学版)，2006，8(2)：280-282.

[263] 刘小勇，吴特普.雨水资源集蓄利用研究综述[J].自然资源学报，2000，15(2)：189-193.

[264] 秦碧莲.基于海绵城市理念的城市绿地系统构建[J].城镇建设，2021(7)：24.

[265] 刘延恺.东京墨田区的雨水利用及其补助金制度[J].北京水利，2005(6)：44-46.

[266] 刘燕，尹澄清，车伍.植草沟在城市面源污染控制系统的应用[J].环境工程学报，2008，2(3)：334-339.
[267] 刘应宗，李明，金宇澄.城市排水规划中雨水资源化问题探讨[J].中国给水排水，2003，19(12)：97-98.
[268] 刘勇华，高超，王登峰，等.城市降雨径流污染初始冲刷效应对 BMPs 选择的启示[J].水资源保护，2009，25(6)：29-32.
[269] 鲁航线，张开军，陈微静.城市防洪、排涝及排水三种设计标准的关系初探[J].城市道桥与防洪，2007，(11)：64-66.
[270] 罗红梅，车伍，李俊奇，等.雨水花园在雨洪控制与利用中的应用[J].中国给水排水，2008，24(6)：48-52.
[271] 吕永鹏.平原河网地区城市集水区非点源污染过程模拟与系统调控管理研究[D].上海：华东师范大学，2011.
[272] 马箐，沙晓军，徐向阳，等.基于 SWMM 模型的低影响开发对城市住宅区非点源污染负荷的控制效果模拟[J].水电能源科学，2015，33(9)：53-57.
[273] 马震.我国城市雨洪控制利用规划研究[D].北京：北京建筑工程学院，2010.
[274] 苗展堂.微循环理念下的城市雨水生态系统规划方法研究[D].天津：天津大学，2013.
[275] 莫琳，俞孔坚.构建城市绿色海绵：生态雨洪调蓄系统规划研究[J].城市发展研究，2012，19(5)：130-134.
[276] 聂发辉.上海城市景观绿地削减地表径流及其污染负荷的可行性研究[D].上海：同济大学，2008.
[277] 欧定华，夏建国，张莉，等.区域生态安全格局规划研究进展及规划技术流程探讨[J].生态环境学报，2015，24(1)：163-173.
[278] 欧阳丽，王晓明.城市新区雨洪控制规划方法研究[J].城市道桥与防洪，2009(6)：175-179.
[279] 潘国庆，车伍，李俊奇，等.城镇雨水收集利用储存池优化规模的探讨[J].给水排水，2008，34(12)：42-47.
[280] 潘国庆，车伍，李俊奇，等.中国城市径流污染控制量及其设计降雨量[J].中国给水排水，2008，24(22)：25-29.
[281] 潘国庆.不同排水体制的污染负荷及控制措施研究[D].北京：北京建筑工程学院，2008.
[282] 祁继英.城市非点源污染负荷定量化研究[D].南京：河海大学，2005.
[283] 任伯帜.城市设计暴雨及雨水径流计算模型研究[D].重庆：重庆大学，2004.
[284] 任霖光，潘文斌，蔡芫镔.基于非点源污染负荷模型 PLOAD 的最佳管理措施模拟研究[J].福州大学学报(自然科学版)，2005，33(6)：825-829.
[285] 任树梅，周纪明，刘红，等.利用下凹式绿地增加雨水蓄渗效果的分析与计算[J].中国农业大学学报，2000，5(2)：50-54.
[286] 任玉芬，王效科，韩冰，等.城市不同下垫面的降雨径流污染[J].生态学报，2005，25(12)：3225-3230.
[287]《上海气象志》编纂委员会，束家鑫.上海气象志[M].上海：上海社会科学院出版社，1997.
[288] 上海土壤普查办公室.上海土壤[M].上海：上海科学技术出版社，1992.
[289] 申丽勤，车伍，李海燕，等.我国城市道路雨水径流污染状况及控制措施[J].中国给水排水，2009，25(4)：23-28.
[290] 申亚.基于景观都市主义的城市开敞空间体系建构初探[D].重庆：重庆大学，2012.

[291] 沈桂芬,张敬东,严小轩,等.武汉降雨径流水质特性及主要影响因素分析[J].水资源保护,2005,21(2):57-58.

[292] 师前进,何强,柴宏祥.绿色建筑住宅小区节水与水资源利用设计探讨[J].给水排水,2008,34(1):77-79.

[293] 史培军,袁艺,陈晋.深圳市土地利用变化对流域径流的影响[J].生态学报,2001,21(7):1041-1049.

[294] 宋力,王宏,余焕.GIS 在国外环境及景观规划中的应用[J].中国园林,2002,18(6):56-59.

[295] 宋秋霞,徐勇鹏,鄂勇.透水沥青路面对路面径流污染的净化功效[J].东北农业大学学报,2009,40(11):56-59.

[296] 宋珊珊.基于低影响开发的场地规划与雨水花园设计研究[D].北京:北京林业大学,2015:14-51.

[297] 宋云,俞孔坚.构建城市雨洪管理系统的景观规划途径:以威海市为例[J].城市问题,2007,(8):64-69.

[298] 苏丽萍.海绵城市理论在绿地系统规划中的运用[J].中外建筑,2017,(12):96-99.

[299] 苏义敬,王思思,车伍,等.基于"海绵城市"理念的下沉式绿地优化设计[J].南方建筑,2014,(3):39-43.

[300] 孙建伟.邯郸市雨水利用及入渗补给地下水的研究[D].邯郸:河北工程大学,2007.

[301] 孙立,靳林强.城乡规划层面落实海绵城市建设的路径研究[J].中国人口·资源与环境,2017,27(S1):101-104.

[302] 孙三祥,王彦斌.SCS 模型在牸牛川流域的应用研究[J].水资源与水工程学报,1993,4(1):26-31.

[303] 孙书明,单保庆,彭万疆.草坪系统对城市降雨初期径流氮污染控制作用[J].生态学杂志,2009,28(1):23-26.

[304] 孙逊.基于绿地生态网络构建的北京市绿地体系发展战略研究[D].北京:北京林业大学,2014.

[305] 孙艳伟,魏晓妹.生物滞留池的水文效应分析[J].灌溉排水学报,2011,30(2):98-103.

[306] 孙艳伟.城市化和低影响发展的生态水文效应研究[D].杨凌:西北农林科技大学,2011.

[307] 汤萌萌.基于低影响开发理念的绿地系统规划方法与应用研究[D].北京:清华大学,2012.

[308] 唐田.海绵城市理念下的城市绿地系统研究[D].青岛:青岛理工大学,2016.

[309] 唐颖.SUSTAIN 支持下的城市降雨径流最佳管 BMP 规划研究[D].北京:清华大学,2010.

[310] 万里平,孟英峰,赵晓东.泡沫流体稳定性机理研究[J].新疆石油学院学报,2003(1):70-73.

[311] 汪冬冬,杨凯,车越,等.河段尺度的上海苏州河河岸带综合评价[J].生态学报,2010,30(13):3501-3510.

[312] 汪海英,周敏杰.临港新城:滴水湖富营养化现状评价及调控对策[J].上海水务,2006,22(4):273-277.

[313] 汪慧贞,李宪法.北京城区雨水径流的污染及控制[J].城市环境与城市生态,2002,15(2):16-19.

[314] 王宝庆,马奇涛.非点源污染负荷预测研究现状及发展趋势[J].西安建筑科技大学学报(自然科学版),2010,42(5):717-722.

[315] 王宝山.城市雨水径流污染物输移规律研究[D].西安:西安建筑科技大学,2011.

[316] 王浩昌,杜鹏飞,赵冬泉,等.城市降雨径流模型参数全局灵敏度分析[J].中国环境科学,2008,28(8):725-729.

[317] 王和意,刘敏,刘巧梅,等.城市暴雨径流初始冲刷效应和径流污染管理[J].水科学进展,2006,17(2):181-185.

[318] 王和意.上海城市降雨径流污染过程及管理措施研究[D].上海：华东师范大学，2005.
[319] 王磊，周玉文.国内外城市排水设计规范比较研究[J].中国给水排水，2012，28(8)：23-27.
[320] 王玲.不同坡度下城市下垫面景观结构对降水蓄渗影响实验研究[D].长春：东北师范大学，2007.
[321] 王敏，吴建强，黄沈发，等.不同坡度缓冲带径流污染净化效果及其最佳宽度[J].生态学报，2008，28(10)：4951-4956.
[322] 王沛永，张媛.城市绿地中雨水资源利用的途径与方法[J].中国园林，2006，22(2)：75-81.
[323] 王全，李晓晖，徐建刚.基于 GIS 的城市景观分析与规划[J].中国园林，2004，20(11)：25-27.
[324] 王睿，周均清.城市规划中的情景规划方法研究[J].国际城市规划，2007，22(2)：89-92.
[325] 王少东.济南市雨水利用对策研究[D].济南：山东大学，2007.
[326] 王淑芬，杨乐，白伟岚.技术与艺术的完美统一：雨水花园建造探析[J].中国园林，2009，25(6)：54-57.
[327] 王思思，苏义敬，车伍，等.景观雨水系统修复城市水文循环的技术与案例[J].中国园林，2014，30(1)：18-22.
[328] 王思思.国外城市雨水利用的进展[J].城市问题，2009(10)：79-84.
[329] 王文亮，李俊奇，车伍，等.城市低影响开发雨水控制利用系统设计方法研究[J].中国给水排水，2014，30(24)：12-17.
[330] 王雯雯，赵智杰，秦华鹏.基于 SWMM 的低冲击开发模式水文效应模拟评估[J].北京大学学报(自然科学版)，2012，48(2)：303-309.
[331] 王雯雯.基于 SWMM 的低冲击开发模式水文效应模拟评估[D].北京：北京大学，2011.
[332] 王晓.基于低影响开发的海绵街区规划设计研究[D].天津：天津大学，2016.
[333] 王晓峰，王晓燕.国外降雨径流污染过程及控制管理研究进展[J].首都师范大学学报(自然科学版)，2002，23(1)：91-101.
[334] 王延洋，李晓波，吴波，等.上海滴水湖浮游动物研究初报[J].上海师范大学学报(自然科学版)，2008，37(2)：167-172.
[335] 王延洋.滴水湖浮游动物群落结构及水质生态学评价[D].上海：上海师范大学，2008.
[336] 温春阳，周永章.紧凑城市理念及其在中国城市规划中的应用[J].南方建筑，2008，(4)：66-67.
[337] 邬建国.景观生态学：格局、过程、尺度与等级[M].北京：科学出版社，2007.
[338] 吴东敏，高巍，邓卓智.奥林匹克公园中心区雨洪利用成套技术集成[J].水利水电技术，2009，40(12)：98-100.
[339] 吴建强，黄沈发，吴健，等.缓冲带径流污染物净化效果研究及其与草皮生物量的相关性[J].湖泊科学，2008，20(6)：761-765.
[340] 吴建强.不同坡度缓冲带滞缓径流及污染物去除定量化[J].水科学进展，2011，22(1)：112-117.
[341] 吴鹏，陈少华，颜昌宙，等.基于日水量平衡设计城市小区雨水利用调蓄容量[J].中国给水排水，2008，24(16)：43-47.
[342] 夏军，黄国和，庞进武，等.可持续水资源管理：理论、方法、应用[M].北京：化学工业出版社，2005.
[343] 夏远芬，万玉秋，王伟.城市地面停车场透水铺装使用分析：以南京市为例[J].环境科学与管理，2006，31(5)：17-20.
[344] 向璐璐，李俊奇，邝诺，等.雨水花园设计方法探析[J].给水排水，2008，34(6)：47-51.
[345] 向璐璐.雨水生物滞留技术设计方法与应用研究[D].北京：北京建筑工程学院，2009.

[346] 肖海文，翟俊，邓荣森，等.道路雨水渗滤设施：浅草沟的设计[J].给水排水，2007，33(3)：33-36.
[347] 辛向阳，周灿.优化城市水资源配置建设小区雨水利用系统[J].水利发展研究，2003，3(12)：45-49.
[348] 邢薇，王浩正，赵冬泉，等.城市暴雨处理及分析集成模型系统(SUSTAIN)介绍[J].中国给水排水，2012，28(2)：29-33.
[349] 徐宁，戴启培.基于海绵城市的绿地建设方案设计研究：以试点海绵城市池州为例[J].居业，2015，7(16)：41-42.
[350] 徐延达，傅伯杰，吕一河.基于模型的景观格局与生态过程研究[J].生态学报，2010，30(1)：212-220.
[351] 薛利红，杨林章.面源污染物输出系数模型的研究进展[J].生态学杂志，2009，28(4)：755-761.
[352] 阳小成，康自华.成都活水公园人工湿地三种植物净化效能的比较研究[J].中国科技论文在线，2009，10(19).
[353] 杨建兵.城市复合生态及生态空间管理[J].城市建设理论研究(电子版)，2018，(2)：15.
[354] 任杨俊，李建牢，赵俊侠.国内外雨水资源利用研究综述[J].水土保持学报，2000，14(1)：88-92.
[355] 杨玲，王忠杰，吴岩，等.快速城镇化背景下的绿地系统规划编研思路探索[J].风景园林，2013，(2)：120-124.
[356] 杨玲，吴岩，周曦.我国部分老城区单位和居住区附属绿地规划管控研究：以新疆昌吉市为例[J].中国园林，2013，29(3)：55-59.
[357] 杨葳，梁伊任.基于 GIS 的园林规划设计方法的革新[J].中国园林，2003，19(11)：30-32.
[358] 姚凯.近代上海城市规划管理思想的形成及其影响[J].城市规划，2007，31(2)：77-83.
[359] 姚凯.上海城市总体规划的发展及其演化进程[J].城市规划学刊，2007(1)：101-106.
[360] 姚凯.上海控制性编制单元规划的探索和实践：适应特大城市规划管理需要的一种新途径[J].城市规划，2007，31(8)：52-59.
[361] 叶水根，刘红，孟光辉，等.设计暴雨条件下下凹式绿地的雨水蓄渗效果[J].中国农业大学学报，2001，6(6)：53-58.
[362] 叶祖达.生态城市规划发展：可持续发展指标在城市规划管理应用问题[C]//生态文明视角下的城乡规划：2008 中国城市规划年会论文集.大连：大连出版社，2008(10).
[363] 殷学文，俞孔坚，李迪华.城市绿地景观格局对雨洪调蓄功能的影响[C]//中国城市规划学会.城乡治理与规划改革：2014 中国城市规划年会论文集.海口，2014：7-26.
[364] 于远燕.海绵城市理念在滨水空间的应用探讨[J].现代园艺，2016(4)：155-157.
[365] 余爱华，石迪，赵尘.公路沥青路面的水质特性[J].南京林业大学学报(自然科学版)，2008，32(5)：149-152.
[366] 余瑞彰，李秀艳，孟飞琴，等.模拟装置研究绿地系统在暴雨径流污染控制中的作用[J].安全与环境学报，2008，8(6)：34-38.
[367] 俞孔坚，乔青，李迪华，等.基于景观安全格局分析的生态用地研究：以北京市东三乡为例[J].应用生态学报，2009，20(8)：1932-1939.
[368] 俞萍.海绵城市中雨水花园的规划与运维研究[J].建筑设计管理，2015，32(11)：76-78.
[369] 袁作新.流域水文模型[M].北京：水利电力出版社，1990.
[370] 张大弟，周建平，陈佩青.上海市郊 4 种地表径流深度的测算[J].上海环境科学，1997(9)：1-3.
[371] 张大伟，赵冬泉，陈吉宁，等.城市暴雨径流控制技术综述与应用探讨[J].给水排水，2009，45(S1)：25-29.

[372] 尹占娥，暴丽杰，殷杰.基于GIS的上海浦东暴雨内涝灾害脆弱性研究[J].自然灾害学报，2011，20(2)：29-35.

[373] 张剑飞，李晶晶.基于LID理念的海绵城市公园绿地规划研究：以常德姚湖公园为例[J].中外建筑，2015，(7)：104-106.

[374] 张君芳.基于海绵城市理念的城市绿地系统规划探索：以连州绿地系统规划为例[C]//2017年10月建筑科技与管理学术交流会论文集，北京，2017：67-70.

[375] 张康年.西安市雨水综合利用技术与雨水资源化研究[D].西安：西安建筑科技大学，2008.

[376] 张坤民，温宗国，等.生态城市评估与指标体系[M].北京：化学工业出版社，2003.

[377] 张浪，李静，傅莉.城市绿地系统布局结构进化特征及趋势研究：以上海为例[J].城市规划，2009，33(3)：32-36，49.

[378] 张浪.城市绿地系统布局结构模式的对比研究[J].中国园林，2015，31(4)：50-54.

[379] 张配亮.天津市区暴雨径流模拟模型的研究[D].天津：天津大学，2007.

[380] 张倩，苏保林，罗运祥，等.截流式合流制降雨径流污染模拟研究[J].北京师范大学学报(自然科学版)，2012，48(5)：537-541.

[381] 张青萍，李晓策，陈逸帆，等.海绵城市背景下的城市雨洪景观安全格局研究[J].现代城市研究，2016，31(7)：6-11，28.

[382] 张庆国.降水入渗量分析方法研究[D].济南：山东大学，2005.

[383] 张群，崔心红，夏檑，等.上海临港新城近60a筑堤区域植被与土壤特征[J].浙江林学院学报，2008，25(6)：698-704.

[384] 张善发，李田，高廷耀.上海市地表径流污染负荷研究[J].中国给水排水，2006，22(21)：57-62.

[385] 张胜杰.利用暴雨管理模型(SWMM)对低影响开发措施效果的模拟研究[J].中国建设信息，2013，(19)：76-78.

[386] 张书函.基于城市雨洪资源综合利用的"海绵城市"建设[J].建设科技，2015(1)：26-28.

[387] 张伟，车伍，王建龙，等.利用绿色基础设施控制城市雨水径流[J].中国给水排水，2011，27(4)：22-27.

[388] 张伟，王家卓，车晗，等.海绵城市总体规划经验探索：以南宁市为例[J].城市规划，2016，40(8)：44-52.

[389] 张炜，车伍，李俊奇，等.图解法用于雨水渗透下凹式绿地的设计[J].中国给水排水，2008，24(20)：35-39.

[390] 张晓佳，瞿志.关于城市绿地系统规划层次的若干思考[J].中国园林，2010，26(3)：6-8.

[391] 张晓昕，王强，马洪涛.奥林匹克公园地区雨水系统研究[J].给水排水，2008，34(11)：7-14.

[392] 张新颖.浅草沟系统对城市暴雨径流的控制试验研究[D].重庆：重庆大学，2008.

[393] 张雪花，郭怀成.SD-MOP整合模型在秦皇岛市生态环境规划中的应用研究[J].环境科学学报，2002，22(1)：94-97.

[394] 张彦婷.上海市拓展型屋顶绿化基质层对雨水的滞蓄及净化作用研究[D].上海：上海交通大学，2015.

[395] 张艳红.城市雨水利用的趋势、现状和措施探讨[J].南水北调与水利科技，2005，3(3)：27-29.

[396] 张旖倍.基于LID的常德市"海绵城市"城市绿地改造设计研究[D].长沙：湖南农业大学，2016.

[397] 张志君，袁媛.新加坡绿地绿化的规划控制与引导研究[J].规划师，2013，29(4)：111-115.

[398] 赵冬泉，佟庆远，王浩正，等.SWMM模型在城市雨水排除系统分析中的应用[J].给水排水，2009，45(5)：198-201.

[399] 赵冬泉，王浩正，盛政，等.城市暴雨管理数字化解决方案[J].中国给水排水，2008，24(20)：15-19.

[400] 赵福增.我国绿色建筑节水及水资源利用技术措施和指标研究[D].重庆：重庆大学，2007.

[401] 赵海霞，董雅文，段学军.产业结构调整与水环境污染控制的协调研究：以广西钦州市为例[J].南京农业大学学报(社会科学版).2010，10(3)：21-27.

[402] 赵晶.城市化背景下的可持续雨洪管理[J].国际城市规划，2012，27(2)：114-119.

[403] 赵警卫，胡彬.河岸带植被对非点源氮、磷以及悬浮颗粒物的截留效应[J].水土保持通报，2012，32(4)：51-55.

[404] 赵然杭.城市水资源利用的关键问题研究[D].大连：大连理工大学，2008.

[405] 赵现勇，程方，张杏娟，等.不同结构透水路面对雨水径流污染物的削减作用[J].天津城市建设学院学报，2012，18(4)：280-285.

[406] 郑涛，穆环珍，黄衍初，等.非点源污染控制研究进展[J].环境保护，2005，33(2)：31-34.

[407] 郑兴，周孝德，计冰昕.德国的雨水管理及其技术措施[J].中国给水排水，2005，21(2)：104-106.

[408] 周晨，周江，龙岳林.城市绿地中隐形蓄水系统模式：湖南农业大学校园"红轴"景观设计[J].中国园林，2009，25(11)：24-30.

[409] 周丰，等.下凹式绿地对城市雨水径流和汇流的影响[J].东北水利水电，2007，25(10)：10-11.

[410] 周江.城市雨水资源的收集与利用研究[D].长沙：湖南农业大学，2008.

[411] 周晓兵.城市景观规划设计中的雨水控制利用研究[D].北京：北京建筑工程学院，2009.

[412] 朱其李.基于海绵城市建设的防洪排涝优化设计研究：以淮南市潘集区为例[D].合肥：安徽建筑大学，2017.

[413] 诸葛亦斯，刘德富，黄钰铃.生态河流缓冲带构建技术初探[J].水资源与水工程学报，2006，17(2)：63-67.

[414] 住房城乡建设部.海绵城市建设技术指南：低影响开发雨水系统构建[R].2014.

[415] 卓想，岳波，李珂，等.小城市海绵城市规划实践：以四川省华蓥市为例[J].规划师，2017，33(5)：59-65.

[416] 宗净.城市的蓄水囊：滞留池和储水池在美国园林设计中的应用[J].中国园林，2005，21(3)：51-55.

[417] 祖国庆.临港新城滨海盐碱地绿化给排水设计[J].给水排水，2009，45(11)：84-87.

[418] 左俊杰.平原河网地区河岸植被缓冲带定量规划研究：以滴水湖汇水区为例[D].上海：华东师范大学，2011.